Vom gleichen Verfasser
sind im Verlage Dr. Max Jänecke, Leipzig erschienen:

Die Francis-Turbinen

und die Entwicklung des modernen Turbinenbaues

in Deutschland, der Schweiz, Österreich-Ungarn, Italien, Frankreich, England, Skandinavien und Nord-Amerika

Zweite, neubearbeitete und erweiterte Auflage

Mit 339 Abbildungen und 24 Tafeln ausgeführter Turbinenanlagen

Das abschließende Urteil, das wir bei der ersten Auflage fällten, muß in erhöhtem Maße aufrecht erhalten werden, und dieses Buch muß als eines der allerbesten Werke des modernen Turbinenbaues bezeichnet werden. (Schweizer Elektrotechnische Zeitschrift)

Hydrometrie

Praktische Anleitung zur Wassermessung

Neuere Meßverfahren, Apparate und Versuche

Mit 81 Abbildungen, 15 Übersichten und 3 Tafeln

Das Buch soll eine praktische Anleitung zu Wassermessungen unter Berücksichtigung der neuesten Forschungen und Erfahrungen geben. Der u. a. durch sein Buch „Die Francis-Turbinen" rühmlich bekannte Verfasser gibt in sehr klarer und zweckentsprechender Weise eine Übersicht der gebräuchlichsten Meßverfahren neben einer Darstellung des Wesens der hydrometrischen Apparate. (Zeitschrift für das gesamte Turbinenwesen)

Wasserkraft

Elementare Einführung in den Bau und die Anwendung der Wasser-Turbinen und -Räder

Dritte, neubearbeitete Auflage

Kurz charakterisiert, stellt das Buch eine leicht faßliche, sehr übersichtlich gehaltene Vorbereitung für das Studium der Wasserräder und Turbinen dar. Hierzu trägt die Behandlung des Stoffes in Rechnungsbeispielen, Fragen und Antworten, Aufgaben und Lösungen viel bei. Als Anhang ist eine Tafel mit den verschiedenen Aufstellungsarten der Francis-Turbine beigegeben. Zur schnellen Orientierung ist das Werk wie geschaffen. (Schweizer elektrotechnische Zeitschrift, Zürich)

Die neuen Wasserturbinen und Turbinenregler

Gemeinverständlich dargestellt
für
Bau- und Maschinen-Ingenieure, Wasserbautechniker, Wasserkraftbesitzer, Betriebsleiter sowie zum Selbstunterricht

Mit 82 Abbildungen
und 2 Tafeln Turbinenanlagen, Ausführungsbeispielen und einem

ANHANG:
Tabellen und allgemeine Daten für das hydraulische Rechnen

Von
WILHELM MÜLLER
Beratender Ingenieur

Dritte Auflage

Franckhs Technischer Verlag, Dieck & Co, Stuttgart

Verlagsnummer 2023

Vorwort.

In die Technik der Wasserkraftausnützung bei der sich gegenwärtig ein Systemwechsel vollzieht, haben im letzten Jahrzehnt neue Gesichtspunkte Eingang gefunden; zwei Richtlinien lassen sich dabei unterscheiden: die eine strebt eine fortgesetzte Steigerung der Radgeschwindigkeit und des Schluckvermögens der Kraftmaschinen zu erzielen, die andere sucht durch eine zweckmäßige Wasserzu- und Abführung, neue Anordnung und Gruppierung der Motore eine bessere Gefälleausnützung und zugleich eine Raumersparnis zu erreichen, ebenso durch Sammelbecken eine periodische Kraftaufspeicherung herbeizuführen, um die Unregelmäßigkeit des Wasserabflusses auszugleichen.

Beide Bestrebungen zielen nach einer Leistungssteigerung und gipfeln in der Verbilligung der Anlagekosten, es ist also mehr und mehr die restlose wirtschaftliche Erschließung, welche auch dieses Gebiet der werteschaffenden Ingenieurtätigkeit beherrscht.

Bei Ausarbeitung der vorliegenden Schrift, die eine Einführung in den Turbinenbau bietet, ist hauptsächlich das praktische Bedürfnis des Bautechnikers und Maschinenbauers, des Wasserkraftbesitzers und Betriebsleiters berücksichtigt. Sie soll unter Einschluß der neuesten Fortschritte eine Anleitung zu sachgemäßer konstruktiver Ausgestaltung von Turbinen für die verschiedensten Wasser- und Gefälleverhältnisse mit Ausführungsbeispielen aus dem Turbinenbau des In- und Auslandes geben und außerdem mit den Versuchen und Resultaten mit neuen Bauarten und Anordnungen bekannt machen. — Die Arbeit dürfte daher hauptsächlich für diejenigen Kreise von Nutzen sein, die sich einen Überblick über Bau und Aufstellung von Turbinen und deren theoretischen Grundlagen verschaffen wollen, und die nicht in der Lage sind, große Handbücher durchzustudieren, um sich den Stoff nach dem derzeitigen Stand der Technik zugänglich zu machen.

Bei der Bearbeitung der einzelnen Abschnitte sind die Grundbegriffe eingehend dargelegt um die Wirkungsweise des Wassers klarzustellen und die Hauptabmessungen der einzelnen Systeme von Wasserkraftmaschinen bestimmen zu können, sowie die Bedingungen aufgestellt, unter denen ein auf wissenschaftliche Überlegung gegründetes praktisches Vorgehen beim Ausbau der Wasserkräfte erfolgen muß.

Ein größerer Teil der Darlegungen ist der Entwicklung der neuen Turbinenbauarten, die sich an die Namen Bánki, Baudisch, Kaplan, Lawaczeck u. a. knüpft, gewidmet und soweit dies zurzeit möglich ist, wurde deren konstruktiver Aufbau und Leistungsfähigkeit einer vergleichenden Darstellung unterzogen unter Hinweis auf die neuen Theorien, die in die wissenschaftliche Hydraulik Eingang gefunden haben; ebenso sind die Maßnahmen zu möglichst vollständiger Ausnützung der Wasserstände bei Niedergefälle, sowie die verschiedenen Regulierverfahren und die Akkumulierung der Wasserkräfte in die Darstellung mit einbezogen Den Zeitverhältnissen entsprechend ist auf möglichst straffe Gliederung und Anordnung des Stoffs, auch hinsichtlich der Auswahl des Figurenmaterials Rücksicht genommen worden.

Der Ausgang des Weltkriegs hat Deutschland die Wichtigkeit und Bedeutung der Wasserkräfte mit zwingendem Nachdruck dargetan. Es sind deshalb Erläuterungen über Gefälle- und Wassermengemessungen zu den Vorarbeiten bei Wasserkraftanlagen in den Text aufgenommen, sowie auf die Auswahl des Motors und die Regulierung und Prüfung der Wasserturbinen überhaupt näher eingegangen.

Die Schrift verfolgt nicht den Zweck, die Studierenden sogleich zu fertigen Turbinenbauern in der Praxis auszubilden, vielmehr soll dieselbe eine Wegweisung in dieser Richtung bieten und zu weiterem Studium anregen, sowie Fingerzeige an die Hand geben für den Entwurf und die Beurteilung von Wasserkraftanlagen. Für eine weitere Vertiefung in das Spezialgebiet dienen die Literaturhinweise in den Fußnoten. — Die vollständige Fachausbildung ist neben einer wissenschaftlichen Grundlage hauptsächlich außer der Arbeit am Konstruktionstisch durch eine längere praktische Tätigkeit in der Werkstatt, auf Montage, und am Versuchsstand zu gewinnen.

Im Anhang sind allgemein gebräuchliche Erfahrungswerte, Betriebsergebnisse und Zahlentafeln für den Wasserbautechniker zusammengestellt, welche die Nebenrechnungen erleichtern, abkürzen und beim hydraulischen Rechnen von Nutzen sein mögen.

Besonderen Dank schuldet der Verfasser denjenigen führenden Turbinenbauanstalten, welche die Arbeit durch Überlassung von Material und Abbildungen hervorragend neuer Ausführungen, die an den bezüglichen Textstellen namhaft gemacht sind, gütigst unterstützt haben; auch der Verlag hat keine Kosten gescheut, der Veröffentlichung eine würdige Ausstattung zu geben.

Durch Nachträge, die nach Bedarf herausgegeben werden, wird Gelegenheit geboten sein, die auf dem Gebiet der Wasserkraftausnützung gemachten Fortschritte zu berücksichtigen, um so das Turbinenwerk auf der Höhe der Technik zu erhalten, sowie Mängel und Berichtigungen, welche sich vorfinden sollten, zu verbessern.

Möge das gebotene Material in dem Buche allen denjenigen dienlich sein, an die es sich seiner Anlage und Ausführung nach wendet.

Stuttgart, Herbst 1922.

Der Verfasser.

Inhaltsverzeichnis.

Zweiter Abschnitt.

Dritter Abschnitt.

Vierter Abschnitt.

Anhang.

Zahlentafeln und hydraulische Formeln.

Zusammenstellung der wichtigsten Bezeichnungen.

(Zum Teil nach der Vereinbarung auf der Berliner Konferenz am 10. Juni 1906.)

I. Höhen und Längen in Meter.

at Wasserbarometerhöhe der Atmosphäre = 10,

H_g Gesamtgefällehöhe,

H hydraulische Nutzgefällehöhe = H — h,

h mit verschiedenen Zeigern — eine Reibungswiderstandshöhe oder hydraulische Verlusthöhe,

H_s Saughöhe = lotrechter Abstand vom Laufradaustritt bis zum Unterwasserspiegel,

H_n Nettogefälle = lotrechte Entfernung vom Ober- bis Unterwasserspiegel,

R (mit Index) = Reibungsarbeit in mkg oder auch Profilradius,

a Schaufelweite bei Turbinen,

b effektive, d. h. senkrecht zur Wassergeschwindigkeit und zur Umfangsgeschwindigkeit gemessene Schaufelbreite,

B konstruktive Schaufelbreite, auch Kanalbreite,

D Durchmesser des Rades, insbesondere:

D_1 Laufradeintrittsdurchmesser,

D_2 Laufradaustrittsdurchmesser, d. h. doppelter Abstand des Schwerpunktes der effektiven Schaufelbreite b von der Turbinenachse,

D_3 und D_4 Saugrohrdurchmesser am Austritt aus dem Laufrad bzw. Austritt am Ende des Saugrohrs.

II. Geschwindigkeiten in Meter in der Sekunde.

v die des Wassers in Kanälen und Turbinenröhren,
u Umfangsgeschwindigkeit,
c absolute Geschwindigkeit,
c_u Umfangskomponente der absoluten Geschwindigkeit,
c_m Meridiankomponente der absoluten Geschwindigkeit,
w Relativgeschwindigkeit im Laufrad,
g Endbeschleunigung = 9,81 m.

III. Winkel.

Die Winkel der Wassergeschwindigkeit werden mit α^1 β^1 β^2 die entsprechenden, im allgemeinen davon etwas verschiedenen Schaufelwinkel mit α_1, β_1 bezeichnet, und zwar

α_1 Austrittswinkel im Leitapparat,
β_1 Eintrittswinkel im Laufrad,
β_2 Austrittswinkel im Laufrad.

IV. Andere Größen.

N verfügbare Leistung einer Wasserkraft in PS

$$= \frac{1000 \cdot Q \cdot H}{75},$$

ε hydraulischer Wirkungsgrad,
E Effektivleistung,
η mechanischer Wirkungsgrad der Wasserkraftmaschine,
n Umdrehungszahl in der Minute,
n_s spezifische Umdrehungszahl, d. i. die in 1 m erzielte Umdrehungszahl der 1-PS-Turbine

$$= \frac{1}{\sqrt[4]{H^5}} n \cdot \sqrt{N_e} = n_1 \sqrt{N_{e1}},$$

Z Schaufelzahl,
s Schaufeldicke,
t Teilung, auch Wassertiefe,
Q Wasservolumen in der Sekunde,
G Wassergewicht,
M Masse, auch Moment,
γ Gewicht der Volumeneinheit,
F Querschnitt normal zur Längsrichtung des Kanals bzw. Rohrs.

Einleitung.

Wirkungsweise des Wassers in Turbinen. Turbinen im allgemeinen.

Durch das an einer Stelle mittels Aufstau konzentrierte natürliche Gefälle in Bach, Fluß und Strom wird die Wassermasse auf eine größere Geschwindigkeit beschleunigt und diese mittels Wasserkraftmaschinen ausgenutzt.

Als solche unterscheidet man Wasserräder im engeren Sinne, Wassersäulenmaschinen, Widder, Kolbenmotore und Wasserturbinen. Nachstehend sollen die letzteren einer eingehenden Betrachtung unterzogen werden.

Bei einer Wasserturbine wird die kinetische Energie einer in Bewegung befindlichen Wassermasse in mechanische Arbeit umgewandelt. Die Umwandlung der kinetischen Energie in mechanische Arbeit erfolgt durch die Richtungsänderung des Wasserstrahls in den nach bestimmten Gesetzen gekrümmt gestalteten Schaufeln des Laufrades (den Turbinenkanälen) wobei die Ein- und Austrittswinkel eine maßgebende Rolle spielen. Die Strömungsenergie wird durch Umlenkung in die Schaufelkraft des sich drehenden Rades umgesetzt, welche die erforderliche mechanische Arbeit zur Drehung der Turbinenwelle leistet.

Man unterscheidet drei Arten der Kraftübertragung des Wassers auf die Turbinen und diese Grundtypen[1]) sind:

1. Preßstrahl-Turbinen. Wirkungsweise des Wassers infolge des Gegendruckes zwischen Schaufel und Wassermasse (meist mit Saugrohr).

---

[1]) Bei Unterscheidung der Wasserturbinen nach ihrer Wirkungsweise soll eine einheitliche Bezeichnung nach Ingenieur R. Honold-Ravensburg (Zeitschrift f. d. g. Turbinenwesen 1915) aufgenommen werden:

a) Turbinen mit freiem Wasserstrahl,
b) Turbinen mit geformtem Wasserstrahl,
c) Turbinen mit gepreßtem Wasserstrahl.

Diese Bezeichnungen würden das Wesen der Turbinen genau umgrenzen:

Unter a) würde fallen: die Girard-Turbinen, Pelton-, Löffel- und Becher-Räder, die Schwamkrugturbine, das Tangentialrad, die „Hydrovolve", die Radturbine von Banki u. a.

Unter b) würde fallen: Turbine von Fontaine, Hänel, Lehmann, Knop, Zeidler.

Unter c) würde fallen: Turbine von Fourneyron, Henschel-Jonval, Nagel und Kaemp, Boyden, Francis, „Phönix", Kaplan, Lawaczeck, Baudisch u. a.

Die Turbinen unter a) und b) erhalten in der Regel kein Saugrohr, diejenigen unter c) ein solches in den meisten Fällen.

2. Freistrahl-Turbinen. Wirkungsweise durch die Geschwindigkeit des Wasserstrahls in Form von Druck (Aktion) auf die Schaufeln (ohne Saugrohr, doch ist auch bei dieser Turbinengattung die Saugwirkung versucht worden).

3. Grenz-Turbinen. Diejenige Wirkungsweise, welche zwischen beiden vorstehend genannten Arten liegt und bei einigen Turbinenkonstruktionen zur Anwendung kommt. Da sie an der Grenze zwischen Preßstrahl und Freistrahl liegt, werden diese Motore als Grenzturbinen oder Turbinen mit geformtem Wasserstrahl bezeichnet (ohne Saugrohr).

Unter gewissen Umständen (kleine Beaufschlagung) kann unbeabsichtigt eine Preßstrahlturbine in eine Freistrahlturbine übergehen. Dieser Fall tritt ein, wenn der freie Ausflußquerschnitt des Leitapparats erheblich verkleinert wird, dabei findet zweifellos eine Verzögerung des Wassers im Laufradkanal statt, was eine Energievernichtung infolge Wirbelung und Stoßverluste verursacht. Bei der ersten Art befindet sich das Laufrad im Austrittswasser, es herrscht also vor und hinter dem Rade (Ein- und Austrittsseite) Wasserdruck.

Bei der zweiten Art bewegt sich das Turbinenrad in der umgebenden Luft, es findet somit »freie Ausströmung« statt.

Bei dem unter 3. bezeichneten System kann das Laufrad in freier Luft oder eingetaucht arbeiten, doch nimmt das Güteverhältnis nach Maßgabe der Eintauchung ab. In den Turbinenkanälen herrscht hier ein schwacher Überdruck (2—3 %), doch setzt diese Konstruktion für die ungestörte Wirkungsweise eine gleichbleibende Gefällewirkung, Beaufschlagung und Geschwindigkeit voraus, was in der Praxis selten zutrifft.

In einem Preßstrahlrad, bei welchem das Gefälle nicht völlig in Wassergeschwindigkeit umgesetzt wird, sondern nur zu einem Teil, geht der Rest des Gefälles bis auf die absolute Austrittsgeschwindigkeit unter gleichzeitiger Umsetzung der kinetischen Energie in mechanische Arbeit vor sich. Vor dem Laufrad einer solchen Überdruckturbine, also im Spalt zwischen Leitvorrichtung (Leitrad) und Laufrad, herrscht somit ein größerer Druck als hinter demselben, der sogenannte Spaltdruck (Spaltüberdruck) und dieser bildet die Charakteristik der Turbine.

Formel für die Nutzleistung:

Bezeichnet H das Gefälle in m, Q den sekundlichen Wasserzufluß in cbm, so ist die absolute Wasserkraft:

$$N_a = \frac{1000 \cdot Q \cdot H}{75} \text{(Pferdestärken)} \quad . \; . \; . \; . \; . \; . \; . \quad (1)$$

welche in hydraulischen Maschinen niemals voll ausgenützt werden kann. Das Verhältnis zwischen der absoluten Kraft N_a und dem Nutzeffekt N_e bezeichnet man mit $\frac{N_e}{N_a} = \eta$.

Die Verhältniszahl η ist stets kleiner als 1 und wird durchschnittlich zu $\eta = 0{,}75$ angenommen. Damit geht die Formel für Berechnung der Nutzkraft über in

$$N_e = 10\,Q\,H \text{ (Pferdestärken)} \quad \ldots \quad (2)$$

wenn die Wassermenge Q in cbm sk, das Gefälle H in m und der Wirkungsgrad mit $\eta = 0{,}75$, 1 Pferdestärke = 75 Kilogrammeter. Die neue technische Einheit der Leistung, das »Neupferd« oder »Großpferd«, d. h. der elektrische Effekt 1000 Watt als Maßeinheit, ist praktisch gleich 102 Kilogrammeter in der Sekunde und entspricht der absoluten Leistung 10^{-10} Erg in der Sekunde.[1]) Einheitsbezeichnung KW.

Der Wirkungsgrad einer Wasserturbine hängt nun wesentlich davon ab, in welchem Verhältnis die Umfangsgeschwindigkeit des Laufrades zur Austrittsgeschwindigkeit des Wasserstrahls aus der Leitvorrichtung (Düse, Leitapparat) steht. Der Gütegrad wird nach praktischen Erfahrungen am günstigsten ausfallen, wenn sich die Umfangsgeschwindigkeit des Laufrades zur absoluten Austrittsgeschwindigkeit des Wasserstrahls bei Freistrahlrädern ungefähr wie 1 : 0,5 und bei Preßstrahlturbinen (Normalläufern) desgleichen wie 1 : 0,68 verhält, d. h. von der absoluten Wassergeschwindigkeit aus der Leitvorrichtung wird für Freistrahlräder etwa die Hälfte, bei Preßstrahlturbinen rund 2/3 als günstigste Radgeschwindigkeit angenommen. Bewegt sich das Laufrad mit einer Geschwindigkeit gleich der absoluten Wassergeschwindigkeit, so findet keine ausnutzbare Kraftübertragung vom Strahl auf die Radschaufeln statt, der mechanische Wirkungsgrad η ist nahezu = 0. Das Verhältnis zwischen dem Leerlauf n_l und der günstigsten Radgeschwindigkeit n ist für Preßstrahlturbinen erfahrungsgemäß

$$n_l : n = 1{,}86 : 1 \quad \ldots \quad (3)$$

beträgt somit annähernd 15 : 8 gegenüber der früher allgemein angenommenen Regel 2 : 1.

Gute Wasserturbinen ergeben bei voller Beaufschlagung einen Wirkungsgrad $\eta = 0{,}75 \div 0{,}82$, der bei Teilbeaufschlagung heruntergeht und sich unter halber Beaufschlagung noch wesentlich abschwächt, wobei gleichzeitig ein Abfall an der Umlaufzahl eintritt. Die Gründe, warum der Wirkungsgrad η kleiner als 1 ist, liegen in den unvermeidlichen Verlusten durch Reibung, Stoß und Wirbelung des Wassers, in dem Ein- und Austrittsverlust und in der mechanischen Eigenreibung der

[1]) Erg ist die Arbeitseinheit nach absolutem Maßsystem.

Maschine. Bei öffentlichen Wettbewerbarbeiten für die Ausnutzung von Wasserkräften und für überschlägige Berechnungen wird als Wirkungsgrad für die Turbinen allgemein $\eta = 75\,\%$ eingesetzt. Die Umrechnung von PS-Leistung an der Turbinenwelle auf KW-Leistung an der Generatorenklemme hat durch Teilung mit 1,5 zu geschehen.

Hier mögen noch einige Bemerkungen über die Aufstellungsarten der Turbinen Platz finden.

Preßstrahlturbinen können am Fuße des Gefälles oder unter gewissen Einschränkungen innerhalb der Gefällehöhe eingebaut werden. In letzterem Fall — der heute der gebräuchliche geworden ist — findet die Nutzbarmachung des Triebgefälles unterhalb der Turbine durch Saugwirkung — nach Art der kommunizierenden Röhren — mittels eines ins Unterwasser hinabreichenden Saugrohrs oder Saugkrümmers statt, wodurch bei Schwankungen des UWSp. jedes Zentimeter Gefälle voll zur Wirkung gelangt. Außerdem gleicht das Saugrohr manche Unregelmäßigkeiten beim Durchfluß durch die Maschine aus und sichert einen gleichförmigen ruhigen Abfluß. Neuerdings werden lange Saugrohre, unten trompetenförmig erweitert oder mit rechteckigem, nach unten überaus stark vergrößertem Querschnitt angewendet, wodurch ein Effektgewinn erzielt wird.

Freistrahlräder müssen, wenn die volle Gefällewirkung erzielt werden soll, stets am Fuße des Gefälles angeordnet werden. Doch muß das Rad so weit über dem höchsten UWSp. gesetzt sein, daß freie Ausströmung ohne Hinterwasser stattfindet, wenn der Nutzeffekt nicht infolge des Rückstaues erheblich leiden soll.

Die Lage der Radwelle bei den verschiedenen Systemen kann eine senkrechte oder wagrechte sein, auch Schräglage ist schon versucht worden; ebenso lassen sich mehrere Räder auf einer gemeinschaftlichen Achse befestigen. Für diese Teilturbinen läßt sich unter gewissen Voraussetzungen sowohl das Gefälle als auch die Wassermenge auf die einzelnen Laufräder verteilen (mehrfache und mehrstufige Turbinen)[1]). Hierüber entscheiden die Schwankungen des Gefälles und der Wassermenge, die Größe der Kraftleistung oder erwünschte Umlaufzahl des Motors und die Anforderungen des Betriebs.

Die ersten Niagara-Turbinen mit 5000 PS galten seinerzeit als außergewöhnlich; heute ist man bis zu Leistungen von über 50000 PS fortgeschritten oder hat Gefälle von 0,6 m bis über 1600 m ausgenützt.

---

[1]) Bei mehrfachen Turbinen wird die Wassermenge auf mehrere Laufräder verteilt; kommt das ganze Gefälle in mehreren Stufen zur Ausnützung, so entspricht jede Teilturbine einer Gefällestufe (mehrstufige Turbinen).

Das Wasser durchströmt den Motor je nach dem Turbinensystem in axialer, diagonaler oder radialer Richtung, doch haben sich in letzter Zeit die Radialturbinen ausschließlich das Feld erobert und unter den verschiedenen Konstruktionen sind die Preßstrahlturbinen nach Francis und die Löffel- oder Becherräder der Peltonklasse als Freistrahlräder (Tangentialräder) allseitig bevorzugt. Die Beaufschlagungsrichtung bleibt ohne wesentlichen Einfluß auf das Güteverhältnis, nur lassen sich die Radialsysteme besser dem veränderlichen Aufschlagwasser anpassen und gestatten durch die automatischen hydraulischen Regulatoren die Einhaltung gleichförmiger Umlaufzahl und Leistung innerhalb enger Grenzen.

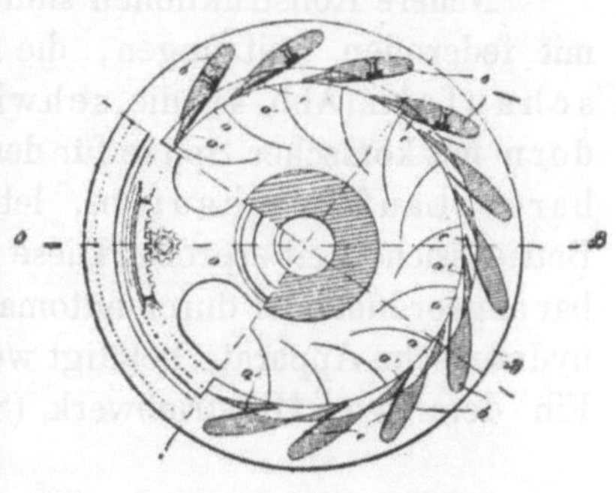

Abb. 1. Zodelregulierung.

Die Regulierung umgreift zwei Vorgänge an den Turbinen: erstens die Veränderung des freien Ausflußquerschnitts zwecks Anpassung an das schwankende Aufschlagwasser oder den veränderlichen Kraftbedarf und zweitens die Einhaltung einer nahezu gleichbleibenden Umlaufzahl des Motors. Die hiezu erforderlichen Einrichtungen an den Leitapparaten sind eine rationelle Querschnittsänderung um den Wasserzufluß in beliebigen Abstufungen verlustfrei auf die Treibschaufeln zu bringen, in Verbindung mit empfindlich gesteuerten selbsttätigen Regulierapparaten, welche die Schwankungen der Geschwindigkeit der Turbine, der Wassermenge und des Gefälles sofort aufnehmen und die entsprechenden Gegenwirkungen einleiten, um augenblicklich einen Beharrungszustand herbeizuführen.

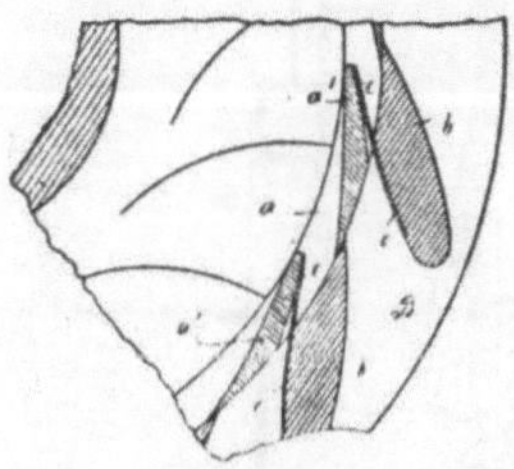

Abb 2

Zu den älteren Regelmitteln an den Leitapparaten zählen Deckel, Klappen und Schieber, die einen oder gleichzeitig mehrere Leitkanäle teilweise oder ganz abschließen, die Drosselklappe im Saugrohr oder der Ringschieber am Saugrohrende (die beiden letzten sind recht unvollkommene Regelorgane), die Glocken- oder Ringschieber

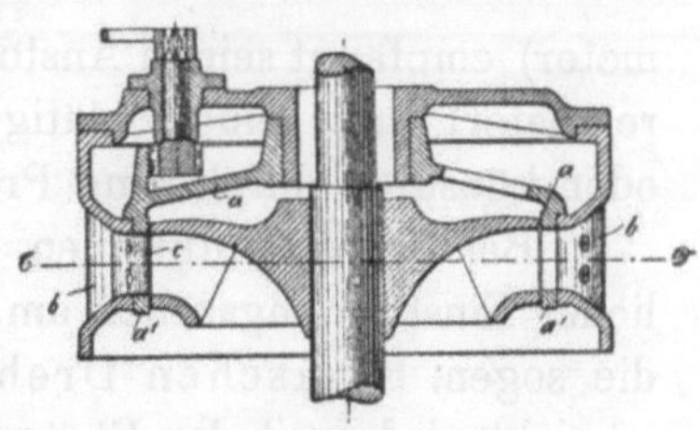

Abb. 3. Zodelturbine.

außen am Leitapparat oder zwischen Leit- und Laufrad (Spaltschieber). Abb. 1—3 und 5.

Neuere Konstruktionen sind der Zodelsche Spaltregelschieber mit federnden Leitzungen, die Finkschen drehbaren Leitschaufeln (Abb. 4), die schwingende Leitzunge oder der Regeldorn mit konischer Spitze für den einzelnen Leitkanal und die verstellbaren Laufradschaufeln, letztere Art noch nicht durch längere Betriebssicherheit erprobt. Diese Regelorgane können von Hand verstellbar angeordnet oder durch automatische hydraulische Apparate betätigt werden. Ein derartiges Hilfstriebwerk (Servo-

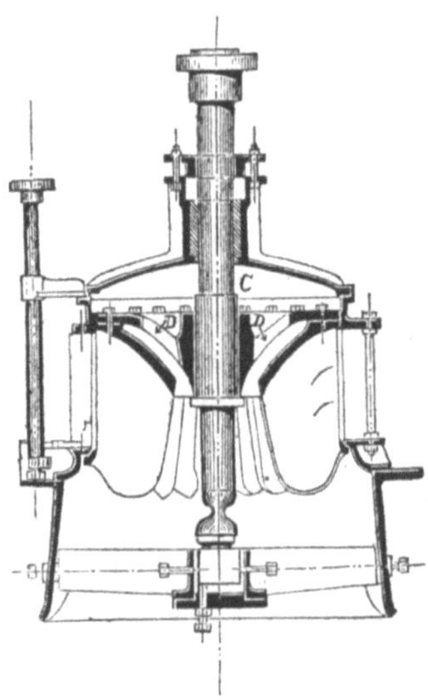

Abb. 4. Registerschütze mit drehbaren Schaufeln.

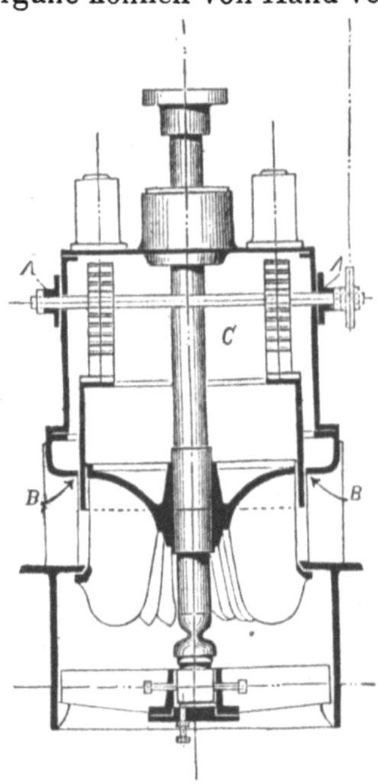

Abb. 5. Glocken- oder Zylinderschütze.

motor) empfängt seinen Anstoß durch ein Fliehkraftpendel (Zentrifugalregulator) und seine Betätigung durch den natürlichen Gefälledruck oder künstlich durch eine Preßpumpe.

Bei Preßstrahlturbinen ist eine gleichmäßige Veränderung sämtlicher Einströmungszellen am ganzen Radumfang Bedingung, die durch die sogen. Finkschen Drehschaufeln bis jetzt am zweckmäßigsten erreicht wird, weil der Strömungszustand an keiner Stelle völlig unterbrochen ist; bei Freistrahlrädern ist die Verminderung oder Vergrößerung des Treibstrahles vermittelst der verstellbaren Nadeldüsen oder die Zu- und Abschaltung einzelner Düsen zur Einhaltung eines konstanten OW Sp. am zweckdienlichsten.

Eine rationelle Regelung des Wasserdurchflusses würde die gleichzeitige und gleichmäßige Veränderung der Zellenquerschnitte am Leit- und Laufrad bedingen, Versuche in dieser Richtung sind aber bisher derart verwickelt und wenig betriebssicher ausgefallen, daß der praktische Turbinenbau bisher davon Abstand genommen hat, diese Konstruktionsweise in größerem Umfang auszuführen. Neuere Lösungen dieses Problems sind die Drehschaufeln im Laufrad nach Rues-Baienfurt und die Kaplanschen verstellbaren Schaufelflügel. Mit der Veränderung der Kanalweiten tritt gleichsinnig eine Änderung der Schaufelwinkel ein.

Zu unterscheiden wäre noch die Beaufschlagung des gesamten Leitradumfanges (Vollturbine) und die teilweise Wasserzuführung bis herab auf einen einzelnen Leitkanal (Teilturbine).

Wasserstands- und Geschwindigkeitsregler werden kombiniert angeordnet, um sich gegenseitig zu beeinflussen und ein Überregulieren nach irgend einer Seite hin zu vermeiden.

Schließlich wäre noch hervorzuheben, daß die Anforderungen der Praxis, hauptsächlich bei der Anlage von Elektrizitätswerken dahin geführt haben, den Turbinenbau in der Weise zu schematisieren, daß Langsamläufer, Normalläufer, Schnelläufer und Oberschnelläufer konstruiert werden, die unter sonst gleichen Verhältnissen eine den Betriebsanforderungen angepaßte minutliche Umlaufzahl bezitzen, die bis zur mehrfachen der normalen Geschwindigkeit betragen kann.

Man hat auch versucht, die Austrittsenergie des Wassers aus dem Laufrade durch einen sogenannten Diffuser nutzbar zu machen. Anwendbar ist ein solcher bei Axialturbinen (Richtung des Wasserdurchflusses parallel der Achse) und bei innern Radialturbinen (Wasserdurchfluß von der Achse radial nach außen). Diese Einrichtung besteht aus einem feststehenden nach außen erweiterten Schaufelkranz, der das Laufrad bei axialem Durchfluß an der Austrittseite überdeckt, bei innern Radialturbinen das Laufrad außen umfaßt.

Die Wasserturbinen bestehen im allgemeinen aus folgenden Hauptteilen:

a) Leitvorrichtung — (System von Leitschaufeln für die Zuführung des Wassers, ein Spiralgehäuse (Abb. 6) oder eine oder mehrere Einströmungs-Düsen) — die das Laufrad überdeckt, umschließt oder dem Rade vorgelagert ist.

b) Laufrad — (Rezeptor mit in den Radkranz eingegossenen, eingenieteten oder eingeschraubten Schaufeln oder Becher) — ein- oder mehrkränzig vom Wasser durchströmt, dessen Triebkraft es aufnimmt und abgibt.

c) Welle mit Zapfen und Halslagerung für Weiterleitung der Kraft.

d) Regeleinrichtung für die Veränderung des Wasserdurchflusses und Einhaltung einer gleichförmigen Geschwindigkeit, die mittels teilweisem oder gänzlichem Abschluß (Schieber, Klappen, heb- und drehbare Ringschützen) der einzelnen Radkanäle bewerkstelligt werden kann. Mit der Regeleinrichtung ist ein Zwischengestänge verbunden, durch das die Regelung

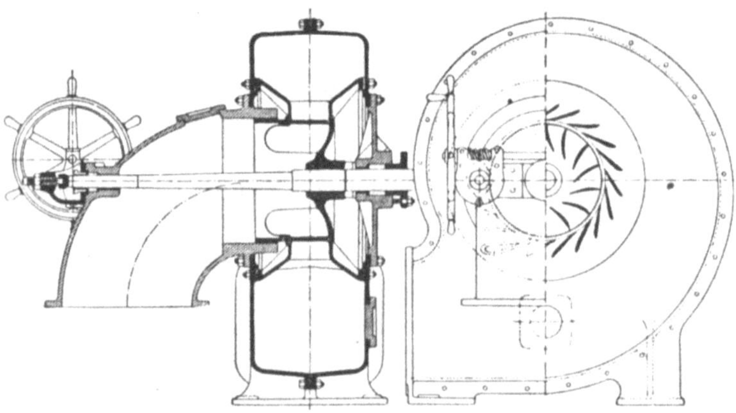

Abb. 6. Spiralturbine.

entweder von Hand oder durch einen automatischen Regler betätigt wird.

e) Saugrohr, durch das der Zusammenhang der Wasserführung vom Ober- bis unter den Unterwasserspiegel gewahrt bleibt und dessen Anwendung bei der Francisturbine allgemein geworden ist, besteht aus Guß- oder Schmiedeeisen und hat in jüngster Zeit besonders bei den neuen Bauarten verschiedene Formen angenommen, um die Austrittsverluste zu verringern und das Wasser in die Ablaufrichtung überzuleiten. Letzterem Zweck entsprechen die syphonartig gewundenen Ausläufe aus Stampfbeton (Betonsaugkrümmer) ohne wesentliche Reibungsverluste. Der Gefälle-Gewinn aus dem Austritt durch Verringerung der Abflußgeschwindigkeit wird selten in Rechnung gestellt, weil zuverlässige Versuchswerte über die Anpassung der Abflußgeschwindigkeit an die zunehmenden Saugrohrquerschnitte noch nicht vorliegen.

Der *Abtrieb* läßt sich von der Turbinenwelle aus entweder durch unmittelbare Kupplung mit der Arbeitsmaschine oder Hauptwelle oder vermittels Zahnräder, Reibräder, Seil- und Riemscheiben, Kurbeln (bei Kolbenpumpen) u. a. bewerkstelligen.

Bei Zahnrädern sei das *Übersetzungsverhältnis* möglichst eine ganze Zahl, z. B. 2 : 1, 3 : 1, 4 : 1, 5 : 1, um ein gutes Einarbeiten

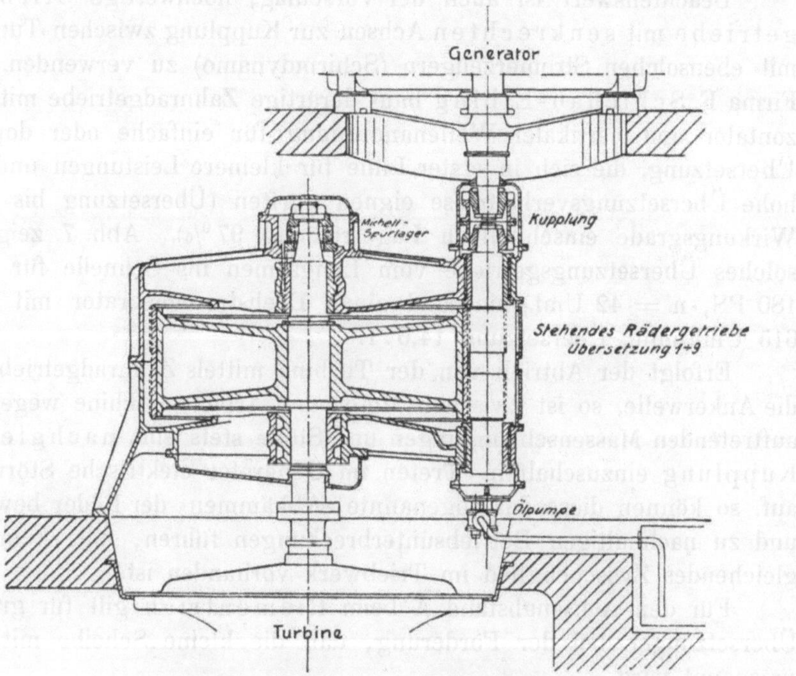

Abb. 7. Stehendes Rädergetriebe (F. Schichau-Elbing).

der Zähne herbeizuführen. Für Triebwerksräder mit langsamem Gang geht man, wenn möglich, nicht über 6 : 1, wobei dann für das kleine Rad $Z_{min.}$ = 36 bis 40, bei raschem Gang etwa nur bis 4 : 1, wobei $Z_{min.}$ = 54 bis 72. Zur Entlastung des unter Wasser befindlichen Lagers ist die Anordnung so zu treffen, daß die tangentiale Seitenkraft des Zahndrucks in die Mittelebene des oberen Lagers wirkt, also nur dieses belastet. Die Räder werden entweder mit kräftigen Armen oder mit voller gewölbter Scheibe ausgeführt (Glockenrad) und *Obergriff* bevorzugt.

Als hochwertige Zahnrädergetriebe bei Wasserkraftanlagen kommen zunächst die mit intensiver Ölschmierung laufenden *Kegelradgetriebe* mit Winkelverzahnung (Citroengetriebe) für Übersetzungen bis 7:1 in Betracht, die für Turbinen mit senkrechter Achse sich schon in mehreren Anlagen bewährt haben. (Reibungsverlust 3%.) Bei wagerechter Anordnung der Turbinenwelle und Verteilung der auf eine Einheit entfallenden Wassermenge auf zwei Laufräder bietet ein hochwertiges Stirnrädergetriebe mit pfeilförmigen oder geraden Zahnflanken der Fr. Krupp A.-G. wesentliche Vorteile (Wirkungsgrade 97 bis 98% mit Übersetzungen bis 10:1).

Beachtenswert ist auch der Vorschlag, hochwertige Stirnradgetriebe mit senkrechten Achsen zur Kupplung zwischen Turbinen mit ebensolchen Stromerzeugern (Schirmdynamo) zu verwenden. Die Firma F. Schichau-Elbing baut derartige Zahnradgetriebe mit horizontaler und vertikaler Wellenanordnung für einfache oder doppelte Übersetzung, die sich in erster Linie für kleinere Leistungen und sehr hohe Übersetzungsverhältnisse eignen dürften (Übersetzung bis 15:1, Wirkungsgrade einschließlich Lagerreibung 97%). Abb. 7 zeigt ein solches Übersetzungsgetriebe vom Langsamen ins Schnelle für $N_e =$ 180 PS, n = 42 Uml./min. und einen Drehstromgenerator mit $n_1 =$ 615 Uml./min., Übersetzung 14,6:1.

Erfolgt der Abtrieb von der Turbine mittels Zahnradgetriebe auf die Ankerwelle, so ist zwischen Motor und Arbeitsmaschine wegen der auftretenden Massenschwingungen und Stöße stets eine nachgiebige Kupplung einzuschalten. Treten im Generator elektrische Störungen auf, so können diese das sogenannte »Abkämmen« der Räder bewirken und zu nachhaltigen Betriebsunterbrechungen führen, falls kein ausgleichendes Zwischenglied im Triebwerk vorhanden ist.

Für den Achsenabstand A beim Riementrieb gilt für größere Übersetzungen bei der Forderung, daß die kleine Scheibe mit 160° umspannt wird

$$A = 2{,}87\,(\psi - 1)\,d \quad \ldots \ldots \quad (4)$$

worin ψ das Übersetzungsverhältnis und d = Durchmesser der kleinen Scheibe bezeichnet. Geschwindigkeits- und Arbeitsverlust bei Riemen 1—2%; Übersetzungsverhältnis nicht mehr wie 6:1; bei Hintersetzung und nicht zu großer Kraftübertragung nicht über 1:10; für stärkere Übersetzungen oder kurzen Achsenabstand sind Lenixtriebe zu verwenden.

Der Ingenieur muß vor allem bestrebt sein, die Gesamtanlagekosten niedrig zu halten, was durch die Wahl großer Krafteinheiten, möglichst einfacher Konstruktion und dem Zweck angepaßter Anordnungen des maschinellen und baulichen Teiles der Anlage zu geschehen hat. Erschwert wird die Lösung dieser Aufgabe durch die mehr oder weniger starke Änderung des Gefälles und der verfügbaren Zuflußmenge bei den von der Natur uns gebotenen Wasserkräften; hieraufabzielend mag noch der Maßnahmen für künstliche Gefällesteigerung und der Akkumulierung zu Zeiten überschüssiger Wassermengen Erwähnung geschehen. (Talsperren, Ausgleichsbecken, Hochbehälter für hydraulische Akkumulierung und Batterien für elektrische Aufspeicherung, Umformerturbinen, Abwasserturbinen, Hochwasserturbinen, Turbinen mit hochgesaugtem Oberwasserspiegel und die Rückgewinnung des Gefälleverlustes durch Hochwasser.)

Erster Abschnitt.

I. Grundbegriffe im Turbinenbau.

Denkt man sich das Wasser in ein Rohr gefaßt, so nimmt es entsprechend seiner Fallhöhe eine bestimmte Durchflußgeschwindigkeit an. Die Umlaufzahl einer in dieses Rohr eingesetzten Turbine würde namentlich bei kleinen Gefällen nicht genügend hoch ausfallen, um einen elektrischen Stromerzeuger mit hohen Umlaufzahlen unmittelbar anzutreiben, was für die Herstellung der Gesamtanlage wünschenswert wäre. Versetzt man das im Druckrohr niederströmende Wasser durch entsprechend eingesetzte Leitflächen (Abb. 8) in eine kreisende Bewegung, schickt es somit erst durch eine Spirale, bevor es durch einen in deren Mitte entstehenden senkrechten Abfluß gelangt, so wird durch diese Anordnung ein starker Strudel erzeugt, durch den man das Schaufelrad in Drehung versetzt. Je nachdem man die Leitflächen in ihrer Richtung ändert, ohne den Durchfluß an einer Stelle zu unterbrechen, läßt sich der Strudel in seiner

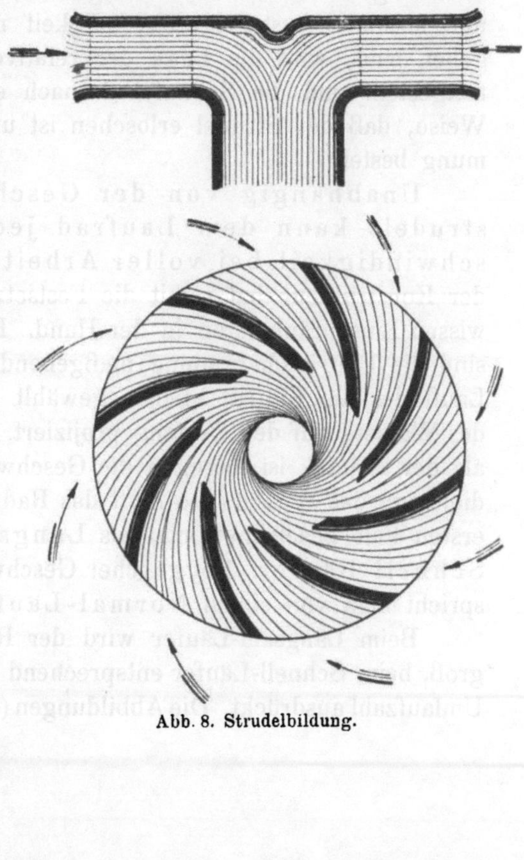

Abb. 8. Strudelbildung.

Drehgeschwindigkeit in erheblichem Grade ändern. Gegen die Mitte steigert sich die Geschwindigkeit; da der Strom nicht unterbrochen wird, drängt sich das Wasser in immer kleinere Querschnitte, so daß es schneller fließen muß bis zu dem Maße, das dem Gefälledruck entspricht. Die höchste Geschwindigkeit tritt in dem Auslaßquerschnitt auf oder wenn dieser nicht der kleinste Querschnitt ist, den das Wasser durchfloß, im kleinsten Querschnitt, also im Schaufelrad, das durch den Strudel in Drehung versetzt Arbeit leisten kann. Das Rad wird dem Strudel so lange Arbeit entziehen, solange der Druck des Strudels auf die Schaufel wirkt und der Strudel enthält so lange Arbeitsfähigkeit, als er rotiert. Eine arbeitentziehende Turbinen-Schaufel wird also derart geformt sein müssen, daß sie die Stromfäden des Strudels geradestreckt, d. h. die in Richtung des Umfangs liegende Geschwindigkeit in radialen Fluß ablenkt, um den Strudel damit abzufangen.

Das Gesetz, nach dem die Schaufeln zu formen sind zur Erzielung des höchsten Arbeitsdrucks bei stoßfreiem Übertritt des Wassers, d. h. wie dieselben abzubiegen und auszubilden sind, um Druck- und Stoßverluste zu vermeiden, gründet sich auf das Parallelogramm der Geschwindigkeiten. Aus dem Diagramm, worin Umfangsgeschwindigkeit und absolute Austrittsgeschwindigkeit nach Größe und Richtung gegeben sind, wird die Lage der relativen Bahn für Ein- und Austritt festgestellt und die Schaufel darnach entsprechend gekrümmt in der Weise, daß der Strudel erloschen ist und nur noch rein radiale Strömung besteht.

Unabhängig von der Geschwindigkeit des Wasserstrudels kann dem Laufrad jede beliebige Umlaufsgeschwindigkeit bei voller Arbeitsleistung erteilt werden; der Konstrukteur hat somit die Festsetzung der Umlaufzahl unter gewissen Einschränkungen in der Hand. Für die verschiedenen Bauarten sind die Eintrittsdiagramme maßgebend. Ist die Geschwindigkeit des Laufrades am Eintritt kleiner gewählt als die Einlaufsgeschwindigkeit des Wassers auf den Umfang projiziert, so läuft das Rad langsamer um als der Strudel, ist dagegen die Geschwindigkeit des Rades größer als diejenige des Wassers, so läuft das Rad schneller als der Strudel. Den ersten Fall bezeichnet man als Langsam-Läufer, den zweiten als Schnell-Läufer. Bei gleicher Geschwindigkeit von Rad und Strudel spricht man von einem Normal-Läufer.

Beim Langsam-Läufer wird der Raddurchmesser verhältnismäßig groß, beim Schnell-Läufer entsprechend kleiner, was sich durch erhöhte Umlaufzahl ausdrückt. Die Abbildungen (S. 53) zeigen verschiedene Typen von äußeren Radialturbinen (Francis-Turbinen). Die Unterschiede treten hervor hauptsächlich in der Verschiedenheit der Raddurchmesser und Radhöhen, Verschaufelung usw. Mit der Zunahme der Radgeschwindigkeit vermindern sich die Schaufelzahlen und Schaufelflächen, weil bei der Steigerung der Geschwindigkeit die Reibungsflächen und Stoßkanten verkleinert werden müssen; man ist bei den am schnellsten laufenden Turbinen bis auf zwei Laufradflügel — ähnlich den Schiffsschrauben — herabgegangen, wobei die Reichweite der einzelnen Schaufel bei derart geringer Anzahl eine offene Frage bleibt.

Die Theorie der Wasserturbinen gibt vorerst keine Grenze an, bis zu welcher die Umlaufzahl gesteigert werden kann, praktisch ist man über das Doppelte der Strudelumlaufzahl bisher noch nicht hinausgekommen, auch sind bei höheren Tourenzahlen der Zu- und Ableitung des Wassers, also der Disposition der Gesamtanlage, erhöhte Aufmerksamkeit zuzuwenden und Bedeutung zuzumessen, die auch ihren Ausdruck in der mannigfaltigen konstruktiven Ausbildung des Saugrohrs findet. Um mit der Stellung der Turbine innerhalb der Gefällehöhe unabhängig zu sein, kommt das Saugrohr in Anwendung, das jederzeit jedes Zentimeter Gefälle ausnützt. Durch die nach unten konische Ausweitung wird die Geschwindigkeit des Wassers, mit der es das Rohr verläßt, kleiner als beim Austritt aus dem Laufrad, immerhin bleibt die Geschwindigkeit, mit der das Wasser in den Untergraben übertritt, ein Verlust, der aber durch die Saugrohrerweiterung vermindert wird. Ist die Wassermenge groß und das Gefälle klein, so setzt man die Turbine in eine offene Wasserkammer, überläßt den Leitschaufeln allein die Erzeugung des Strudels und führt das Wasser in der Regel durch einen betonierten Saugkrümmer ab. Theoretisch wäre eine Saugwirkung bis 10 m anwendbar, die dem Druck der Atmosphäre das Gleichgewicht hielte, praktisch geht man nicht über 7 m hinaus. Die Gründe liegen in der starken Ausscheidung von Luft aus dem Wasser und Bildung von Blasen, die ein plötzliches Abreißen der Wassersäule bewirken und den Verlust der Saughöhe verursachen könnte. Die sich im Unterdruck ausscheidende Luft frißt die Schaufeln an, bietet überhaupt Anlaß zu Korrosionen und Betriebsstörungen. Die Länge des Saugrohrs wird sich nach der hochwasserfreien Aufstellung der Turbine und nach anderen örtlichen Rücksichten zu richten haben. Neue Saugrohrformen treten auf, besonders die schnellaufenden großen Krafteinheiten erfordern die strenge Einhaltung der physikalischen Gesetze bei der Ausbildung der Wasserwege zur Erreichung hoher Wirkungsgrade und Betriebssicherheit. Die Ausmündung der Sauganordnung muß ausreichend tief unter dem UWSp. liegen, um die Saugwirkung bei allen Wasserständen zu sichern, damit kein Gefälle verloren geht. Dieser Vorteil zeichnet die Überdruckturbinen von den Freihstrahlrädern aus, bei welchen stets ein Teil des Gefälles durch »Freihängen« verloren gegeben werden muß; bei hohen Gefällen wird dies jedoch weniger zum Ausdruck kommen.

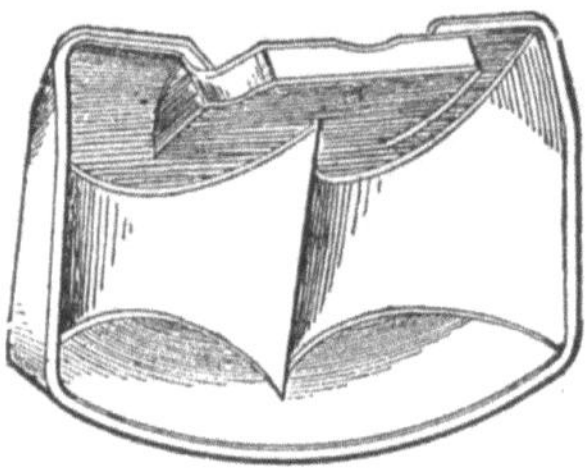

Abb. 9. Peltonbecher (ältere Form).

Bei der Freistrahl-Turbine sind die Verhältnisse wesentlich anders gelagert. Hier wird der ganze Wasserdruck in Geschwindigkeit umgesetzt und der Wasserstrahl tritt am Ende des Rohrs aus einer, im Verhältnis zum Rohrquerschnitt kleinen Öffnung mit der vollen Geschwindigkeit der Gefällehöhe $c = \sqrt{2gH}$ aus, fällt auf eine geneigtstehende Schaufelkurve, die dem Strahl seine Geschwindigkeit durch Umlenkung fast vollständig entzieht und ihn beim Austritt aus dem Rad mit einem kleinen Restbetrag derselben ins Unterwasser abfallen läßt. Den Geschwindigkeitsunterschied hat der Strahl durch Druck auf die bewegte Radschaufel abgegeben, also in Arbeit umgewandelt.

Bei der günstigsten Umlaufgeschwindigkeit um die größte Arbeitsleistung zu erhalten ist

$$u_1 = {}^1/_2\, c_1 \quad . \quad . \quad . \quad . \quad . \quad . \quad (5)$$

Wir können den Schaufelkranz auch von innen beaufschlagen lassen und gelangen damit zur Schwamkrug-Turbine, die noch manchmal für besondere Verhältnisse gebaut wird oder wir lassen den aus dem Zuleitungsrohr austretenden Strahl aus einer Düse tangential von außen auf den Spaltkeil der Doppelbecher, die die Schaufeln bilden, auftreffen, die nach Abb. 9 und 10 am Radkranz befestigt sind und haben die moderne Becher-Turbine oder das Pelton-Rad. Im Querschnitt ergibt sich der Verlauf des Wasserstrahls, der durch Umlenkung seine lebendige Arbeit an das Rad abgibt. Bei einer Tourenzahl nach $u = \frac{1}{2} c$ ergibt sich die Geschwindigkeit, mit der der Strahl auf die Becherkurve abweicht, zu

Abb. 10. Peltonrad.

$$v = c - u = \frac{1}{2} c \quad . \quad . \quad . \quad . \quad . \quad . \quad (6)$$

wobei die Relativgeschwindigkeit gleich der Umlaufgeschwindigkeit wird.

Würde beim Austritt der Strahl völlig in die entgegengesetzte Richtung umgelenkt, so wäre die absolute Austrittsgeschwindigkeit u — v = 0, das Wasser fiele ohne jedwede Energie von der Becherkante ab, da dies jedoch praktisch nicht ausführbar ist, so verbleibt noch ein Restarbeitsvermögen. Auch die übrigen Verluste sind gering. Die Schaufeln reiben sich, während drei Stück jeweils in Aktion sind, großenteils nur an der Luft, Zapfenbelastung und Lagerreibung werden den geringen Belastungen zufolge klein, die Umlaufzahl ist hoch, die Turbine zählt somit zu den bestwirkenden Wasserkraftmaschinen. Die Achse wird meist wagerecht gelegt zur unmittelbaren Kupplung mit raschlaufenden Dynamo-Maschinen, Pumpen, Gebläse u. a. Bei den hohen Geschwindigkeiten spielt die Abnützung eine wichtige Rolle. Die Düsenquerschnitte müssen aufs sorgfältigste bearbeitet sein, um nicht durch Wasserwirbel zerfressen zu werden. Das Material der Becher und der Entwurf der Becherkurven müssen den Betriebsbedingungen und den hydraulischen Gesetzen aufs vollkommenste entsprechen. Die Umlaufzahl läßt sich in sehr weiten Grenzen durch freie Bestimmung des Raddurchmessers wählen, doch ist man an bestimmte Normen gebunden, z. B. daß der kleinste Durchmesser nicht kleiner als 16 fache Strahldicke werden darf. Auch die Steigerung der Leistung durch Vermehrung der Einströmungsdüsen ist beschränkt, mehr wie drei Düsen werden nicht angewendet, weil sich die Strahlen übereinanderlegen und gegenseitig beeinflussen.

Das moderne Tangentialrad ist wohl die einfachste Turbine, es lassen sich damit Gefälle bis 2000 Meter ausnützen und Leistungen von 30000 PS sind auf einer Achse schon vereinigt worden, die eine wagerechte oder senkrechte Lage einnehmen kann; erstere Anordnung ist indessen die häufigste.

Die ältesten Turbinen waren Freistrahlräder, erst in verhältnismäßig später Zeit haben sich die Erfinder vom Freistrahl abgewandt, und ihre Räder durch einen von innen erregten Strudel (Fourneyron, Nagel, Boyden) antreiben lassen. Seit Mitte des vorigen Jahrhunderts brach sich die radiale äußere Beaufschlagung Bahn, die zur rationellsten Ausbildung zweier Systeme, der Francis- und der Pelton-Turbine führte. Immer nach etwa einem Menschenalter tritt wieder ein Systemwechsel ein, und so stehen wir heute am Anfang einer Epoche, in der für Vollturbinen zur axialen Beaufschlagung zurückgegriffen und die höchstmögliche Geschwindigkeit aus der Rotation des Wasserstrudels zu ziehen versucht wird.

II. Turbinentheorien.

Neben den konstruktiven Gesichtspunkten bei der Berechnung der Wasserturbinen wird man die Forderungen der Theorie immer im Auge behalten müssen, wenn sich auch diese bei der Ausführung nicht restlos erfüllen lassen.

Bei Aufstellung von »Turbinentheorien« muß bei dem Stand der wissenschaftlichen Forschung stets von gewissen hypothetischen Voraussetzungen ausgegangen werden. Zu diesen zählen die Annahmen:

dass die Bewegung der Arbeitsflüssigkeit in jedem einzelnen Teile der Kraftmaschine, sowie ihr Übergang aus dem einen zum anderen stossfrei erfolgen soll,

dass die Bewegung der Flüssigkeit in der Turbine nur an der Bewegung mit den Bahnen eines mittleren Wasserteilchens zur Darstellung gebracht und untersucht werden kann,

dass eine reibungslose und unzusammendrückbare Masse des Treibmittels vorausgesetzt wird, oder dass für die Reibung und Stossverluste Koeffizienten angenommen werden müssen, deren genaue Werte bisher experimentell nur unvollständig bekannt sind,

dass die hydraulischen Widerstandskoeffizienten als unabhängig von der Kanalform angesehen und einfach konstant gesetzt werden,

was als eine der Wirklichkeit gewiß nicht entsprechende Annahme anzusehen ist, die jedoch solange das Gesetz der Abhängigkeit nicht genauer bekannt ist, noch allgemein gemacht wird.

Alle unsere Rechnungen und theoretischen Deduktionen sind bei der Unbestimmtheit der Begriffe: Querschnitt, mittlerer Wasserweg usw., überhaupt nur Annäherungen.

Die Grundgleichungen zur Berechnung einer Turbine rühren von Euler her. Die erste Arbeit einer Turbinentheorie stammt von Poncelet (1838), in der zum ersten Male dem Arbeitsverluste Rechnung getragen wird, der dem plötzlichen Geschwindigkeitsverluste beim Eintritt in den Turbinenkanal entspringt, welche Arbeit überhaupt von größtem Einfluß auf die späteren Theorien gewesen ist. Combes hat (1843) seine »Recherches théoretiques et experimenteles sur les roues à réaction ou à tuyaux« veröffentlicht, worin er die Hauptfragen behandelt. Er hat zuerst auf die Stoßwirkungen hingewiesen, welche jederzeit an der Eintrittsstelle vorliegen, und zwar in einer Abhandlung an die Pariser Akademie bereits 1838. Redtenbacher folgt in seinen Entwicklungen »Theorie und Bau der Turbinen« (Mannheim 1844 und 1860) dem Gedankengang Poncelet's, behält die Kontraktionskoeffizienten bei, führt aber nach dem Vorgang von Combes und Weisbach noch die Widerstandskoeffizienten ein, um den der sogenannten Wasserreibung entsprechenden Widerständen Rechnung zu tragen. Girard gibt in seinem Werk: »Hydraulique. Utilisation de la force vive de l'eau appliquée à l'industrie« (1863) nur die ersten Elemente einer neuen Theorie, nach der er die Wasserwirkung in seinen Turbinen mit »freier Abweichung« (libre déviation à veines détachées), oder mit »geformten Strahlen« (libre déviation à veines moulées) benannte, und nach welchen Prinzipien eine große Anzahl Turbinen mit senkrechter und wagerechter Achse in offener und geschlossener Wasserkammer während vier Jahrzehnten gebaut wurden. Er hat zuerst mit klarem Blick und mit vollem Erfolg die Aktionswirkung auf sein Turbinensystem angewendet und die Regulierfrage einer praktischen Lösung näher geführt. In der betreffenden Abhandlung sind fünfzehn verschiedene Ausführungsarten beschrieben und durch Zeichnungen dargestellt. Eine weitere von Girard eingeführte Verbesserung, die im Prinzip neuerdings wieder aufgegriffen wurde, ist der sogenannte Saugheber (Heberturbine), vermittelst dessen das anfließende Wasser über den normalen Oberwasserspiegel gehoben und der Eintritt in den Leitapparat (ohne Wirbel und Trichter) erfolgte. Erwähnt sei noch die vom ihm in Vorschlag gebrachte Hydropneumatisation, um das Laufrad bei Staugang vom Gegendrucke des Hinterwassers zu befreien. Auch mit dem Problem der entlasteten Stützzapfen zwecks Verminderung der Spurzapfenreibung hat er sich beschäftigt. Aus diesen wenigen Andeutungen mag entnommen werden, welch vielseitiger Turbinenkonstrukteur Girard war. Weisbach geht in seinem Lehrbuch der Ingenieur- und Maschinen-Mechanik (1865) bei der Frage der Berechnung neuer Turbinen von dem allgemeinen Satz aus, daß Eintritt mit Stoß vorliege. Ihm verdankt man vor allem die Einführung der Widerstandskoeffizienten. Noch weiter erschienene ältere Theorien: Schmidt (1860), v. Rittinger (1865), Wiebe (1868), R. R. Werner (1869) zeigen keine wesentlich neuen Gesichtspunkte; v. Reiche »Gesetze des Turbinenbaues« (1877) hat sich seine Arbeit überaus leicht gemacht und weicht allen Schwierigkeiten aus, die in der Turbinentheorie auftreten. Doch hat er auf die »mehrstufigen« Turbinen aufmerksam gemacht, die im Dampfturbinenbau fast ausschließlich zur Ausführung gelangen. Zeuner schließt sich in seiner Schrift: »Vorlesungen über Theorie der Turbinen« (1899) vornehmlich an die Untersuchungen Weisbachs an unter Festhaltung an der Einführung der Widerstandskoeffizienten.

Herrmann behandelt (1900) die graphische Theorie der Turbinen und Kreiselpumpen, welche Methode, was Anschaulichkeit anbetrifft, dem praktischen Techniker sehr gute Dienste leistet, da das einfache mit wenigen Linien jederzeit schnell zu entwerfende Diagramm sicher und unzweideutig Auskunft gibt auf Fragen, welche für die Beurteilung einer vorhandenen oder einer zu entwerfenden Turbine maßgebend sind. Ähnlich gibt Brauer (1899) einen »Grundriß der Turbinentheorie« in graphischer Darstellung.

Die neueren Theorien fußen mehr oder weniger auf den älteren Arbeiten und haben z. T. neue Wege eingeschlagen. Die hauptsächlich von Franz Prâsil, H. Lorenz, R. v. Mises, Escher (1921), Kaplan und anderen aus der Hydrodynamik entwickelten Folgerungen zu verwerten, ist nicht in vollem Umfang rätlich, da der für die Konstruktion erzielbare Gewinn noch nicht einwandfrei festgestellt ist. Für die Berechnung neuer Turbinen tragen diese Theorien eigentlich nur mittelbar bei, da bei gegebener Gefällehöhe und Wassermenge vielfach von den Schaufelwinkeln auszugehen ist, die innerhalb gewisser Grenzen willkürlich angenommen werden müssen und hieraus unter Zuhilfenahme wählbarer Koeffizienten eine neue Größe, z. B. die günstigste Geschwindigkeit des Laufrades und aus dieser endlich der Wirkungsgrad berechnet werden muß. Ergeben die Berechnungen mit den gemachten Annahmen keine zweckdienlichen Werte, so ist die Rechnung so oft zu wiederholen, bis sich eine zuverlässige Übereinstimmung ergibt, was namentlich dem Anfänger oft eine recht mühselige Arbeit verursacht. Treten noch besondere Bedingungen hinzu, ist etwa die Umfangsgeschwindigkeit von vornherein gegeben oder ist eine Partialturbine zu konstruieren, so wird das Probieren noch zeitraubender und ermüdender, zumal man auch nicht zu beurteilen in der Lage ist, welcher maximale Wirkungsgrad sich bei den gegebenen Einschränkungen folgerichtigerweise erwarten läßt.

Indem bei einigen neuen Turbinen-Bauarten sowohl die Leit- als auch die Laufschaufeln verstellbar eingerichtet sind und sich die Ein- und Austrittswinkel deshalb ändern, so ist zu schließen, daß die analytische Darstellung der Bewegungsvorgänge dadurch sich noch verwickelter gestaltet.

Der Energieverlust, welchen das Wasser beim Durchfluß durch Turbinenkanäle erleidet, wird zurzeit in sehr verschiedener Weise berechnet. Die Forschungsarbeiten, die sich mit diesem dunklen, vielumstrittenen Gebiet beschäftigen, leiden an dem Übelstand, daß die Versuche an viel zu kleinen Modellen mit stillstehenden Kanälen und mit geringen Gefällehöhen angestellt wurden. Weisbach benutzte zwei Kanäle; Fliegner hatte eine große Anzahl von Versuchen mit neun Kanälen bei verschiedener Eintrittsrichtung des Wassers in einer Tabelle[1]) zusammengestellt. Oesterlin hat den Verlauf und das Ergebnis von seinen Versuchen mit 7 größeren Kanälen in einer Abhandlung (1903) mitgeteilt, woraus folgte, daß die Weisbach'sche Annahme

$$\zeta = 0{,}05 \text{ bis } 0{,}1$$

bei normalen Turbinenkanälen berechtigt ist und außerdem das Wasser im Kanal innen schneller fließt als außen. Bei allen diesen Betrachtungen blieb die Frage ungelöst, welche Verluste an Energie beim Übergang des Wassers vom Leit- ins Laufrad unter verschiedenen Geschwindigkeiten (Wechsel im Gefälledruck, Regelung, Stoßwirkung, Reibung, Wirbelung, Änderung der Schaufelwinkel) eintreten. Ohne den wissenschaftlichen Wert aller dieser Theorien irgendwie in Frage stellen zu wollen, so muß doch gesagt werden, daß nur der mit genauer Kenntnis der praktischen Bedingungen Vertraute zu beurteilen vermag, wodurch ein verlangter Effekt überhaupt und besonders in günstigster Weise erreicht wird. Das beste, was in solchen Lehrbüchern für den Studierenden mit Bezug auf die praktische Anwendung der theoretischen Grundlagen gegeben werden kann, sind die ausgerechneten Beispiele, die in eine solche Arbeit aufgenommen wurden. Bei der sehr beschränkten Zuverlässigkeit, welche den wissenschaftlich schwach begründeten Annahmen anhaftet, die nicht durch einwandfreie Versuche festliegen, wird es bei Aufstellung von Theorien hauptsächlich darauf ankommen, vorzugsweise solche Regeln aufzustellen, nach welchen die Radelemente zu wählen sind, um den besonderen Umständen gemäß einen möglichst hohen Wirkungsgrad und gewisse Eigenschaften der Turbine mit Sicherheit erwarten zu lassen.

Der Systemwechsel, der sich gegenwärtig im Turbinenbau abermals vollzieht, bekundet sich darin, daß die Umlenkung des radialen Eintritts in die axiale Abflußrichtung mehr und mehr vom Laufrad weg und in die zwischen Leit- und Laufradschaufelung angeordnete freie Zuführung verlegt wird, um die Energie-Verluste durch Knieröhrenwiderstand zu verringern, sowie in der Formgebung des Saugrohrs, in der Verringerung der Schaufelzahlen, Verkleinerung der Raddurchmesser, Steigerung der Geschwindigkeit usw., doch eignet sich diese Konstruktionsweise mehr für schnellaufende Turbinen-Typen mit größerem Wasserverbrauch und für konstante Beaufschlagung.

[1]) Zeitschrift des Vereins deutscher Ingenieure 1879.

Baudisch ist bei der Theorie seiner Saugstrahlturbine[1]) — eine der neuesten Errungenschaften des Turbinenbaues — von folgenden Erwägungen ausgegangen:

Ist die absolute Eintrittsgeschwindigkeit des Wassers in das Laufrad größer als die sogenannte Gefällegeschwindigkeit, also größer als seine Geschwindigkeit, die dem arbeitenden Gefälle entspricht, so wird die Turbine als außerordentlicher Schnelläufer befähigt sein bei gegebenem Laufraddurchmesser die größte Wassermenge zu verarbeiten, wodurch sie vornehmlich als Niederdruck-Turbine zur Nutzbarmachung großer Wassermengen bei kleinem Gefälle Anwendung finden dürfte. Unter dem arbeitenden Gefälle ist jene Druckhöhe zu verstehen, die für die Turbine nach Abzug aller Verluste verbleibt. Die wieder einbringlichen Verluste, die sich beim Austritte aus dem Laufrad ergeben, können durch das Saugrohr wieder z. T. zurückgewonnen, die uneinbringlichen Verluste (Reibung, Wirbelung) können durch Verringerung der Schaufelzahl, Verminderung der Schaufellänge, Anwendung flacher Schaufelquerschnitte, Fortlassen des äußeren Laufradkranzes auf ein erträgliches Maß herabgedrückt werden. Man erreicht damit eine Laufradform, die einem Propeller sehr ähnlich sieht. Die wieder einbringlichen Verluste wurden bei den verschiedenen Turbinenarten im Laufe der Zeit immer mehr vergrößert, was bei der Ausbildung des Saugrohrs hauptsächlich bei Konstruktionen nach amerikanischen Vorbildern zum Ausdruck kam.

Der Rückgewinn des hohen Austrittsverlustes bei der Saugstrahlturbine läßt sich durch ein seither verwendetes kegelförmig erweitertes Saugrohr nicht bewerkstelligen. Diese Turbine weist kurze, fast gerade Schaufelquerschnitte auf, wodurch die Umlenkung des Wassers im Laufrade beinahe ganz verschwindet und die Arbeitsübertragung nicht mehr eine dynamische, wie bei den gebräuchlichen Turbinen, sondern vielmehr eine statische ist, infolgedessen der Kraftrückgewinn nicht mehr hinter dem Laufrade in Form eines Überdruckes erreichbar wird. Ein derartiger Überdruck kann durch eine sogenannte Prallströmung erreicht werden, die dem Wasser vor dem Laufrade in einer plötzlichen Umlenkung aufgezwungen ist. Es wird hierbei vor dem Laufrade in Form einer Anleihe an die Massenträgheit des Wassers eine Drucksteigerung erzielt, ein Vorempfang, der aber hinter dem Laufrade in einem Kraftvernichter — einer Erweiterung mit anschließender, abermaliger plötzlicher Umlenkung — wieder an das Wasser rückerstattet werden muß.

[1]) Die Saugstrahlturbine von Prof. Dr. Hans Baudisch, Verlag F. Deuticke, Leipzig und Wien 1922.

Diese Vorrichtung wird auch als **Stabilisator** bezeichnet, denn erst hierdurch wird die Prallströmung, die an sich labil wäre, möglich, also stabil gemacht.

Nach vorstehenden Ausführungen besteht eine überraschende Übereinstimmung mit der Kaplan-Turbine, die jedoch auf ganz anderen theoretischen Grundlagen sich aufbaut, deren Wirkung auf angeblich mehrdimensionalen Erwägungen beruht und bei der mittels eines stark erweiterten Umlenksaugrohrs ein Kraftrückgewinn erzielt wird, während bei der Saugstrahl-Turbine das Schwergewicht der Konstruktion nicht so sehr auf das Laufrad, als auf den Einbau verlegt ist und hier hinter dem Laufrade im Gegensatze zur Kaplan-Turbine eine Kraftvernichtung herbeigeführt wird. Es sind dies Gegensätze, die sich vorerst nicht ausgleichen lassen, da die Theorie der Kaplan-Turbine zurzeit noch nicht veröffentlicht ist. Die theoretischen Grundlagen und die Konstruktionsprinzipien auseinanderzusetzen würde hier zu weit führen, sie werden an anderem Ort näher erörtert.

Dieser neue Zustand der Bewegung erfordert zu seiner theoretischen Erfassung die Aufstellung neuer Gesichtspunkte und die Anstellung weitgreifender und kostspieliger Versuche, um die Tatsachen unter ein Gesetz zu bringen. Bei der Berechnung der Hauptabmessungen einer Turbine handelt es sich um die Feststellung von etwa zwei Dutzend wesentlicher Elemente, die zur Hälfte an bestimmte Grundgleichungen, für die übrigen Größen an erfahrungsmäßige Annahmen gebunden sind. Bei einzelnen Werten muß man sich mit ungefähren Schätzungen begnügen. Am vorteilhaftesten für das Verständnis bleibt die Vergleichung der Theorie mit den Ergebnissen aus unmittelbarer Prüfung an ausgeführten Turbinen von zweckmäßiger Konstruktion. Die Hauptschwierigkeit liegt in der Bestimmung der Effektverluste, die sich in zwei Gruppen teilen:

in solche, die während der Wirkungsweise des Wassers im Zulauf, im Rade selbst und im Abfluss auftreten,

und in solche, die von der Reibung durch die Bewegung der Maschine abhängen.

Die Wasserturbinen erfordern eine erhöhte Berücksichtigung der konstruktiven Ausführung, die Art und Güte neben der Größe der zu leistenden Arbeit wesentlich bedingend.

Die Theorie der Turbinen ist wohl einer **allgemeinen** Darstellung fähig, wegen der größeren Gleichartigkeit der einzelnen Systeme mit Bezug auf die Wasserwirkung und die in Betracht kommenden Widerstände. Letztere sind freilich großenteils von solcher Art (insbesondere die Wasserreibung und die von den Krümmungen der Kanäle oder von plötzlichen Richtungs- und Querschnittsänderungen herrührenden, vornehmlich hydraulischen Widerständen), daß sie sich nur unvollkommen in Rechnung setzen lassen und man deshalb in betreff des Wirkungsgrades mehr, als z. B. bei den Wasserrädern im engeren Sinne auf wenige sichere Erfahrungswerte angewiesen ist. Der Anfänger wird sich also bei seinem Studium nur zurechtfinden, wenn er von einer in ihren Hauptabmessungen bereits nahezu feststehenden Turbine ausgehen kann. Mit anderen Worten, wenn ihm gezeigt wird, die Vorberechnungen für eine Turbine auszuführen, die ihm den Zusammenhang der einzelnen Radelemente klar machen.

III. Turbinen.

Hydraulische Widerstände, Wirkungsgrade, spezifische Umlaufzahl.

Bei Betrachtung des Wasserweges und der Wasserwirkung in hydraulischen Kraftmaschinen war zu ersehen, daß die Durchflußrichtung durch eine Turbine auf die mannigfachste Weise vor sich gehen kann. Ebenso verhält es sich mit der Zuführung des Wassers. Dasselbe kann im offenem Gerinne oder in einer geschlossenen Leitung — einer Röhrenfahrt — erfolgen, es kann von oben, seitwärts, von außen oder innen, oder von unten zur Turbine geführt werden, solange nachteilige Krümmungen und Änderungen der Zulaufgeschwindigkeit vermieden werden, bleibt sich die Anordnung der Zuführung des Treibmittels mit Bezug auf den Wirkungsgrad des Motors ziemlich gleichwertig. Eine möglichst senkrechte Richtung auf dem kürzesten Wege ist jedoch immer vorzuziehen, weil damit die geringsten Reibungsverluste verbunden sind. In offenen Kanälen betrage die Zu- und Ablaufgeschwindigkeit nicht über $v = 0{,}40$ bis 0,60 m in der Sekunde und in Rohrleitungen gibt man dem Wasser eine mittlere Geschwindigkeit von $v = 1{,}0$ m in der Sekunde. In langen Leitungen muß man mit Rücksicht auf den Kostenpunkt auf $v \doteq 1{,}50$ m in der Sekunde und darüber gehen. Der Gefällverlust durch die Rohrleitung soll 5 % des Triebgefälles nicht überschreiten.

Ferner war zu bemerken, daß einige Turbinensysteme beträchtlich **über** dem Spiegel des Unterwassers aufgestellt werden können, was in mancherlei Hinsicht die Disposition der Anlage erleichtert.

Eine derartig freie Beweglichkeit in der Wahl der Aufstellungsart finden wir bei den Wasserrädern nicht. Hier ist die Anordnung der Kraftmaschine weit mehr an die örtlichen Verhältnisse gebunden. Nimmt man noch die wesentlich höhere Tourenzahl, welche den Turbinen eigen ist, hinzu, so ergeben sich so erhebliche Vorzüge dieser Kraftmaschinen, daß es wohl begreiflich erscheint, daß diesen heute mehr Wert und Bedeutung in der Industrie zugesprochen wird, als es bei Wasserrädern der Fall ist.

Ein Übelstand ist, daß die Wasserräder sich langsam umdrehen, und daß höheres Gefälle — wegen des vergrößerten Raddurchmessers — im umgekehrten Verhältnis hierauf einwirkt. Die Kraftübertragung erfordert somit in den meisten Fällen schwere und weitverzweigte Triebwerke, welche die Anlagekosten steigern und mit erheblichen Kraftverlusten verknüpft sind. Überdies lassen sich Wasseräder nur unvollkommen regulieren. Dagegen wächst die Geschwindigkeit und die Leistung bei Turbinen unter sonst gleichen Verhältnissen mit der Steigerung der Gefällehöhe, der Abtrieb gestaltet sich infolgedessen einfacher und auf kürzerem Wege mit weniger Reibungsverlust in den Vorgelegen oder am besten umittelbar gekuppelt mit der anzutreibenden Hauptwelle oder Arbeitsmaschine. Durch die Anordnung eines entsprechend großen Laufraddurchmessers läßt sich bei den Turbinenkonstruktionen die Umlaufzahl dem beabsichtigten Zweck anpassen, es wird dies bei der Wahl des Systems zu berücksichtigen sein. Eine allgemeine Regel läßt sich nicht aufstellen, doch mögen

hohe Umlaufzahl, jederzeit restlose Ausnutzung des Gefälles, Unempfindlichkeit gegen Rückstau, leichte und genaue Regelbarkeit bei allen Wasserständen

höher anzuschlagen sein, als einige Prozent Mehrleistung auf dem Papier, um die Vorteile des Turbinenbetriebs voll auszunutzen.

Lassen wir die Frage des Wirkungsgrades vorerst außer Betracht, so tritt eine weitere Eigenschaft der Kreiselräder ganz besonders in den Vordergrund: die leichte Regelbarkeit der Geschwindigkeit und Anpassung an verschiedene Wassermenge, wodurch die Überlegenheit der modernen Turbine über das Wasserad nachgewiesen ist.

Was den Wirkungsgrad betrifft, so ist derselbe bei gut konstruierten Turbinen aller Systeme nicht so wesentlich voneinander verschieden, als es den Angaben der Turbinenbauer gegenüber anzunehmen wäre.

Die hydraulischen Widerstände in Turbinen.

Wir haben gesehen, daß der Wirkungsgrad einer gut konstruierten Turbine im Mittel vom absoluten Arbeitsvermögen des Wassers durchschnittlich

$$\eta = 100 - 25 = 75\%$$

beträgt; ebenso daß der prozentuale Anteil der Verluste bei Teilbeaufschlagung größer wird. Bei stark schwankendem Wasserzufluß und

Gefälle können die Wasserräder unter Umständen vorteilhafter sein, doch läßt sich die Frage: Wasserrad oder Turbine, nur auf Grund der einschlägigen Verhältnisse aus der Natur der auszubauenden Wasserkraft unter Berücksichtigung des Zweckes, dem der Motor dienen soll, von Fall zu Fall entscheiden.

Ein bestimmtes Turbinensystem gibt z. B. bei Teilbeaufschlagung noch recht annehmbare Nutzeffekte, kann aber den Stau nicht gut vertragen. Ein anderes ist wenig empfindlich gegen Hinterwasser, gibt aber bei kleineren Wassermengen keine günstigen Wirkungsgrade mehr. Ein anderes ergibt eine zu hohe Tourenzahl (die man für den beabsichtigten Zweck nicht braucht), oder läßt sich nur bei höheren Gefällen anwenden, ein anderes läuft wieder zu langsam usw.

Es muß vorausgeschickt werden, daß wir nach dem heutigen Stand der Hydraulik wohl den Gesamtverlust, aber nicht mit genügender Schärfe die Einzelverluste feststellen können, doch läßt sich auf Grund von Versuchen, Rechnung und Schätzung einigermaßen ein zutreffendes Bild gewinnen.

Die Kraftverluste in Turbinen kann man in folgende drei Gruppen zusammenfassen:

1. *Verlust durch die gesamten hydraulischen Widerstände, einschliesslich des möglicherweise eintretenden Verlustes durch den Spalt.*
2. *Verlust durch den Austritt des Wassers aus dem Laufrade.*
3. *Reibungsverlust an der Achse (Zapfenreibung).*

Zu 1. den Kraftverlust durch die hydraulischen Widerstände beziffert Prof. Fink:

15 v H bei Axialturbinen,
20 v H bei Radialturbinen mit innerer Beaufschlagung,
12 ÷ 17 v H bei Radialturbinen mit äußerer Beaufschlagung und zwar den kleineren Wert bei Reaktions- den größeren bei Aktionswirkung des Wassers.

Zu 2. den Kraftverlust durch die absolute Austrittsgeschwindigkeit des Wassers aus dem Laufrade gibt Prof. Fink zu 4 ÷ 6,5 v H bei den Axialturbinen an, ebenso hoch bei Radialturbinnen mit innerer Beaufschlagung; 6 v H bei Radialturbinen mit äußerer Beaufschlagung. Dieser Verlust ist aus der Schaufelung genau berechenbar.

Zu 3. der Verlust durch die Achsenreibung bewegt sich in den Grenzen von 1 ÷ 3,5 v H.

Faßt man die über die drei Effektverluste in der Literatur gemachten Angaben zusammen, so sind bei nicht ungewöhnlichen Wasser-

und Kraftverhältnissen durchschnittlich folgende Prozent von dem Wert der **absoluten** Wasserkraft in Abzug zu bringen, um den erreichbar höchsten **mechanischen** Wirkungsgrad zu erhalten.

Bezeichnung	Axial-turbinen	Radialturbine beaufschlagt von innen	Radialturbine beaufschlagt von außen
	%	%	%
Für die hydraulischen Widerstände einschließlich Spaltverlust	15	18	12
Für den Austrittsverlust	5	7	6
Für die Achsenreibung	3	1	2
Gesamtverluste	23	26	20
somit durchschnittlich erreichbarer höchster mechanischer Wirkungsgrad	0,77	0,74	0,80

so daß also im günstigsten Falle:

$$\eta = 100 - 20 = 80\,\%$$

im ungünstigeren Falle oder = 77 % im Mittel

$$\eta = 100 - 26 = 74\,\%$$

Nutzeffekt mit einer Turbine aus einer Wasserkraft gutzumachen sind; der Widerstand, der sich drehenden Maschinenteile im umgebenden Element (Luft oder Wasser) ist dabei nicht berücksichtigt, weshalb $\eta = 0{,}75$ als ein brauchbarer Mittelwert anzusehen ist. Doch müssen wir unterscheiden, daß nicht alle angeführten Einzelverluste an jeder Turbine zusammen gleichartig auftreten und daß gewisse Turbinensysteme den einen oder anderen Verlust nicht aufweisen. So erreicht z. B. der Widerstand in der Düse einer Freistrahlturbine (Becher- oder Löffelrad) kaum die Höhe von 8 % und dürfte durchschnittlich nicht mehr als 4 bis 6 % betragen. Ähnlich verhält es sich mit dem Spaltverlust. Es ist dies mit ein Grund, daß sich bei Freistrahlrädern unter hohen Gefällen ein Wirkungsgrad beobachten läßt, der sich über $\eta = 80\,\%$ ergibt. Welche Höhe in einem gegebenen Fall der mechanische Wirkungsgrad hat, hängt von der Lage des Wertes innerhalb der Grenzen ab, welche für die Effektverluste gelten. Mit dem Anwachsen der Maschinenstärke läßt sich der Wirkungsgrad auch weiter hinausrücken, weil der verhältnismäßige Arbeitsverlust nicht in demselben Maße wächst, und Maschinengewicht und Geschwindigkeit nicht stetig proportional ansteigen.

Der **hydraulische** Wirkungsgrad ist nach **Pfarr** 2 bis 4 % höher.

Ehe wir in eine »Theorie« dieser Kraftmaschinen eingetreten sind ist zu erkennen, daß Einfachheit der Konstruktion, Kleinheit der reibenden Flächen wichtige Faktoren sind für den rationellen Bau, und daß vornehmlich die Schaufelfläche aufs äußerste auszunützen ist. Die Schaufel macht das Rad! Der Konstrukteur hat demnach zu trachten, daß Raddurchmesser und Schaufelzahlen nicht zu groß gewählt werden, um geringste Reibungsflächen und hohe Tourenzahlen zu erhalten, ferner die Schaufel nicht stark zu krümmen, um Wirbelbildung und Stöße zu vermeiden. In Amerika gilt diejenige Turbine für die beste, welche bei gleicher Leistung und gleichen Gestehungskosten die höchste Tourenzahl aufweist, weshalb auch von dort die sogenannten »Schnelläufer« zu uns herübergekommen sind.

Diese Betrachtungen führen uns auf die sogenannte »spezifische Drehzahl (n_s)«, neuerdings auch Systemzahl genannt. Als spezifische Drehzahl bezeichnet der moderne Turbinenbau diejenige Geschwindigkeit, welche einem bestimmten Turbinentyp unter 1 m Triebgefälle der 1 PS-Turbine zukommt; die sonst noch beliebte Beziehung der Umdrehungszahl auf Laufraddurchmesser oder Wassermenge gibt das Bild nicht deutlich, da doch die Leistung das Maßgebende ist. Unter spezifischer Umlaufzahl versteht man den Wert

$$n_s = \frac{n}{H} \sqrt{\frac{N_{max.}}{\sqrt{H}}} = n_1 \sqrt{N_{max.}} \quad . \quad . \quad . \quad . \quad . \quad (7)$$

Die mit Francis-Turbinen erreichbaren Umlaufzahlen bewegen sich in den Grenzen von $n_s = 50 \div 500$; bei Mehrfachturbinen wachsen diese Zahlen mit der Quadratwurzel aus der Zahl der Laufräder. Die niedrigsten bis jetzt bekannten Umlaufzahlen sind $n_s = 35$ und $n_s = 45$ Uml/min. Die betreffenden Turbinen mußten aber wegen Anfressungen umgebaut werden. Langsamlaufende Francis-Turbinen neigen bei hohen Gefällen wegen des geringen Überdruckes im Spalt und der großen Geschwindigkeit ganz besonders zu Wirbelbildungen. Der Wirkungsgrad sinkt wegen der beträchtlichen mechanischen Verluste, die großenteils durch die Wasserreibung an den großen Laufradaußenwänden bedingt sind, sowie wegen der hydraulischen Verluste in den engen Radkanälen.

Zwingen die örtlichen Verhältnisse zur Wahl einer kleineren spezifischen Umlaufzahl als 50 in der Minute, so stehen dem Konstrukteur zwei Wege offen: Er kann das Gefälle auf zwei hintereinander geschaltete Laufräder verteilen oder Strahlturbinen mit mehreren Düsen wählen, die auf ein oder zwei Laufräder wirken.

Die Wassermenge pro 1 m Gefälle gibt

$$Q_1 = \frac{Q_a}{\sqrt{H}} \quad . \quad . \quad . \quad . \quad (8)$$

Auf diesen Grundlagen lassen sich Turbinen genau miteinander vergleichen.

Bei Hochdruck-Freistrahlturbinen beträgt die spezifische Drehzahl:

$n_s = 14 \div 16$ für reine Peltonräder,

$n_s = 20 \div 22$ für reine Löffelräder,

vereinigt man die Formen mit denjenigen schnellaufender Freistrahlräder, so erreicht

$$n_s = 30 \div 35$$

für Francis-Turbinen

$n_s = 50 \div 150$ Langsamläufer,

$n_s = 150 \div 200$ Normalläufer,

$n_s = 200 \div 350$ Schnelläufer,

$n_s = 350 \div 500$ Oberschnelläufer,

für Saugstrahlturbinen (Baudisch)

$$n_s = 530 \div 750$$

für Kaplan-Turbinen

$$n_s = 650 \div 1200$$

für Lawaczeck-Gefälle-Umformer-Turbinen

$$n_s = 800 \div 1000.$$

In dem Maße als der Turbinendurchmesser kleiner wird, wächst die Tourenzahl, dagegen ergeben schnellaufende Turbinen bei verminderter Beaufschlagung weniger hohe Wirkungsgrade, wenn die normale Umlaufzahl beibehalten werden muß.

Man hat auch versucht, die Radgröße der verschiedenen Turbinensysteme auf eine einheitliche Formel den spezifischen Laufraddurchmesser D_s zu bringen. Es ist aber etwas anderes für eine ausgeführte Turbine eine Verhältniszahl zum Vergleich mit einer anderen Turbine festzustellen, etwas anderes, eine Größenabmessung zu bestimmen, die nicht allein von Gefälle und Leistung, sondern auch noch von Faktoren abhängt, die sich aus örtlichen und Kostenrücksichten, Betriebsanforderungen und konstruktiven Bedingungen von Fall zu Fall ergeben. Der Begriff umfaßt bei den verschiedenen Turbinenarten derartig weit auseinanderliegende Werte, z. B. für die Kaplan- und Saugstrahlturbine $D_s = 0{,}2$ bis $0{,}05$ m oder für das eindüsige Peltonrad $D_s = 21$ bis 3 m, für die verschiedenen Francisräder $D_s = 0{,}1$ bis $0{,}75$ m, daß für den angehenden Turbinenbauer die Wahl ziemlich schwierig wird.

Die Anwendung einer derartigen Gleichung stammt aus Amerika, hat aber auch in der deutschen Turbinenliteratur bereits Eingang gefunden.[1]) Wir verzichten hier auf ein näheres Eingehen und die Wiedergabe der Ableitung unter Hinweis auf untenstehend verzeichnete Veröffentlichungen.

IV. Die Francis-Turbinen.

1. Der Reaktionsgrad oder die Charakteristik der Turbine.

(Algebraische Darstellung der Theorie der Preßstrahlturbine.)

Bei Aufstellung einer Turbinentheorie muß immer von einigen Voraussetzungen, die nicht ganz zutreffend sind, ausgegangen werden, um die Entwicklungen nicht allzu kompliziert zu gestalten: z. B., daß die Treibflüssigkeit ohne Reibung und ohne innere Arbeit (Wirbel) durch

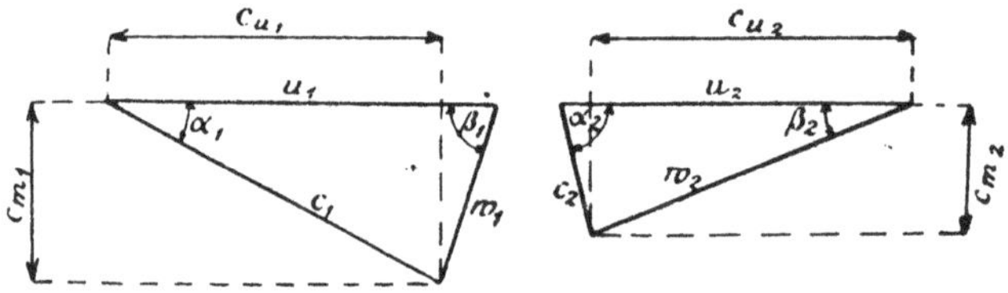

Abb. 11. Ein- und Austrittsdiagramme.

die Turbinenkanäle strömt, daß der Austrittswinkel $\beta_2 = 0$ und somit

$$u_2 = w_2 \quad (9)$$

Die Gleichheit der beiden Größen (Umfangsgeschwindigkeit = relative Wasseraustrittsgeschwindigkeit) ist in Wirklichkeit niemals ganz vorhanden, erlaubt aber, die Gleichungen bedeutend abzukürzen.

Es ist nach den Beziehungen im Dreieck:

$$\frac{u_2}{c_2} = \frac{\sin(\alpha_1 + \beta_1)}{\sin \beta}$$

somit

$$u_2 = \frac{c_2 \cdot \sin(\alpha_1 + \beta_1)}{\sin \beta}$$

und es wird

$$0 = H - \frac{2 \frac{\sin(\alpha_1 + \beta_1)}{\sin \beta}}{2\,g} \cdot c_1^2 \cos \alpha_1$$

oder auch

$$0 = 2\,g\,H - 2\,\frac{\sin(\alpha_1 + \beta_1)}{\sin \beta} \cdot c_2^2 \cos \alpha_1.$$

[1]) Prof. Dr. Escher-Zürich, Die Theorie der Wasserturbinen, II. Aufl. 1921. Prof. Dr. Hans Baudisch-Wien: „Die Wasserkraft", Jahrgang 1921, Nr. 19.

Aus der Formel ergibt sich

$$c_2^2 \cos \alpha_1 \frac{2 \sin (\alpha_1 + \beta_1)}{\sin \beta} = 2 g H$$

$$c_2^2 = g h \frac{\sin \beta_1}{\sin (\alpha_1 + \beta_1) \cos \alpha}$$

und der gesuchte theoretische Wert von c_2

$$c_2 = \sqrt{g h \frac{\sin \beta}{\sin (\alpha_1 + \beta_1) \cos \alpha_1}} \quad . \quad . \quad . \quad . \quad (10)$$

Dies ist die Grundgleichung im Turbinenbau.

Die relative Austrittsgeschwindigkeit ist hiernach

$$w_2 = c \frac{\sin (\alpha_1 + \beta_1)}{\sin \beta} \quad . \quad . \quad . \quad (11)$$

und ebenso da $u_2 = w_2$

$$u_2 = c_2 \frac{\sin (\alpha_1 + \beta_1)}{\sin \beta} \quad . \quad . \quad . \quad (12)$$

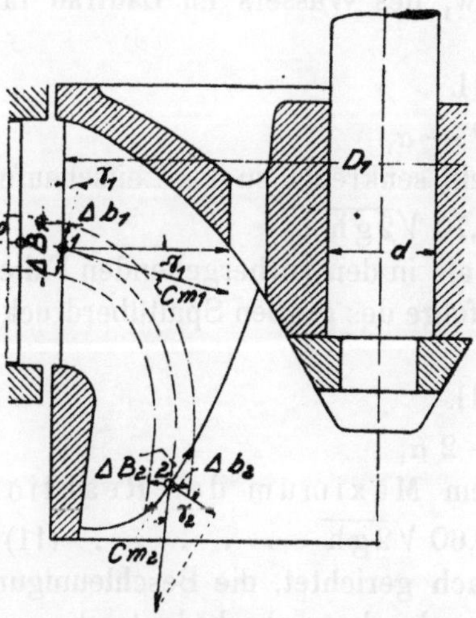

Abb. 12. Laufradquerschnitt, Francis-Turbine, Normalläufer.

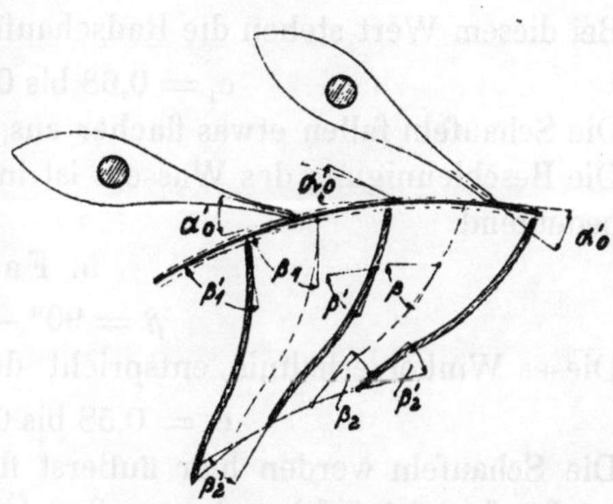

Abb. 13. Schaufelschnitt mit Finkschen Drehschaufeln.

Die Hauptgleichung zeigt, daß die Ausflußgeschwindigkeit c und somit der Reaktionsgrad abhängig ist von der Konstruktion des Leit- und Schaufelapparates und daß umgekehrt die Winkel der Leit- und Laufradschaufeln den Reaktionsgrad bestimmen.

1. Fall.

Es seien $2 \alpha_1 + \beta_1 = 170$ bis 175^0.

Der Überdruck ist sehr gering und dient hier nur dazu, das Tauchen der Turbine im Unterwasser ohne Abfall an Wirkungsgrad zu ermöglichen.

Die Austrittsgeschwindigkeit aus den Leitkanälen wird

$$c_1 = 0{,}90 \text{ bis } 0{,}95 \sqrt{2 g h}.$$

Wir haben es hier mit einem **G r e n z f a l l** zu tun (Grenzturbine)

$$c_2 = \text{nahezu } u_2.$$

2. Fall.

$\beta_1 = 90^0 \qquad \alpha_1 = 16 \text{ bis } 22^0$

$c_1 = 0{,}72 \text{ bis } 0{,}75 \sqrt{2gh}$

$c_2 = u_2$

Der Reaktionsgrad erhält hier einen Mittelwert.

3. Fall.

$\beta_1 = 90^0 - \frac{1}{2}\alpha_1$

$c_1 = 0{,}70 \text{ bis } 0{,}72 \sqrt{2gh}$

Die relative Austrittsgeschwindigkeit w_1 des Wassers im Laufrad fällt hier am kleinsten aus.

4. Fall.

$\beta = 90^0 - \alpha_1$

Bei diesem Wert stehen die Radschaufeln senkrecht zu den Leitschaufeln

$c_1 = 0{,}68 \text{ bis } 0{,}70 \sqrt{2gh}$

Die Schaufeln fallen etwas flacher aus, als in den vorhergehenden Fällen. Die Beschleunigung des Wassers ist infolge des großen Spaltüberdruckes bedeutend.

5. Fall.

$\beta = 90^0 - 2\,\alpha_1$

Dieses Winkelverhältnis entspricht dem Maximum der Reaktion,

$$c_1 = 0{,}58 \text{ bis } 0{,}60 \sqrt{2gh} \quad \ldots\ldots \quad (11)$$

Die Schaufeln werden hier äußerst flach gerichtet, die Beschleunigung im Laufrad ist infolge des großen Überdruckes sehr bedeutend

$$u_1 = 0{,}85 \text{ bis } 0{,}95 \sqrt{2gh} \quad \ldots\ldots \quad (12)$$

Obwohl die Reibungswiderstände und die Stoßverluste beim Eintritt in das Laufrad bei der kleinen Ausflußgeschwindigkeit c_1 verhältnismäßig klein ausfallen, so wird ein so bedeutender Reaktionsgrad nicht leicht angewendet, weil der Wasserverlust durch den Spalt sehr beträchtlich ausfällt, und die Turbine gegen Schwankungen in der Beaufschlagung, und in der Geschwindigkeit am empfindlichsten ist.

Bei den Freistrahlturbinen, bei welchen die Summe der Winkel

$$\alpha_1 + \beta_1 = 180^0$$

beträgt, wird $\frac{\sin \beta_1}{\cos \alpha_1 \sin(\alpha_1 + \beta_1)} = 2$

also die Ausflußgeschwindigkeit

$$c_1 = \sqrt{g \cdot h \cdot 2} = \sqrt{2gh} \quad \ldots\ldots \quad (13)$$

d. h. gleich der vollen, dem Druckgefälle entsprechenden Ausflußgeschwindigkeit. Den Reaktionsgrad kann man also ausdrücken durch

$$\frac{\sqrt{2gh}}{c_1} = m \quad . \quad . \quad . \quad . \quad . \quad . \quad (14)$$

und ist m die **Charakteristik der Turbine.**

Die Gefälleverluste durch Reibung, Stöße und Wirbel in den Turbinen sind in % ausgedrückt, für die verschiedenen Systeme (annähernd) gleich große, also konstant.

Die Gefälleverluste sind bei den Turbinen mit verschiedenen Reaktionsgraden ungefähr gleich groß. Niedere Reaktionsgrade ergeben weniger Abfall an Wirkungsgrad bei Verminderung der Wassermenge, höhere Reaktionsgrade gehen besser im Stauwasser und ergeben größere Tourenzahlen, sind aber gegen Verminderung der Wassermenge und Geschwindigkeitsänderungen empfindlicher.

Die relative Geschwindigkeit des Wassers in den Radkanälen ist kein konstanter Bruchteil der Geschwindigkeit $c = \sqrt{2gh}$ ändert vielmehr, wie wir gesehen haben, mit dem Reaktionsgrad des Motors. Aber auch bei einem und demselben Motor ist die relative Geschwindigkeit in den Radkanälen variabel und bleibt sich innerhalb eines Kanals keinen Augenblick gleich.

Bezeichnet bei einer Preßstrahlturbine die dem Gefälle entsprechende Ausflußgeschwindigkeit, mit der das Wasser die Leitkanäle verläßt

$$ad < ae \quad . \quad . \quad . \quad (15)$$

und die relative Geschwindigkeit des Wassereintritts im Laufrade wiederum

$$bd < ad \quad . \quad . \quad . \quad (16)$$

weil die Summe $2\alpha + \beta < 180^\circ$.

Ist $\sqrt{2gh} = ae = v$ und $ad = v_1$, so ist der Unterschied und die dieser Differenz entsprechende Druckhöhe

$$h_1 = \frac{v^2}{2g} - \frac{v_1^2}{2g} \quad . \quad . \quad . \quad (17)$$

Mit der Druckhöhe h_1 drückt also das Oberwasser noch auf das in den Radkanälen befindliche Wasser und es ist h_1 der sogenannte Spaltüberdruck.

Der Überdruck (Pressung) vermehrt während der Dauer des Wasserdurchflusses die relative Geschwindigkeit im Laufrade, welche anfänglich nur $= bd$ ist, in der Weise, daß dieselbe beim Austritt aus den Radkanälen je nach Umständen gleich, kleiner oder größer ausfallen kann als $c = \sqrt{2gh}$. Dementsprechend ist die normale Weite der Radkanäle beim Austritt zu bestimmen, wobei außerdem noch auf die Vermehrung oder Verminderung der Geschwindigkeit infolge Einwirkung der Zentrifugalkraft Rücksicht genommen werden muß. Man ersieht, daß sich die konstruktiven Verhältnisse in ansehnlicher Weise komplizieren, so daß eine Reihe von Rechnungen durchzuführen ist, wenn es sich um die genaue Bestimmung der günstigsten Abmessungen und der Geschwindigkeiten handelt.

Es ist deshalb nötig, vor Eintritt in die Berechnung die ungefähren absoluten Größenverhältnisse einer zu entwerfenden Turbine auf Grund ähnlicher Ausführungen zu kennen, um weitläufige Rechnungen zu umgehen. Ein gutes Hilfsmittel ist hierbei das zeichnerische Verfahren, das der Rechnung nebenherzugehen hat.

Das reichhaltige Material, das heute in der technischen Literatur, und durch Veröffentlichungen der Turbinenbauanstalten von bewährtem Ruf allgemein zur Verfügung steht, gewährt Einblicke in erprobte Abmessungen und erleichtert die Aufstellung von Übersichten, aus welchen für den einzelnen Fall ein analoges Beispiel entnommen werden kann, das als erster Anhalt dienen mag. Nur muß man gute Beispiele mit Verständnis nachbauen und nicht sklavisch an der Vorlage kleben. Zu erwägen sind: kleinster und größter Raddurchmesser, Schaufelzahlen und Winkel in Leit- und Laufrad, Radhöhen, Austrittsnormalen, Type.

Ferner ist den örtlichen und Betriebsverhältnissen Rechnung zu tragen: wechselnder Wasserstand, Geschiebeführung und Eis, häufig eintretendes Hochwasser, Anforderungen an eine bestimmte Umlaufzahl, Geschwindigkeitsregelung, schwankender Kraftbedarf, Art der zu betreibenden Arbeitsmaschinen, Hilfsmotore u. a. m. Schließlich spielen die Gesamtkosten der Anlage eine führende Rolle: bei zwei Turbinen gleicher Leistungsfähigkeit und gleichem Preis ist die schnellerlaufende die bessere, bei zwei gleich teueren Turbinen ist die mit höherem Nutzgrad die billigere.

2. Gegenüberstellung der beiden Turbinenhauptgattungen. Radialturbinen.

Freistrahlturbinen.

Günstigste Ausnützung der Wasserkraft bei kleineren Wassermengen und Gefällen von 15 m bis 1600 m.

Nutzeffekte:

Volle Beaufschlagung	= 80%
1/2 „	= 75%
1/4 „	= 72%

Preßstrahlturbinen.

Günstigste Ausnützung der Wasserkraft bei stärkeren Wassermengen (nicht unter 60 sl) und Gefälle von 0,60 m bis 200 m.

Nutzeffekte:

Volle Beaufschlagung	= 80%
3/4 „	= 78%
1/2 „	= 74%

Kein Saugrohr; die Turbine muß am Fuße des Gefälles aufgestellt werden. Kein Stauwasser.	Saugrohre bis 6 m Höhe zulässig. Tauchung im Unterwasser ohne Abfall an Wirkungsgrad. Aufstellung über Unterwasser in zugänglicher Lage.
Regulierung in Abstufungen von Leitkanal zu Leitkanal oder Verminderung der Düsenweite. Wirkungsgrad bei Partialturbinen 70 bis 78%.	Regulierung durch Fink'sche Drehschaufeln bis zu $^1/_2$ der vollen Wassermenge mit Abfall an Wirkungsgrad von $5 \div 7\%$, weiter herunter nimmt das Güteverhältnis wesentlich ab.
Radgeschwindigkeit etwa $= \frac{1}{2}\sqrt{2gh}$	Radgeschwindigkeit etwa $= \frac{2}{3}\sqrt{2gh}$

Neben der genauen Berechnung der Turbinendimensionen ist außerdem noch eine zweckmäßige Konstruktion des Motors mit der zugehörigen Reguliervorrichtung erforderlich.

Der erste und wichtigste Teil einer Turbinenanlage ist die richtige Disposition derselben in Verbindung mit der zutreffenden Wahl des Systems. Handelt es sich um die Ausnützung relativ schwacher Wasserkräfte, so hat sich der Konstrukteur davor zu hüten, die absolute Leistungsfähigkeit der Turbine zu groß zu bemessen. Neuerdings ist die Anlage von zwei Turbinen für stark veränderlichen Zufluß wieder mehr in Aufnahme gekommen, in der Art der Zwillingsturbinen mit wagerechter Achse und ungleicher Größe, wobei die kleinere Turbine alsdann für den minimalen Wasserstand berechnet, möglichst vorteilhaft arbeiten soll.

Der Ingenieur hat in jedem Falle den Rücksichten technischer, geschäftlicher und allgemeiner Natur volle Beachtung zu tragen.

Ein Fehler in der Konstruktion des Motors läßt sich mit mäßigen Mitteln, in vielen Fällen, wieder beseitigen — schlimmstenfalls durch Auswechslung des Leit- und Laufrades; — ein Fehler in der Disposition der Anlage oder in der Wahl des Systems dagegen ist meistens unverbesserlich, weil die Beseitigung eines solchen außer der Änderung des Motors und Triebwerkes auch kostspielige Wasserbauten im Gefolge haben würde, auf die sich die Wasserkraftbesitzer nur in den dringendsten Fällen einlassen.

Die erste Frage, welche in der Regel zu entscheiden ist, ist diejenige, ob eine oder mehrere Preßstrahlturbinen (System Francis) mit senkrechter oder wagerechter Achse (einfache, Zwillings- oder mehrfache Turbine) eingebaut oder ob eine Freistrahlturbine (Schwamkrug, Löffel- oder Becherrad) angewendet werden soll. Ferner ist eine möglichste Vereinfachung des Triebwerks anzustreben; vorzuziehen ist, elastische Übertragungsorgane (Riemen, Seile usw.) einzuschalten und die höhere Tourenzahl einer Turbine bestmöglich zu verwerten, wenn angängig mittels direkter Kupplung mit der Arbeitsmaschine. Bei Pumpenanlagen die durch Turbinen angetrieben werden, hat man sich vor weitläufigen Triebwerken zu hüten. Hat man es mit einer relativ schwachen Kraft zu tun, so treibe man von der Turbinenwelle aus direkt mit einem Riemen auf die Kurbelwelle, ohne Einschaltung von Vorgelegen, die verhältnismäßig große Reibung absorbieren und sorge für ausreichende Schwungmassen.

3. Saugrohre.

Da die Radkanäle der Francis-Turbinen im Betrieb vollständig mit Wasser gefüllt sind und die Abführung des letzteren in den Unterkanal mittels eines Saugrohres oder Betonkrümmers geschieht, so wird stets die volle Gefällehöhe zwischen Oberwasserspiegel und Unterwasserspiegel ausgenützt. Die Saugrohre werden den jeweiligen Verhältnissen entsprechend entweder aus Blech, Gußeisen oder Zementbeton ausgeführt.

Blechsaugrohre werden besonders auch bei kleinen Wassermengen angewendet oder wenn wegen schwieriger Grundbauten ein Tiefergehen ausgeschlossen ist. Bei niederen Gefällen ist kein genügender Querschnitt für den Austritt aus einem senkrechten Blechrohr zu gewinnen; hier ist der Betonkrümmer von großem Wert, besonders weil er das Wasser gleichmäßig in die Abflußrichtung des Untergrabens überführt und jedes Zentimeter Gefälle nutzbar macht.

Bei großen Wassermengen ist diese Eigenschaft ausschlaggebend für die Anwendung des Betonkrümmers, welcher zugleich ein solides Fundament für die Turbine selbst bildet.

Beispiel einer Turbinenanlage mit 1300 mm l. W. des Saugrohres, 3 m Gefälle und 1600 sl für normale Verhältnisse, 2100 sl für gesteigerten Zufluß. Durchmesser des Saugrohres unmittelbar unter der Turbine $D_s = 1{,}30$ m.

Inhalt 1,327 qm, Wassergeschwindigkeit $c_2 = 1{,}20$ m/sk

$$Q = 1{,}2 \cdot 1{,}327 = 1{,}6 \text{ cbm/sek.}$$

Wassergeschwindigkeit c_3 bei 2,1 cbm/sek

$$c_3 = \frac{2{,}1}{1{,}327} = 1{,}6 \text{ m/sk.}$$

Durch allmähliche Querschnittserweiterung des Betonkrümmers auf reichlich das Doppelte (Inhalt 3,4 qm) wird die mittlere Wassergeschwindigkeit herabgemindert, so daß diese am Übertritt in den Unterkanal noch beträgt

$$c_4 = \frac{1,6}{3,4} = 0,45 \text{ m/sek } (^3/_4 \text{ Beaufschlagung}).$$

oder

$$c_4 = \frac{2,1}{3,4} = 0,61 \text{ m/sek. (volle Beaufschlagung).}$$

Es wird also etwa die halbe relative Austrittsgeschwindigkeit aus der Turbine, welche normal zu $c_2 = 1,20$ m/sek. angenommen ist, wieder zugute gemacht. Zur Erzeugung von 1,20 m/sek. Geschwindigkeit sind 0,073 m Gefälleaufwand erforderlich, für 0,61 m/sek. desgleichen 0,019 m und für 0,45 m/sek. Geschwindigkeit nur noch h = 0,010 m (ohne Rücksicht auf die Wasserreibung).

Es werden somit theoretisch noch etwa 50% der Ausflußgeschwindigkeit aus der Turbine nutzbar gemacht. In Wirklichkeit wird der berechnete Gewinn am Austritt des Saugrohrs durch Wasserreibung, Wirbelung, schiefen, einseitigen Abfluß wesentlich verringert, so daß nur etwa die Hälfte verwertet wird.

Der Gefällegewinn aus $\frac{w_2^2 - w_4^2}{2g}$ wird als Verkleinerung des Austrittverlustes bis jetzt selten in Rechnung gestellt, weil zuverlässige Versuchswerte über die Anpassung der w an die zunehmenden Saugrohrquerschnitte noch nicht vorliegen.

Wasserzu- und Abfluß: Setzen wir für die Lichtweite an der Abstellfalle B = 3,0 m, die Wassertiefe zu 1,25 m, so erhalten wir einen Eintrittsquerschnitt in die Turbinenkammer

$$F = 3 \cdot 1,25 = 3,75 \text{ qm}$$

und die Geschwindigkeit an dieser Stelle ist im Mittel

$$v = \frac{1,6}{3,75} = 0,425 \text{ m/sek.}$$

Wasserdurchfluß am Rechen:

Der Kanalquerschnitt am Rechen muß größer bemessen sein, da durch die Rechenstäbe Wasser verdrängt wird und noch beim Durchfluß Kontraktion stattfindet. Reibungszahl = 0,6, Leistung der Turbine N_e = 50 bis 63 PS.

Saugrohr. Das Heraufsetzen der Turbine über den Unterwasserspiegel und die Ausnützung des unter der Turbine liegenden Gefälles mittels Saugrohren geht auf den französischen Werkmeister in der Köchlin'schen Maschinenfabrik Mühlhausen im Elsaß Jonval zurück, der im Jahre 1841 ein Patent auf eine Axialturbine mit Saugrohr (turbine à double effet) nahm. Das luftdichte Rohr mit konischer Erweiterung muß bei tiefstem Unterwasserstand noch eintauchen, damit kein Lufteinzug stattfindet und die Sohle der Turbinenkammer ist an dieser Stelle so tief zu legen, daß der Austritt aus der Mündung ohne Rückstau stattfindet. Von der senkrechten Lage des Rohrs, welche die Regel bildet, wird nur in gezwungenen Fällen abgewichen, da längere schrägliegende Saugrohre Anlaß zur Ansammlung von Luftblasen geben, die den Effekt der Maschine nachteilig beeinflussen. Die Vorteile des Saugrohrs bestehen besonders in der Zulässigkeit einer bis zu erheblichem Grad beliebigen Höhenlage (theoret. 10,33 m) praktisch nicht über 5—7 m des Rades über dem Unterwasserspiegel, wodurch die Turbine bei geschlossenem Schütz leicht zugänglich ist; die Welle mit Laufrad und Triebrad kann ohne wesentliche Demontierung hochgehoben werden, um die Schaufeln zu reinigen. Durch das Saugrohr macht die Turbine immer das vorhandene Gefälle vollständig zugut. Es ist keine Fundamentierung im Untergraben erforderlich. Sinkt der U W Sp. so stark, daß das Rohr frei wird, ist man genötigt, eine künstliche Stauung im Ablaufgraben herzustellen, somit Kraft zu vernichten, um Unregelmäßigkeit in der Wasserbewegung und im Gang der Turbine zu beseitigen. Die Eintauchung des Rohrs im Unterwasser sollte für kurze und engere Saugrohre nicht unter 0,25 bis 0,3 m betragen und für längere und weitere Saugrohre sich auf 0,50 bis 0,65 m vergrößern. Bei stärkerer Eintauchung ist auch ein höheres Sauggefälle zulässig.

In neuerer Zeit werden stark konische (trompetenförmig) Erweiterungen an das Ende des Saugrohres verlegt, um so viel als möglich Kraft aus dem ausfließenden Wasser zu gewinnen.

Der Betonsaugkrümmer dient dem gleichen Zweck, er wurde zuerst durch Theodor Bell & Cie., Kriens-Luzern, Schweiz, angewendet und überführt das Wasser ungezwungen in die Richtung des Abflußgrabens und bildet eine solide Unterlage für die Turbine. Die kreisrunde Form unmittelbar unter dem Laufrad geht allmählich in eine rechteckige mit abgerundeten Ecken über, und es greifen beträchtliche Abmessungen der Ausflußquerschnitte Platz, die Erweiterung erreicht etwa das Verhältnis 1:2. Dadurch wird die Abflußgeschwindigkeit auf die Hälfte der relativen Austrittsgeschwindigkeit aus dem Laufrad verringert. Der theoretische Gefällegewinn E durch das Saugrohr wäre bei

H = 3 m,	30 m,	100 m,
E = 5,8 v H.	3,4 v H.	2,3 v H.

Obgleich diese Werte selbst bei einem richtig angeordneten Saugrohr praktisch nicht erreichbar sind, so ist doch anzunehmen, daß durch die trichterförmige Erweiterung am untern Ende bis zu 50 v H des theoretischen Gewinns praktisch festgehalten werden.

4. Normale Francis-Turbinen.

Die Durchflußrichtung des Wassers bei den vorbeschriebenen Aktions- oder Freistrahlturbinen kann eine axiale, radiale (von innen nach außen oder von außen nach innen gerichtet) oder eine diagonale sein, bei den Überdruck- oder Preßstrahlturbinen ist dieselbe eine axiale oder radiale. Nur bei Tangentialrädern, Pelton- oder Löffelturbinen und der Hydrovolve ist die Beaufschlagung stets eine äußere radiale.

Bei der »Königin der Turbinen«, der Francis-Turbine, besteht radialer Einfluß von außen und axialer Wasserabfluß nach unten, der Strömungszustand erfährt somit außer der Ablenkung durch die Verschaufelung beider Räder im Laufrad eine Umbiegung um etwa einen rechten Winkel. Dieses System, für kleinere und mittlere Gefälle geeignet, hat unter allen Turbinenkonstruktionen das Feld behauptet und sich bei großen Kräften auch für höhere Gefälle bis zu 150 m und darüber durchgehends bewährt.

Die Hauptvorzüge der Francis-Turbinen sind folgende:

Volle Ausnützung des Gesamtgefälles.

Unempfindlichkeit gegen Rückstau.

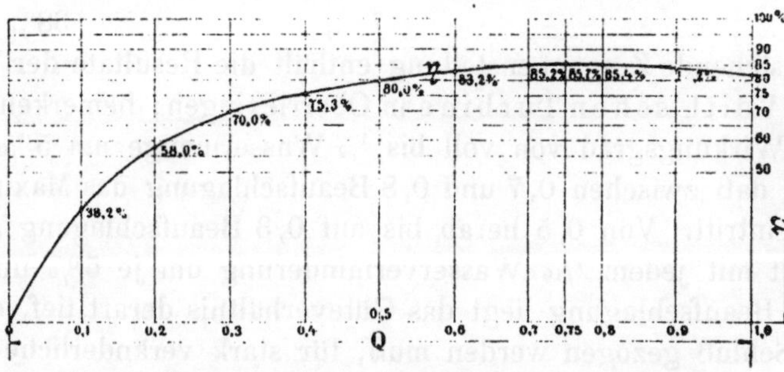

Abb. 14. Wirkungsgradkurve einer Voithschen Francis-Turbine.

Hohe Umlaufzahl auch bei kleineren Gefällen, wodurch sich leichte Triebwerke ergeben.

Genaueste Regulierbarkeit, sowohl bezüglich der Wassermengen, als auch hinsichtlich der Gleichmäßigkeit der Umdrehungszahl.

Gute Zugänglichkeit aller Teile bei hochwasserfreier Aufstellung.

Die Konstruktion wird mit Rücksicht auf den Wechsel im Rahmen der veränderlichen Wasserstände so gewählt, daß der günstigste Wirkungsgrad ungefähr bei $^3/_4$ Beaufschlagung eintritt. Ist mehr Wasser verfügbar, so kann es auf dessen höchste Ausbeute nicht ankommen, dagegen ist bei abnehmendem Zufluß ein hoher Nutzeffekt von größter Wichtigkeit. Tritt Niederwasser ein, so steigt das Triebgefälle, der Beaufschlagungsgrad der Turbine wird verändert und nun entsteht die Frage, wie sich der Motor in seiner Leistungsfähigkeit gegenüber abnehmender Füllung verhält. Hierüber gibt nachstehende Zusammenstellung der Wirkungsgrade und das Diagramm, Abb. 14 Auskunft.

Übersicht über die Leistungsfähigkeit einer Francis-Turbine.

Wassermengen.		Leitschaufelöffnung.	Nutzeffekte.
1,0	(volle Beaufschlagung)	80 mm	82 %
0,9		69 „	84 „
0,8		60 „	85 „
0,75	(3/4 Beaufschlagung)	56 „	Maximum { 85 „
0,7		52 „	85 „ }
0,6		43 „	83 „
0,5	(1/2 Beaufschlagung)	34 „	80 „
0,4		27 „	75 „
0,3		20 „	70 „
0,2		13 „	58 „
0,1		7 „	38 „

Vorstehende Zusammenstellung enthält die Resultate der Versuche mit einer Voith'schen Turbine in Oberriexingen; bemerkenswert ist, daß der Wirkungsgrad von voll bis 1/2 Wassermenge um 5 % zurückgeht und daß zwischen 0,7 und 0,8 Beaufschlagung das Maximum des Effektes eintritt. Von 0,5 herab bis auf 0,3 Beaufschlagung sinkt der Nutzeffekt mit jedem 1/10 Wasserverminderung um je 5 % und unterhalb 0,3 Beaufschlagung liegt das Güteverhältnis derart tief, daß hieraus der Schluß gezogen werden muß, für stark veränderliche Wasserkräfte stets mehrere Turbinen nebeneinander oder auf gleicher Achse anzuordnen. Unter 0,2 Beaufschlagung zeigt sich deutlich, daß die Preßstrahlturbine in ein Stoßrad (Freistrahlturbine) übergeht.

Vergleichsweise mögen auch die Wirkungsgrade einer Hansenwerk-Turbine, festgestellt durch Prof. Reichel auf der Versuchsstation für Wassermotoren der Technischen Hochschule in Berlin, hier Platz finden. Es handelt sich in diesem Falle um einen ausgesprochenen Schnelläufer, dessen spezifische Drehzahl $n_s = 232$.

Wassermengen.		Wirkungsgrade.	
1,0		75 bis 80 %	
0,9		83,5 %	
0,8	} 3/4 Beaufschlagung	85,7 „	} max. Effekt.
0,7		85,2 „	
0,6		82,7 „	
0,5		79 „	
0,4		73 „	
0,3		64 „	
0,2		50 „	
0,1		—	

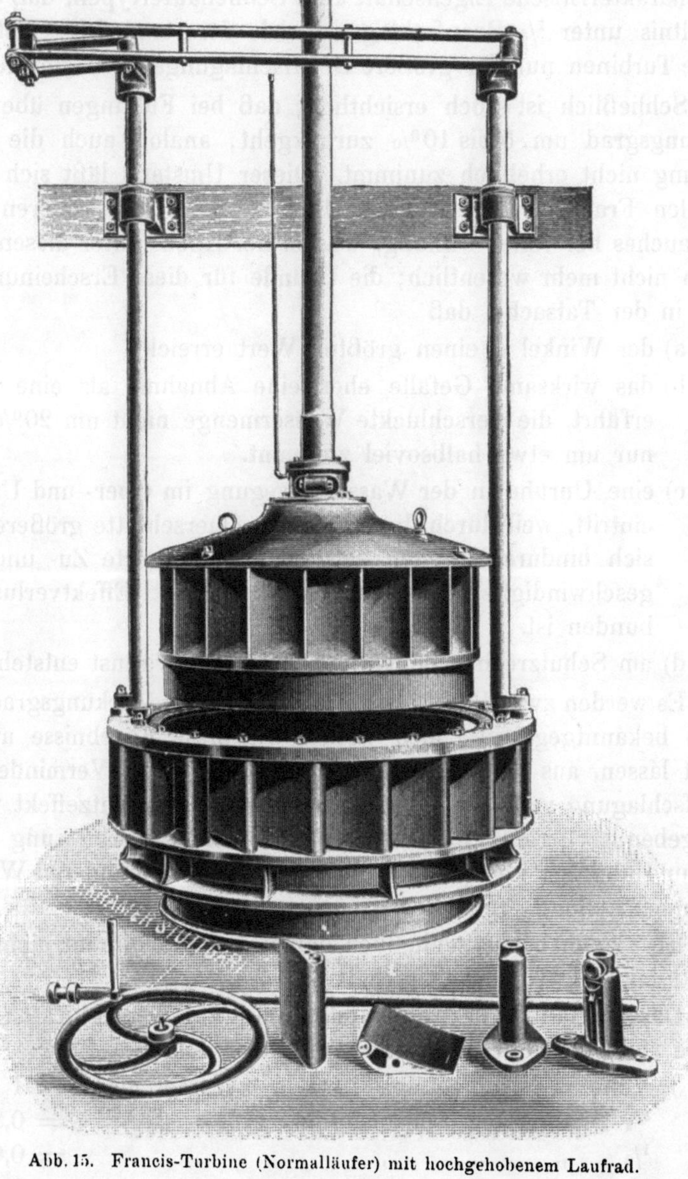

Abb. 15. Francis-Turbine (Normalläufer) mit hochgehobenem Laufrad.

Zu bemerken ist auch hier der starke Abfall des Wirkungsgrads bei Beaufschlagungen unter 0,5; z. B. bei Abnahme der Wassermenge von 0,4 auf 0,3 sinkt der Nutzeffekt sofort um fast 10%, bei $^1/_5$ der

Wassermenge beträgt derselbe nur noch zirka 50%. Es ist dies eben eine charakteristische Eigenschaft aller Schnelläufertypen, daß das Güteverhältnis unter 1/3 Beaufschlagung sich derart niedrig einstellt, daß solche Turbinen nur für größere Beaufschlagungsgrade am Platze sind.

Schließlich ist noch ersichtlich, daß bei Füllungen über 0,8 der Wirkungsgrad um 5 bis 10% zurückgeht, analog auch die effektive Leistung nicht erheblich zunimmt. Dieser Umstand läßt sich übrigens an allen Francis-Turbinen beobachten. Trotz des größeren Wasserverbrauches bei voller Öffnung, wächst der Effekt unter diesen Verhältnissen nicht mehr wesentlich; die Gründe für diese Erscheinung liegen wohl in der Tatsache, daß

a) der Winkel α einen größten Wert erreicht.

b) das wirksame Gefälle eher eine Abnahme als eine Zunahme erfährt, die verschluckte Wassermenge nicht um 20% sondern nur um etwa halbsoviel zunimmt.

c) eine Unruhe in der Wasserbewegung im Ober- und Unterkanal eintritt, weil durch die nämlichen Querschnitte größere Mengen sich hindurchbewegen, also eine gesteigerte Zu- und Abflußgeschwindigkeit eintreten muß, die mit Effektverlusten verbunden ist.

d) am Schutzrechen ein vermehrter Gefälleverlust entsteht u. a. m.

Es werden zwar Resultate mit noch höherem Wirkungsgrade (86 bis 89%) bekanntgegeben, doch wollen wir diese Ergebnisse außer Betracht lassen, aus dem Grunde, weil z. B. bei einer Verminderung der Beaufschlagung von 3/4 auf 1/2, dafür ein Abfall an Nutzeffekt von 12% angegeben ist, der auf eine Unsicherheit in der Wassermessung schließen läßt, und überdies keine Uebereinstimmung mit den anderen Werten der Zusammenstellung ergibt.

Hervorzuheben ist schließlich, daß die Schaufelöffnung nicht gleichen Schritt mit der Wassermenge hält.

Das Verhältnis der Schaufelöffnung zur verschluckten Wassermenge stellt sich durchschnittlich etwa wie folgt:

Volle Beaufschlagung	Wassermenge	= 1
3/4 Öffnung der Leitschaufeln	„	= 0,8
1/2 „ „ „	„	= 0,6
1/3 „ „ „	„	= 0,4
1/4 „ „ „	„	= 0,3

so daß die Wirkungsgrade nicht auf die Schaufelöffnung, sondern auf die verschluckten Wassermengen bezogen werden müssen.

Die Regulierung der Francis-Turbine erfolgt am besten durch die Fink'schen Drehschaufeln, obgleich auch andere Regelsysteme angewendet werden, z. B. Glockenschütze, der Zodel'sche Drehschieber, mehrkränzige Laufräder u. a.

Häufig tritt die Francis-Turbine mit wagerechter Welle (jedoch in der Regel nur anwendbar, wenn $H > 2,4$ m) an Stelle von Wasserrädern und vereinfacht dabei die Anlage derart, daß infolge der höheren Tourenzahl der Turbine die Vorgelege wegfallen, und durch einen Riementrieb ersetzt werden. Ist die gewünschte Umdrehungszahl mit der einfachen Turbine nicht zu erreichen, hauptsächlich aber auch bei stark veränderlichem Wasserzufluß, so werden je nach Bauart zwei bis vier Laufräder auf eine Welle gesetzt, und die Turbine als Zwillings- oder Doppelzwillingsturbine gebaut. Diese Anordnungen, bei welchen je zwei Laufräder in ein gemeinsames Saugrohr einmünden, sind für wagerechte Welle verhältnismäßig viel häufiger, als für senkrechte Welle. Die Lagerung ist dabei meistens wie bei der einfachen Turbine ausgeführt, jedoch werden bei besonders großen Kräften die Ringschmierlager außerhalb des Wassers angeordnet, was unter Verwendung einzelner gemauerter Schächte oder in Blech ausgeführter Gehäuse geschieht.

Die verschiedenen Aufstellungsarten sind:

1. Francis-Turbinen mit senkrechter Welle im offenen Schacht für Gefälle bis zu etwa $H = 5$ m.

2. Francis-Turbinen mit wagerechter Welle im offenen Schacht für Gefälle $H = 10$ bis 15 m. (Von 10 m ab sind Rohrleitungen vorzuziehen.)

3. Spiralturbinen. Die Spiralturbine läßt sich wie die Schachtturbine als Zwilling ausführen, wenn die Tourenzahl, oder die Größe der Leistung es erfordert.

4. Kesselturbine, Frontalturbine.

Unter bestimmten Verhältnissen, besonders wenn es sich um ausgesprochene Schnelläufer handelt, wird an Stelle des Spiralgehäuses bei Einfachen- und Zwillingsturbinen ein zylindrisches Gehäuse verwendet, wodurch die Kesselturbine oder Frontalturbine entsteht. Auch lokale Gründe, Transportschwierigkeiten usw. können für die Ausführung dieser Typen, die aus Amerika stammen, maßgebend sein. Das Hauptlager mit Ringschmierung liegt bei allen diesen Turbinen außerhalb des Wassers, das zweite Lager wird je nach Bedürfnis als eingekapseltes Weißmetallager innerhalb des Kessels, oder als Ringschmierlager außerhalb des Wassers angeordnet, gleichviel, ob der Wasserzufluß in radialer Richtung (Kesselturbine) oder in axialer Richtung (Frontalturbine) erfolgt.

5. Geschlossene Turbinen mit vertikaler Welle.

Ausnahmweise werden auch bei höheren Gefällen Turbinen mit senkrechter Welle verwendet, wenn es sich um Anlagen handelt, in denen abnorme Hochwasserstände vorkommen. In solchen Fällen werden die Turbinen, wie diejenigen mit wagerechter Welle in Gehäuse von Spiralform oder Kesselform eingeschlossen, und je nach Bedarf mit einem oder mehreren Laufrädern ausgeführt. Die Wellen werden soviel verlängert, daß die meist direkt gekuppelten Generatoren hochwasserfrei stehen.

6. Offene Turbinen mit vertikaler Welle und mehreren Laufrädern, die nach verschiedenen Richtungen ausgießen, in einen gemeinschaftlichen Saugkrümmer münden (Rheinfelden)[1]. Bei stark schwankenden Wasserverhältnisen und geforderter hoher Umlaufzahl werden bisweilen auch drei Laufräder auf eine Achse gesetzt.

Man unterscheidet bei Francis-Turbinen:

Langsamläufer, Normalläufer, Schnelläufer und Oberschnelläufer.

Das charakteristische Merkmal der Turbinentypen haben wir bereits bezeichnet. Die im Laufe der Zeit erfolgte Umformung des Laufrades läßt sich am besten im Hinblick auf die beistehenden Abbildungen 16 von Francis-Turbinenlaufrädern beobachten. Hand in Hand damit geht die Umformung der Verschaufelung, ferner die höchste Ausnutzung der Schaufelfläche und die Verkleinerung der Austrittswinkel. Gleichzeitig tritt eine erhebliche Vermehrung der Radhöhe ein.

Die Umlaufzahl wächst, die Turbine wird für die gleiche Leistung leichter, belastet den Zapfen weniger, der Wasserbau erfordert geringere Bodenfläche, die Gesamtanlage wird billiger. Was wir bei diesen Typen noch weiter erkennen, ist die gesteigerte Ablenkung der Wasserbahn beim Durchfluß durch die Laufräder.

5. Laufraddurchmesser.

Für die Berechnung der Francis-Turbine gelten in der Hauptsache die nämlichen Formeln, wie bei der Preßstrahlturbine (Jonval). Der äußere Raddurchmesser für Francis-Turbinen wurde früher bei den Langsamläufern durchschnittlich zu

$$D = 2{,}2 \text{ bis } 2{,}8 \sqrt{\frac{Q}{c}} \quad . \quad . \quad . \quad . \quad . \quad . \quad . \quad (18)$$

angenommen. Spezifische Drehzahl $n_s = 60$ bis 150.

[1]) Diese Turbinen, deren ursprüngliches Vorbild in Rheinfelden läuft, haben keine völlig offenen Wasserkammern, sondern die Zu- und Abführung des Wassers aus den vier Teilturbinen bedingt verzweigte Anordnungen.

1. Für den Eintrittswinkel des Laufrades wird je nach dem Verwendungszweck und mit Rücksicht auf örtliche Verhältnisse nach neueren Ausführungen (Normalläufer) $\alpha_1 = 24^0$

$$D = 1{,}9 \text{ bis } 2{,}1 \sqrt{\frac{Q}{c}} \quad . \; . \; . \; . \; . \; . \quad (19)$$

angenommen. Spez. Drehzahl $n_s = 150$ bis 200.

2. Das Verhältnis von Laufraddurchmesser zu Laufradhöhe am Wassereintritt

$$B:D = 1:2{,}25 \text{ bis } 1:2{,}35 \quad . \; . \; . \; . \; . \quad (20)$$

Abb. 16. Eine Anzahl Laufräder, Normal- und Schnelläufer. (Fa. Ganz & Co., Budapest.)

3. Die Umfangsgeschwindigkeit des Laufrades am Eintrittsdurchmesser

$$u_1 = 0{,}68 \text{ bis } 0{,}70 \sqrt{2gh} \quad . \; . \; . \; . \; . \; . \quad (21)$$

worin h das Gefälle in m, Q die Wassermenge in cbm/sek bedeutet.

Winkel im Leitrad bis $\alpha_1 = 30^0$

Winkel im Laufrad außen meistens $\beta_2 = 90^0$

Schaufelzahlen und Schluckweiten je nach Turbinengröße, Rücksichten auf Eis und dgl.

Für Schnelläufer gelten folgende Regeln:

a) Raddurchmesser.

$$D = 1{,}5 \text{ bis } 1{,}65 \sqrt{\frac{Q}{c}} \quad . \; . \; . \; . \; . \quad (22)$$

spez. Drehzahl $n_s = 200$ bis 250.

b) Verhältnis der Radhöhe zum Durchmesser

$$h:D = 1:2 \text{ bis } 1:2{,}2 \quad \ldots\ldots \quad (23)$$

c) Umfangsgeschwindigkeit des Laufrades

$$u_1 = 0{,}705 \text{ bis } 0{,}77\sqrt{2gh} \quad \ldots\ldots \quad (24)$$

Für die Umfangsgeschwindigkeit u_1 ist eine praktische obere Grenze gesetzt bei etwa $0{,}80\sqrt{2gh}$; sonst wird der Winkel β_1 zu klein, die Schaufel zu lang und wachsen die inneren Widerstände zu sehr. Man arbeitet dabei mit höherem Überdruck im Spalt, erhält große Radhöhen und infolgedessen kleinere Raddurchmesser und bedeutend größere Umlaufzahlen, als sie bei Normalläufern üblich sind. Wie sachgemäße Ausführungen zeigen, können Konstruktionen nach dem Schaufeltyp gebaut werden, ohne daß damit der Wirkungsgrad zu stark geschädigt wird. Nur bei stark reduzierter Beaufschlagung sinkt das Güteverhältnis beträchtlich. Was dagegen die leichte Montage, bequeme Zugänglichkeit und einfacher Einbau der Turbine anbelangt, so ist noch eine weitere Beeinflussung des deutschen Turbinenbaues durch ausländische, hauptsächlich schweizerische, schwedische und amerikanische Konstruktionen zu erwarten, soweit dies nicht schon allenthalben geschehen ist. Es werden zwar Francis-Turbinen gebaut mit u_1 bis zu $0{,}90\sqrt{2gh}$, was in diesem Maße allerdings nicht empfehlenswert erscheint. Der Ausflußquerschnitt bestimmt die von der Turbine verschluckte Wassermenge, die Weite des Saugrohrs oder Betonsaugkrümmers bedingt den Durchmesser des Laufrades, somit die absolute Größe des Motors. Unter solchen Umständen kommen beim System Francis die Wasserbauten teurer zu stehen als bei den seither üblichen Anlagen anderer Turbinenarten, werden sich jedoch in den allermeisten Fällen durch bessere Gefällewirkung bezahlt machen.

Man merke sich die Regel: »Was oben hereingeht, muß unten abfließen können.« Volle Gefälleausnützung ist nur möglich bei großen Querschnittsverhältnissen der Wasserwege, also tiefe Kanäle, geringe Antritts- und Abflußgeschwindigkeiten und Vermeidung von Krümmungen und schroffen Übergängen. Breite und hohe Schutzrechen, den gesetzlichen Bestimmungen gemäß mit nur 2 cm Maschenweite, Aufstellung der Turbinen womöglich in direkte Zu- und Abflußrichtung des Wasserlaufes.

6. Finksche Drehschaufeln.

Durch die Anwendung der von Prof. Fink angegebenen drehbaren Leitschaufeln, die von 1890 ab allgemeine Verwendung finden, hat die Francis-Turbine diejenige Verbesserung erfahren, die für einen rationell arbeitenden Wassermotor unbedingt notwendig ist, weil diese Regelanordnung den unmittelbaren Eingriff eines automatischen Geschwindigkeitsregulators gestattet, der den Anstoß zu einem sehr kurzen Verstellungsweg von »voll offen« bis »geschlossen« einzuleiten hat. Die Verstellkraft wird der Turbinenarbeit entweder direkt von einer Welle aus abgenommen oder durch Vermittlung eines Servomotors bewirkt.

Bei den Fink'schen Drehschaufeln haben wir folgendes zu beachten: Sämtliche Leitzungen werden gleichzeitig um gleichviel Weg geöffnet oder geschlossen, wodurch der Strömungszustand an keiner Stelle des Eintrittsumfanges am Laufrad unterbrochen ist. Die Saugwirkung bleibt intakt, jeder beliebige Beaufschlagungsgrad läßt sich zu jeder Zeit genau einstellen. Der Bewegungsmechanismus verbraucht zur Verstellung verhältnismäßig wenig Kraft. Theoretisch ist diese Regulierung die vollkommenste Regelung, sie wurde es auch praktisch infolge der wesentlichen konstruktiven Verbesserungen, die im Laufe der Zeit angebracht worden sind: Einlegen der Drehzapfen und Lenker in Aussparungen an den Leitzungen (Taschen), die vom Wasser abgeschlossen sind, Herauslegen der Vermittlungsorgane, Hebel und Gestänge aus dem Wasser, wodurch Störungen im Betrieb und Abnützung verringert sind. Metallfutter (Büchsen) an den Drehstellen und Einrichtung von Schmierung der drehbaren Teile während des Betriebes usw.

Nachteilig wirkt die Änderung des Schaufelwinkels bei Verstellung der Leitzungen und die dadurch hervorgerufene Vergrößerung des Spaltes, wie groß er auch sein möge, nicht, dank dem Beharrungsvermögen des Wassers, das eine bestimmte, gesetzmäßige Bewegung einhält. Die Änderung des Reaktionsgrades im Motor hat also keinen wesentlichen Einfluß für die Nutzleistung der Turbine, es sei denn, daß mit der Beaufschlagung der Turbine unter $^1/_2$ herabgegangen wird. Sinkt der Beaufschlagungsgrad dagegen unter $^1/_3$, so machen sich sehr nachteilige Einwirkungen bemerkbar, wie wir aus den Nutzeffektstabellen Seite 48 ersehen. Unter solchen Umständen springt die Wasserbewegung einer Preßstrahlturbine in diejenige einer Freistrahlturbine über, mit allen den üblen Folgen, den ein Wirkungswechsel in einem gegebenen Schaufelapparat mit sich bringt.

Dessen ungeachtet bleibt die Finksche Drehschaufelregulierung immer noch das beste Mittel die Turbine veränderlichen Wassermengen und Gefällen in kürzester Zeit anzupassen, ohne einen Abfall an Wirkungsgrad herbeizuführen, der größer wäre, als es bei anderen Regelmethoden der Fall ist.

Die normale Schaufelweite im Spalt, zwischen zwei benachbarten Leitzungen, a, wird gewählt
bei sehr kleinen Turbinen und Wassermengen

$D = 0{,}3$ bis $0{,}5$ m $\quad a = 20$ bis 30 mm . . . . (25)

für mittlere Turbinen und mittlere Wassermengen

$D = 0{,}5$ bis $1{,}5$ m $\quad a = 30$ bis 60 mm . . . (26)

für größere Turbinen und größere Wassermengen

$D = 1{,}5$ bis $2{,}5$ m $\quad a = 60$ bis 90 mm . . . (27)

für sehr große Turbinen und starke Gefälleschwankungen

$D = 2{,}5$ bis $3{,}5$ m $\quad a = 90$ bis 120 mm oder mehr (28)

Das Verhältnis zwischen der normalen Weite a zur Schaufelhöhe b ist in der Regel

$a : b = 1 : 4$ . . . . (29)

doch ist hierin ein bestimmtes Maß immer vom Verwendungszweck, der Wassermenge, der Schaufelzahl, reinem oder unreinem Wasser, Normal- oder Schnelläufer usw., abhängig. Bei kleineren Turbinen (Spiralturbinen) kann $a = b$ werden, während wiederum bei Großwasserturbinen $b = 6a$ oder mehr erreicht. Neuerdings werden die Schaufelhöhen beträchtlich größer gewählt als früher, besonders bei den Schnelläufern ist man zu dieser Maßnahme genötigt, um ausreichendes Schluckvermögen bei reduziertem Laufraddurchmesser zu bekommen.

Dadurch, daß bei der Finkschen Drehschaufelregulierung sämtliche Leitzungen an einem gemeinschaftlichen Drehring angehängt sind, wirkt die Verstopfung auch nur eines Leitkanals auf sämtliche Leitkanäle ein, derart, daß wenn sich ein fester Körper zwischen eine Leitradöffnung einzwängt, der ganze Regelmechanismus nicht mehr funktioniert oder Schaufelbruch eintritt.

Seitens einiger Fabriken werden deshalb die Leitzungen an Hebel angelenkt, die bei Hemmungen nachgiebig sind. Der Hebel wird zweiteilig ausgebildet und auf die Schaufelspindel aufgeklemmt, um bei etwaigem starkem Druck nachgeben zu können. Außer der Nachgiebigkeit einzelner Zellen, wird dadurch auch ein Ausbrechen der Schaufeln bei Verstopfungen vermieden.

V. Mehrspaltige und mehrstufige Wasserturbinen.

(Dampfturbinen und Zentrifugalpumpen).

Im Anschluß an vorstehende Ausführungen mögen noch einige Bemerkungen über mehrfache Turbinen Platz finden.

Bekanntlich sind Zentrifugalpumpen und rotierende Hochdruckgebläse umgekehrte Wasserturbinen; die Wissenschaft faßt auch die

Formeln zum Bau beider Gattungen von Maschinen auf dieselben Grundgesetze zusammen.

Reicht ein Turbinensatz zur Konsumtion einer gegebenen Wassermenge nicht aus, weil sonst das Rad zu groß und die Umlaufzahl zu klein ausfallen würde, so wird die Wassermenge auf mehrere Räder (ähnlich wie in Rheinfelden oder Cusset) verteilt und allen Rädern bleibt das Gefälle unverkürzt erhalten. Solche Aggregate kann man mehrfache Turbinen nennen.

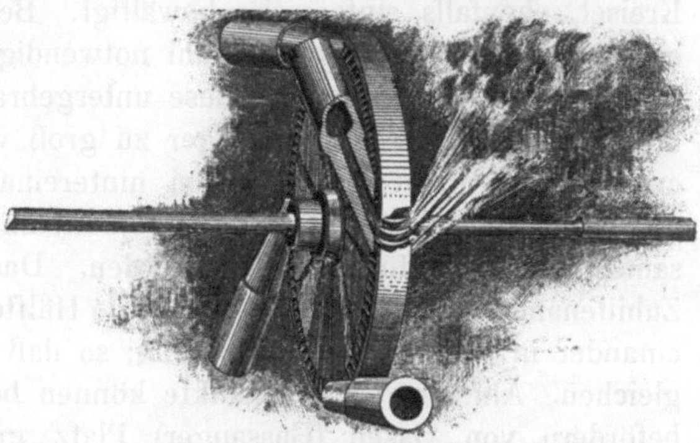

Abb. 17. Dampfturbine de Laval.

Ist die Gefällehöhe zu groß und würde ein Rad eine unzweckmäßig gesteigerte Umlaufzahl erreichen, so wird das Gefälle auf mehrere Räder verteilt und jedes einzelne Rad wird nacheinander von der Gesamtwassermenge durchflossen. Das Triebgefälle erscheint somit in mehrere Stufen abgeteilt und diese Klasse von hydraulischen Motoren werden mehrstufige Turbinen genannt. Der Vorgang ist hier ähnlich wie bei Verbund-Dampfmaschinen oder »Expansion in mehreren Zylindern«.

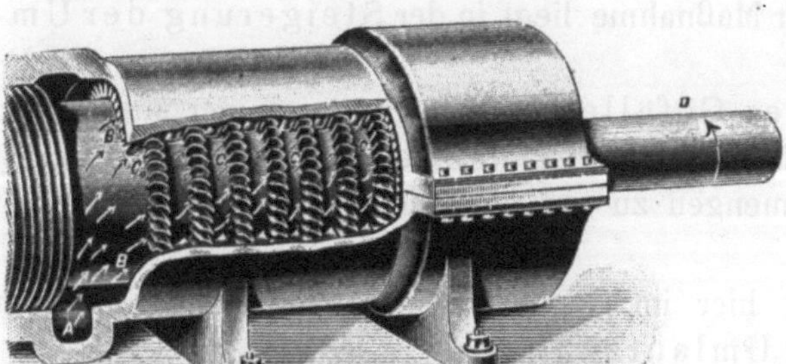

Abb. 18. Mehrstufige Dampfturbine Parsons.

In den Dampfturbinen, die mit etwa 14 : 20 at Überdruck arbeiten, wird das hohe Gefälle durch eine große Anzahl Laufräder (bisweilen bis zu 50 und mehr) stufenweise herabgesetzt, um auf brauchbare Drehzahlen (1500 bis 3000 pro Minute) für den direkten Antrieb raschlaufender Maschinen (Dynamos, Kreiselpumpen, Gebläse usw.) zu kommen. Jede Stufe entspricht einem bestimmten Druckabfall, also einer gewissen Gefällehöhe; der Dampf expandiert von einem Laufrad zum andern, um schließlich mit einer Geschwindigkeit aus der Turbine zu fließen, die gegenüber der Anfangsspannung einer ganz wesentlichen Abschwächung entspricht.

Umgekehrt finden wir bei Hochdruckzentrifugalpumpen beträchtliche Förderhöhen durch das Aneinanderschalten einer Anzahl Kreisel, ebenfalls stufenweise bewältigt. Bei sehr großer Förderhöhe ergibt sich oft eine so große Zahl notwendiger Stufen, daß diese nicht mehr in einem einzigen Gehäuse untergebracht werden können, weil die Entfernung der beiden Lager zu groß würde, man teilt dann die erforderliche Stufenzahl auf zwei hintereinander geschaltete Pumpen auf, welche auf der nämlichen Grundplatte zu beiden Seiten des gemeinsamen Antriebsmotors montiert werden. Das Wasser durchfließt unter Zuhilfenahme einer Umlaufleitung beide Hälften des Pumpensatzes nacheinander in symmetrischer Richtung, so daß sich die Axialschübe ausgleichen. Ähnliche Gesichtspunkte können beim Ansaugen und Weiterbefördern von Gasen (Gassauger) Platz greifen und entsprechende Konstruktionen zeitigen.

Man könnte die Frage aufwerfen, was vom praktischen Standpunkte aus rationeller ist, die Wassermenge oder das Gefälle zu teilen.

Die Teilung der Wassermenge bietet mehr konstruktive Schwierigkeiten für Zu- und Ableitung, ist auch mit größeren Reibungsverlusten verbunden. Die Wiederzusammenführung getrennter Wasserströme bedingt starke Ablenkungen und erzeugt Wirbel, somit Gefälleverluste, abgesehen von der Schwierigkeit der wasserbaulichen Anlage.

Der Vorteil dieser Maßnahme liegt in der Steigerung der Umlaufzahl.

Die Teilung des Gefälles erscheint mit weniger Mißständen verknüpft, schon auch aus dem Grunde, weil man es hier allermeist mit kleineren Wassermengen zu tun hat, die in Rohrleitungen gefaßt werden.

Der Vorteil liegt hier im Gegensatz zu überstehendem, in der Herabsetzung der Umlaufzahl.

Beiden Ausführungsweisen gemeinsam ist die Verwendung mehrerer Laufräder.

Bei der Kraftverteilung für verschiedene Betriebe findet sich jedoch bei beträchtlichen Gefällen vielfach das ganze Triebgefälle für alle Maschinensätze beibehalten und die Energieabgabe mittels einer Anzahl Einzelräder (z. B. Peltonmotoren) bewerkstelligt.

Beispiele hierfür bilden die Anlagen von Talsperren und die Bergwerks- und Minenbetriebe auf dem Festlande und in Kalifornien, Mexiko usw.

Die mehrfache Turbine teilt die Wassermenge in verschiedene Teile, und nutzt jeden derselben unter dem ganzen Gefälle durch ein Laufrad mit eigenem Ablauf bei außenbeaufschlagten, eigenem Einlauf, bei innenbeaufschlagten Turbinen aus. Die mehrstufige Turbine besteht aus einer Anzahl hintereinander geschalteter, die mehrfache Turbine aus einer Reihe nebeneinander geschachtelter Einzelturbinen.

Die mehrstufige Turbine hat bei gleicher Wassermenge, gleichem Gefälle und gleichen hydraulischen Verhältnissen der Laufräder (Überdruckverhältnis, Koeffizient der Umfangs- und absoluten Austrittsgeschwindigkeit) eine kleinere, die mehrfache Turbine eine größere Umdrehungszahl, als die Einzelturbine für dieselben Konstruktionsdaten. Es bilden diese letzteren Eigenschaften zugleich auch die Hauptbeweggründe der Anwendung beider Systeme (Dampfturbine mit mehreren Stufen). Die Lage der Welle ist für die Berechnung des Systems vollständig gleichgültig.

Beispiel.

Eine zweistufige Verbundturbine läuft in der Anlage Wiesberg in Tirol (Pfarr, Zeitschr. f. d. g. Turbinenwesen 1907, Heft 23), dort hatten einstufige Francis-Turbinen von 1500 PS bei einem Gefälle von H = 87 m, und einer minutlichen Umlaufzahl von n = 300 so starke Anfressungen gezeigt, daß eine Stufenturbine eingebaut wurde. Die alten Turbinen liefen mit

$$n_s = \frac{300}{\sqrt{87}} \sqrt{\frac{1500}{87\sqrt{87}}} = 43{,}8.$$

Die Verbundturbine wurde berechnet für N = 1975, n = 342, H = 87 m. Die spezifische Umlaufzahl beträgt dementsprechend

$$n_s = 57{,}2.$$

Hätte man statt der Stufenturbine eine Strahlturbine mit vier Düsen eingebaut, so hätte man entsprechend der spez. Umlaufzahl von $n_s = \frac{57{,}2}{2} = 28{,}6$ mit G-Bechern erreichen können bei

Q =	700	1410	2140 ltr./sek.
	82,5	84,0	80 v H.

Bei der Stufenturbine wurden erreicht

	65,7	79,8	84,3 v H.

Dabei ist angenommen, daß die 2000 PS Becherturbine keinen höheren Wirkungsgrad haben würde als ein kleines Versuchsrad von 4 × 15 PS.

Hiernach kommt für Umlaufzahlen unter $n_s = 50$ in erster Linie nur die Becherturbine, gegebenenfalls mit mehreren Düsen in Frage.

2. Grenzturbinen.

Die Grenzturbinen hat schon Girard unter Assistenz seines Mitarbeiters Callon angegeben. Er nannte sie »Turbine marchant par libre dévitation a veines moulées«, d. h. Turbine mit freier Abweichung und geformten Strahlen, die er hauptsächlich bei geringen Gefällen mit sehr großen Wassermassen anwendete, weil man damit die Winkelgeschwindigkeit der gewöhnlichen Turbinen beinahe verdoppeln kann.

Die Speisungsmethode mit dem Heber gewährte den Vorteil, die Turbinen auf den niedersten Stand des Unterwassers zu setzen, während man sonst, um eine zweckmäßige Beaufschlagung zu erhalten (genügend Druck über dem Leitrad), genötigt gewesen wäre, sie beträchtlich unter diesen Wasserstand zu legen, so daß sich die Schwierigkeiten der Fundamentierung steigern.

Callon zog den Laufradkranz, um konstante Kanalquerschnitte zu erhalten, seitlich ein; Hänel und Lehmann verdickten die Schaufel in der Mitte (Rückschaufeln), Knop zog den Kranz gleichfalls seitlich ein und hat Jahrzehnte lang große Erfolge mit dem nach ihm benannten Turbinensystem erzielt.

Die Rückschaufeln leiden an dem Übelstand, sich leicht zu verstopfen und hemmen den Wasserdurchfluß durch Auseinanderdrängen der Strahlen und durch den Unterschied der Ein- und Austrittswinkel im Laufradkanal.

Die seitliche Kranzeinschnürung verursacht eine starke Differgenz der Wasserstrahlen. Beide Formen können Hinterwasser nicht gut vertragen.

Knop ist bei seinen Turbinen mit dem Winkel α_1 bis 30^0 gegangen und hat durch Verkleinerung des mittleren Durchmessers eine höhere Umlaufzahl und durch große Schaufelzahlen eine bessere Wasserwirkung zu erreichen angestrebt. Schaufelteilung $t = 100$ mm durchgehends.

Die Firma Briegleb, Hansen & Co., Gotha hat das Knop'sche Patent lange Zeit beim Bau ihrer Turbinen verwertet und etwa 2000 Stück nach diesem System ausgeführt.

Heute werden Grenzturbinen nur noch selten gebaut, seitdem durch die verbesserten Francis-Turbinen die Wasserkräfte rationeller ausgenützt werden können.

Bezüglich der Grenzturbinen ist noch zu erwähnen, daß bei diesem System das Gefälle und die Radgeschwindigkeit konstant bleiben müßten, damit in den Turbinenkanälen kein Überdruck entsteht. Die Laufräder sind so berechnet, daß unter normalen Verhältnissen ein schwacher Überdruck (2 bis 3%) besteht.

VI. Freistrahlturbinen.

1. Pelton- oder Becherräder.

Die Freistrahlturbinen sind für die Nutzbarmachung verhältnismäßig kleiner Wassermengen bei hohen Gefällen mit Vorteil verwendbar.

Hier betrachten wir zunächst die Aktionsturbinen mit freiem Strahl, der in tangentialer Richtung die am Umfang des Rades angebrachten Becher oder Löffel trifft und die unter dem Namen Peltonräder bekannt sind, seit Releaux in der Z. d. V. d. Ing. 1902 über diese neuen Turbinen erstmals in Deutschland berichtet hatte.

Das Aufschlagwasser strömt aus einer oder mehreren Düsen, nur müssen die Strahlen in solchen Abständen voneinander das Rad treffen, daß gegenseitige Störungen nahezu als ausgeschlossen betrachtet werden können. Die Schaufeln sind als Becher, Schalen oder Löffel ausgebildet, tragen in der Mitte einen Spaltkeil a, der den Strahl S nach beiden Seiten teilt. Die Becher nach einer parallel zur Radachse gelegenen Ebene geschnitten gedacht, haben beistehend bezeichnete Gestalt:

Der Strahl S wird durch den Spaltkeil bei a geteilt, beide Hälften folgen den Becherwänden und treten, wenn das Rad still steht, in der in Abb. 19 dargestellten Richtung, wenn das Rad die richtige Geschwindigkeit angenommen hat, in der Richtung der Pfeile, also ungefähr parallel zur Radachse aus.

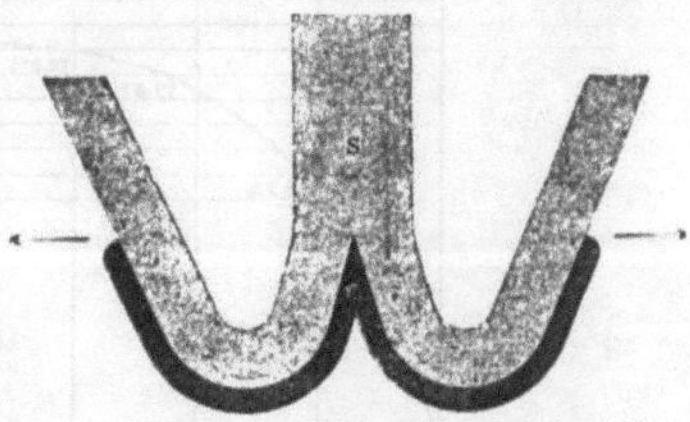

Abb. 19. Strahlbildung.

Weil der Strahl, wegen des verhältnismäßig großen Abstandes der Becher oder Löffel voneinander, frei austreten kann (also große Schaufelteilung!), so steht nichts im Wege, den Winkel zwischen dem letzten Schaufelelement und der Radebene sehr klein auszuführen. Hierdurch ist man in die Lage versetzt, einen sehr großen Teil der lebendigen Arbeit des Aufschlagwassers nutzbar zu machen.

Diese Räder werden fast ausschließlich mit wagerechter Achse aufgestellt, jedoch können dieselben in einzelnen Fällen auch mit senkrechter Achse zur Ausführung gebracht werden.

Die Beaufschlagung hat verschiedenen Rücksichten Rechnung zu tragen, die Ablenkungskurven dürfen nicht zu kurz sein, um den Strahl ohne Stoß und innere Bewegung (Wirbelung) abzulenken. Die Becherbreite wird etwa $b = 6 \div 8$ mal Strahlbreite genommen und der Becherrand am Eintritt ausgeschnitten, um den Strahl frei eintreten zu lassen. Die Ansatzstücke oder Düsen haben kreisrunde oder rechteckige Mündungen, je nach dem Zweck der Regulierung. Ausflußkoeffizient $k = 0{,}90$ bis $0{,}98$. Der Raddurchmesser richtet sich nach praktischen Anforderungen und kann in gewissen Grenzen beliebig gewählt werden. Die Achsen laufen in Ringschmierlagern.

Reine Partialturbinen, zu denen die Pelton- und Löffelräder zählen, wurden häufig radial und von innen beaufschlagt, wie z. B. ein großer Teil der Girard-Turbinen, die Schwamkrug-Turbine usw. Die eigentlichen Tangentialräder empfangen jedoch das Wasser immer radial und tangential von außen, wodurch sich ihre Bezeichnung von selbst erklärt.

Bei der Pelton-Turbine tritt das Aufschlagwasser durch eine Regeldüse, deren Austrittsquerschnitt rund oder viereckig ausreichend groß bemessen wird, um die maximale Wassermenge durchzulassen, nahezu tangential in geschlossenem Strahl frei in den Radkranz ein. Bezüglich Raddurchmesser und Schaufelzahl hat der Konstrukteur freie Wahl; man muß jedoch innerhalb praktischer Grenzen verbleiben. Reicht für die volle Wassermenge eine einzelne Düse nicht aus, so werden deren zwei oder mehrere oder auch zwei Laufräder angeordnet, nur muß der Abstand der Mündungen voneinander derart angeordnet sein, daß sich

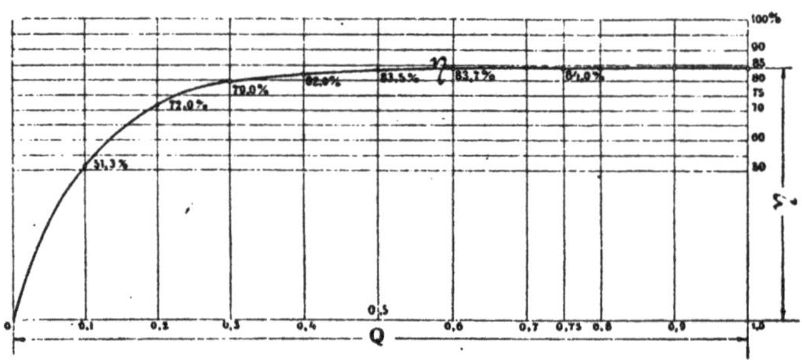

Abb. 20. Wirkungsgradkurve einer Voithschen Freistrahlturbine.

die Wasserstrahlen gegenseitig nicht stören. Als erster Anhalt möge dienen, daß sich der beaufschlagte Bogen etwa über eineinhalb Schaufelteilungen erstrecken soll, ehe ein neuer Strahl eintritt, damit die Becher entleert sind und kein zurückbleibendes Wasser vom nachfolgenden Strahl aus der Turbine hinausgeschleudert werden muß.

Die Strahlturbinen sind auf ein bestimmtes Gebiet beschränkt und zwar vornehmlich auf sehr bedeutende Gefälle bei verhältnismäßig geringem sekundlichem Zufluß. Das Betriebswasser wird durch eine Rohrleitung zugeführt und die Turbine im allgemeinen mit wagerechter Achse gebaut.

Strahlturbinen müssen stets am Fuße des Gefälles über Unterwasserspiegel aufgestellt werden, die Höhe für das Freihängen ist verloren, was bei kleinen Gefällen ins Gewicht fällt. Bei höheren Gefällen, etwa von 30 m ab, sind sie am Platze, wenn Turbinen anderer Systeme unter diesen Verhältnissen zu hohe Umdrehungszahlen ergeben.

Ein Saugrohr ist bei dieser Art von Rädern wohl schon versucht, aber nicht allgemein angewendet worden, weil die Gegenwirkung der Luft nicht weggeschafft werden kann, da das Rad partiell beaufschlagt ist und eine Art Wasserstrahlgebläse bildet. Die Bewegungsgeschwindigkeit der Radschaufeln soll theoretisch halb so groß als die Eintrittsgeschwindigkeit des Wassers sein, letztere ist $c = \sqrt{2gh}$, wenn h die Größe der drückenden Wassersäule nach Abzug der Rohrreibung in Meter bezeichnet. Durch Kontraktion am Austrittsmundstück (Düse) wird die Ausflußgeschwindigkeit tatsächlich etwas geringer und für Peltonmotore im Mittel

$$c = 0{,}95\sqrt{2gh} \quad \ldots \ldots \quad (30)$$

angenommen.

Auf Grund der Ermittelung über den besten Nutzeffekt wird die Umfangsgeschwindigkeit

$$u = 0{,}47 \cdot c \quad \ldots \ldots \quad (31)$$

gesetzt. Entweder wird der Raddurchmesser zugrunde gelegt und nach D die Tourenzahl des Rades bestimmt, oder man kann eine gegebene Tourenzahl annehmen und danach den Raddurchmesser berechnen. Als solcher gilt der doppelte Abstand des mittleren Wasserfadens von der Motorenachse. Die Beziehung der Größen unter sich ist

$$n = \frac{60 \cdot u}{\pi \cdot D} \qquad D = \frac{60 \cdot u}{\pi \cdot n}$$

Zur Bestimmung der Lichtweite der Düse d bzw. des Querschnittes des Wasserstrahles ergibt sich bei bekannter Wassermenge Q in cbm/sk. die Gleichung

$$Q = \frac{\pi}{4} \cdot d^2 \cdot c \quad \ldots \ldots \quad (32)$$

Nach der Stärke des Wasserstrahles richtet sich die Größe der Schaufeln. Dieselbe wird mindestens in der siebenfachen Strahlbreite ausgeführt, z. B. $s = 150$, $b = 1050$.

Was den Wirkungsgrad betrifft, so wird derselbe im allgemeinen ziemlich hoch angegeben: 80 % sollen unschwer zu erzielen sein. Dieser verhältnismäßig hohe Nutzeffekt erklärt sich auch zum Teil aus dem einfachen Leitapparat (nur eine Düsenöffnung), den kleinen Ein- und Austrittswinkeln an den Schaufeln (ca. 10^0), wodurch die lebendige Arbeit des Wassers möglichst vollständig ausgenutzt wird, der geringen Schaufelzahl, also einer kleinen benetzten Fläche (Reibung), der Abwesenheit des Spaltverlustes und schließlich auch aus der Einfachheit des ganzen Apparates.

Nicht übersehen darf jedoch werden, daß der Peltonmotor keine starke Änderung der normalen Umlaufzahl vertragen kann, weil dadurch die Wasserbewegung gestört wird, wodurch Wirbelungen entstehen, die das Güteverhältnis wesentlich abschwächen. Geringstes Gefälle H = 15 m.

Neben den Francis-Turbinen hat sich das Peltonrad ein großes Verwendungsgebiet erobert; tatsächlich beherrschen diese beiden Radialturbinen den gesamten Markt.

Der Wirkungsgrad ist an und für sich sehr hoch und innerhalb weiter Grenzen fast konstant.

An Hand von Versuchsergebnissen läßt sich nachweisen, daß die spezifische Umlaufzahl mit einem Wasserstrahl bei geeigneter Becherkonstruktion bis auf

$$n_s = \text{etwa } 35$$

gesteigert werden kann.

Der günstigste Auftreffpunkt des Strahles und die Becher-Teilung muß durch den Versuch bestimmt und die Düse dicht an die Becher herangerückt werden, da die Strahlenergie durch die Luftreibung rasch vermindert wird.

Gegen die neue Turbine, die von Nordamerika aus bei uns Eingang gefunden hat und aus dem »Hurdy-Gurdy«-Rad in Kalifornien hervorgegangen ist, wurden anfangs schwere theoretische Bedenken seitens einzelner deutscher Ingenieure laut; sie hat sich jedoch außerordentlich bewährt und wird in deutschen, schweizerischen, amerikanischen und skandinavischen Werkstätten in Stärken bis 30000 PS mit vollem Erfolg ausgeführt.

Bei Gefällen über 200 m erhalten Francis-Vollturbinen zu enge Wasserwege, die sich leicht verstopfen und größere Reibungsverluste verursachen, sie würden auch zu hohe Drehzahlen ergeben, so daß man unter den bezeichneten Verhältnissen zur Partialturbine — dem Freistrahlrad — greifen muß. Durch diese Hochdruckturbine können sehr kleine Wassermengen bei mittleren Gefällen, mittlere Wassermengen bei höheren Gefällen, wenn niedrige Drehzahlen erwünscht sind, und schließlich überhaupt Gefälle ausgenützt werden, die über der obenbezeichneten Grenze liegen.

Die Aufstellung dieser Turbine stets unmittelbar über dem Unterwasser ist eine Forderung, welche die volle Gefälleausnützung bedingt, bei der Wahl der Anlage des Werkes ist man somit gewissermaßen beschränkt, dagegen können die meist wagerechten Turbinenwellen mit ein oder zwei und mehr Laufrädern ausgerüstet werden, deren jedes von einem oder mehreren Treibstrahlen beaufschlagt wird.

Die Regelung der Wassermenge erfolgt bei viereckigen Düsen mittels einer drehbaren Zunge (Schwinge), bei runden Düsen, die am häufigsten vorkommen, durch eine eingeschraubte sogenannte Nadel (Dorn). Schwinge und Dorn verändern mit ihren Stellungen die Stärke des Wasserstrahls, und damit die Leistung des Motors. Bei größeren Kräften wird die Regelung durch Dorn mit einem Strahlablenker vereinigt (Doppelregelung), was für die gute Wirkung der Geschwindigkeits-Regulierung notwendig ist. (Abb. 21.)

Dieser Wassermotor ist wohl der einfachste, und der am besten zugängliche; die Bewegungsteile für die Regelung sind außerhalb des Wassers angeordnet und während des Betriebs zu überwachen. Die dem Verschleiß, durch das in vielen Fällen sandhaltige Wasser bei großer Geschwindigkeit ausgesetzten Teile der Düsen und Laufräder, werden

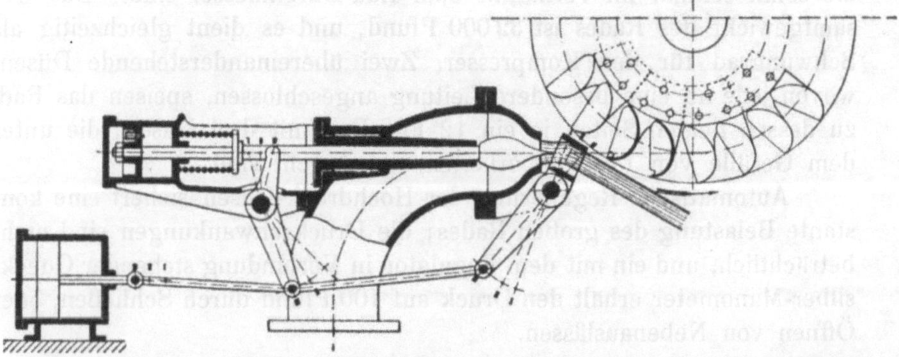

Abb. 21. Kombinierte Nadel- und Strahlablenker-Regulierung. (Patent Th. Bell & Co, Kriens.)

aus den widerstandsfähigsten Baustoffen: Spezialmischung Gußeisen, Kanonenmetall und Temperstahl und leicht auswechselbar hergestellt. Die Laufradscheibe kann auch als Schwungrad ausgebildet werden, was für die Geschwindigkeitsregelung von hoher Bedeutung ist.

Als einen allgemeinen Maßstab kann man bezeichnen:

Daß ein Strahldurchmesser nicht angewendet werden soll größer als $^1/_{16}$ und nicht kleiner als $^1/_{35}$ des Raddurchmessers, wenn das Maximum des Gütegrades verlangt wird, sowie daß die Arbeitsgeschwindigkeit 42 bis 47 v H der Geschwindigkeit des Treibstrahls betrage.

Für Tangentialräder wird der mittlere Laufradddurchmesser hiernach

$$D = \frac{36\sqrt{H}}{n} \text{ bis } \frac{40{,}2\sqrt{H}}{n}, \quad n = \frac{60\,u}{D \cdot \pi} \quad . \quad . \quad . \quad (33)$$

n bezeichnet die normale Umlaufzahl der Turbine in der Minute.

Die große Beweglichkeit in der Anpasssung des Pelton-Systems wird am schlagensten dargetan durch die Anlage in den Morning

Minen, Mullan, (Idaho), woselbst zum Antrieb eines 1000 PS doppelten Luft-Kompressers drei Tangential-Räder der Pelton-Water Wheel Co. direkt auf die 15″ dicke und 35 Fuß lange Welle, die in vier Lagern mit Babittmetall läuft, aufgesetzt sind. Das verfügbare Wasser ist begrenzt, und um die benötigte Leistung zu erzielen war man genötigt, drei verschiedene Zuflüsse mit 1430 Fuß, 1150 Fuß und 140 Fuß Gefälle heranzuziehen. Das Wasser der beiden Hochdruckgefälle wird zusammen auf einem Rad mit 33 Fuß ausgenützt, welche Größenbestimmung einen Ausgleich zwischen den beiden Gefällen bei 80 Uml./Min. als günstigste mittlere Geschwindigkeit darstellt.

Das 33 Fuß-Rad ist das größte bisher ausgeführte Tangential-Wasser-Rad von besonderer Konstruktion und trägt Becher von 5×7 Zoll, die somit schmal im Verhältnis zum Rad-Durchmesser sind. Das Gesamtgewicht des Rades ist 32 000 Pfund, und es dient gleichzeitig als Schwungrad für den Kompresser. Zwei übereinanderstehende Düsen, wovon jede an eine besondere Leitung angeschlossen, speisen das Rad, zu dessen beiden Seiten je ein 12 Fuß-Rad mit drei Düsen, die unter dem Gefälle von 140 Fuß arbeiten, angebracht sind.

Automatische Regulierung der Hochdruck-Düsen sichert eine konstante Belastung des großen Rades; die Druckschwankungen sind nicht beträchtlich, und ein mit dem Regulator in Verbindung stehender Quecksilber-Manometer erhält den Druck auf 100 Pfund durch Schließen, oder Öffnen von Nebenauslässen.

2. Becher- und Löffelschaufelform.

Die Becherform der Tangentialräder war anfangs rechteckig mit einem Spaltkeil in der Mitte und abgerundeten Ecken der Becherwände, doch bot diese Form den Nachteil, daß der Eintrittsstrahl vom vorderen Becherrücken einen Rückschlag empfing. Die amerikanischen Räder zeichnen sich durch geringe Becheranzahl aus, die Standardräder derselben zeigen bei den verschiedenen Größen meist die nämliche Becherzahl (18÷22); es sei denn, daß es sich um außerordentliche Gefälle und Kraftleistungen handelt, wobei der Radumfang und die Wassermenge von mitbestimmendem Einfluß hierauf sind. Da die rechteckigen Becher bei sandhaltigem Wasser starke Abnutzung und Durchfressungen zeigten, so ist man beim Bau der Tangentialräder allgemein zu den Löffelschaufeln (Abb. 22) der Abner Doble Comp. San Francisco (Kal.) übergegangen. Die Überlegenheit des elliptischen Doblebechers, der zwei nebeneinandergerückte Löffel darstellt, ist in seiner Form begründet: Der Strahl tritt ohne Stoß und Unruhe in das Rad ein und beaufschlagt in natürlichem Verlauf die innere Becherfläche. Der mittlere Teil am Rande der Eintrittsseite oder der Becherlippe wird in Form eines herzförmigen Ausschnitts ausgespart. Diese Öffnung gestattet dem geschlossenen Strahl, der vom Becherrücken getroffen würde, ohne Seitwärtsdrängung und Versprühen auf dem Spaltkeil der Schaufeln aufzutreffen.

Die vieldüsigen Räder werden als veraltete Konstruktion gegenwärtig nicht mehr gebaut, da derart viele Strahlen auf einem Rad sich gegenseitig beeinflussen und das Wasser der oberhalb der Achse mündenden Düsen nach dem Durchfluß durch die Becher infolge der Rotationsbewegung im Gehäuse umhergeschleudert wird, anstatt glatt abzufallen.

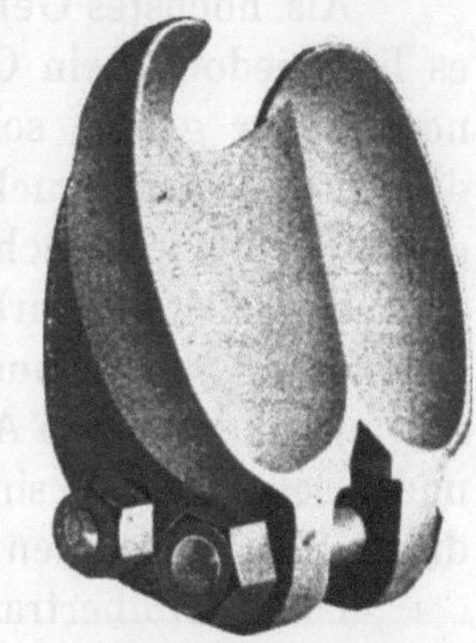

Abb. 22. Löffelradschaufel. (Abner Doble Company San Francisco)

Für die Regelung von Düsen mit auswechselbaren Einsatzstücken wird ein Strahlablenker verwendet. Der Servomotor oder Druckzylinder des automatischen Präzisions-Öldruck-Regulators ist zwangläufig mit einem drehbaren Strahlablenker verbunden. Erfolgt eine teilweise oder eine plötzliche totale Entlastung, so wird der Strahl teilweise oder vollständig vom Rad abgelenkt und die Nadel schließt langsam unter der Einwirkung einer Gegenfeder aber gehemmt durch den Katarakt entsprechend der eingetretenen Kraftschwankung. Zum Schutze des Betonfundamentes gegen den durch den Strahlablenker nach unten abgelenkten Wasserstrahl ist eine schmiedeeiserne Schutzplatte angebracht. Die Anordnung dieser kombinierten Regulierung verbindet Einfachheit mit großer Betriebssicherheit.

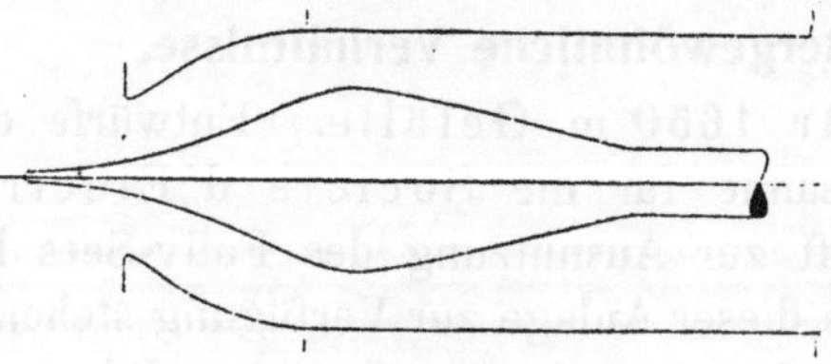

Abb. 23. Doble Nadeldüse.

Die am Massachusetts Institute of Technologie, Boston von H. C. Crowell und G. C. D. Lenth mit verschiedenen Düsen unter 22 bis 48 Fuß Druck angestellten Versuche haben für die Doble-Nadel-Regulierdüse nach Abb. 23 die Ausflußzahlen 0,96 bis 0,99 ergeben, was die Überlegenheit der Dobledüse über alle konisch geformten Düsen unter mäßigen Gefällen beweist. Die Versuche unter noch höheren Drücken ließen keine absolut genauen Resultate erkennen, weil die Strahldicke infolge der vorgeschobenen Nadel sich mit den verfügbaren

Apparaten nicht scharf genug einmessen ließ. Die ausgeflossene Wassermenge wurde in einem Tank von 250 Kubikfuß Inhalt bestimmt und eine Genauigkeit bis $^1/_2 \div 1^0/_0$ erreicht. Die Düse war aufs sorgfältigste bearbeitet und die Ausflußöffnung glatt geschliffen und poliert.

Als höchstes Gefälle sind bis jetzt ca. 1600 m ausgenützt worden, es liegt jedoch kein Grund vor, daß wagemutige Ingenieure nicht auch noch höher gehen, solange Leitungsröhren hergestellt werden können, die dem Wasserdruck genügenden Widerstand entgegensetzen ohne gefahrdrohende Brüche befürchten zu müssen.

Die Pelton-Turbinen sind auf empirischem Wege nach Modellrädern in Amerika ausgebildet worden. Konstruktionsregeln lassen sich nur aus einer großen Anzahl ausgeführter Anlagen ableiten, die Schaufel- und Becherformen sind mannigfacher Art, und es erfordert der Bau dieser Kraftmaschinen eine besonders reiche praktische Erfahrung.

Die Kraftübertragung erfolgt mittels Riemen oder Seile, Reibungsräder, Zahnräder oder durch direkte Kupplung.

Zur Klasse der modernen Freistrahlräder zählt auch die Hydrovolve, die das Aufschlagwasser durch Ansatzstücke oder Düsen empfängt. Das Rad bietet in besonderen Fällen einige Vorzüge gegenüber Peltonrädern, die Beaufschlagung erfolgt im Radscheitel, die Schaufelzahl ist möglichst groß zu wählen, um das Wasser beim Eintritt vollständig abzufangen und Wasserverlust zu vermeiden.

Der Wirkungsgrad ist $\eta = 0{,}70$ bis $0{,}75$, für kleinste Wassermengen $\eta = 0{,}65$ bis $0{,}70$.

3. Peltonräder für außergewöhnliche Verhältnisse.

Wasserkraftanlage für 1650 m Gefälle. Entwürfe des Civil-Ing. L. Boucher in Lausanne für die Société d'Electro-Chimie in Paris. Wasserkraft zur Ausnutzung des Fully-Sees bei Martigny im Kanton Wallis. Das dieser Anlage zur Verfügung stehende Gefälle erreicht die bisher noch nirgends ausgenutzte Höhe von H = 1650 m[1]). Rohrleitung 4,5 km lang, 600 bis 500 mm L.-W. bei 6 bis 45 mm Wandstärke. Oberer Teil der Rohre wassergasgeschweißt, und im unteren Teil, wo der Druck bis auf 165 Atm. ansteigt, nahtlos gezogene Stahlrohre. Die Turbinen für 12000 PS Leistung wurden von Piccard, Pictet & Co. in Genf geliefert, die Druckrohrleitung durch Tyssen & Co, Mühlheim a. d. Ruhr, ausgeführt.

[1]) Orlu 923 m, Vouvry 917 m, Ackersand bei Visp 754 m; das 1916—20 erbaute Ritomwerk der schweizer. Bundesbahnen, das zur Lieferung der Energie für die elektrisierte Gotthardhahn dient, nutzt ein Gefälle von 800—825 m aus.

Abb. 24. Wasserkraftanlage Fully. Pelton-Turbinenrad.
(Mit Genehmigung des Eidgen. Amts für Wasserwirtschaft, Bern.)

Die Anlage Fully ist ein sogenanntes Spitzenwerk, dazu bestimmt im Winter an gewissen Tagen und selbst zu bestimmten Stunden die anderen benachbarten Werke bei Wassermangel zu unterstützen, was bei dieser Jahreszeit stets der Fall ist. Die Leistung mit 12000 PS bildet eine Ausnahme. Im Sommer arbeitet das Werk nur schwach oder gar nicht, weil bei den anderen Kraftzentralen der Gegend Wasser im Überfluß vorhanden ist, wobei der Zufluß zum Bassin von Fully aufs sorgfältigste angesammelt wird, um es für den Winter zu akkumulieren.

Die maschinelle Einrichtung umfaßt vier Einheiten von 3000 PS zu 500 Uml./min.; für eine fünfte ist der Platz vorgesehen. Die Peltonräder nach Abb. 24 haben 54 auswechselbare Schaufeln aus geschmiedetem Stahl, die am Kranzringe einer vollen Radscheibe aus geschmiedetem Stahl eingelassen sind. Die eigenartige, der ausführenden Fabrik geschützte Befestigung für diese außerordentlichen Verhältnisse bietet hohe Sicherheit, sowohl gegenüber den Schlägen des Wasserstrahls, dessen Geschwindigkeit die ungewöhnliche Höhe von 175 m/sk erreicht, als gegenüber der Wirkung der zentrifugalen Kraft.

Die automatische Regelung dieser Pelton-Turbinen erfolgt durch doppelt wirkende Öldruckregulatoren (Pat. Dufour). Die eine Art der Regulierung besteht in der Ablenkung des Strahls aus dem Laufrade, was durch einen sich unmittelbar vor der Düse befindenden Ablenkerschirm bewerkstelligt wird. Die zweite Art besteht in der Verschiebung der Düsennadel in ihrer Längsachse, wodurch der Strahlquerschnitt verändert wird. Diese Regelung erfolgt langsam zur Vermeidung schädlicher Drucksteigerungen in der Zuleitung. Beide Regelvorgänge erfolgen stets gleichzeitig in der Weise, daß die Ablenkung sehr rasch, die Bewegung der Düsennadel dagegen so langsam erfolgt, als es zur Erzielung einer minimalen Drucksteigerung in der Zuleitung zweckmäßig erscheint. Die gegenseitige Abhängigkeit von Ablenker und Nadelregulierung ist so getroffen, daß während der Schließbewegung der Nadel der Ablenker so weit zurückbewegt wird, bis er tangential dem veränderten Strahle anliegt. Der Strahl kann demnach wieder völlig frei ins Laufrad strömen, wodurch der gute Nutzeffekt der Turbine für jede Stellung der Nadel gesichert bleibt. Der Reguliervorgang beim Öffnen erfolgt in umgekehrtem Sinne identisch, mit dem Unterschied, daß der Ablenker nicht in den Strahl tritt, sondern nach und nach eine dem sich vergrößernden Strahl entsprechende höhere Stellung einnimmt.

Der Durchmesser des Laufrades dieser Turbine ist 3715 mm, der Durchmesser des Strahls bei Vollast von 3000 PS beträgt nur 38 mm. Der Aufbau der ganzen Turbine ist diesen außerordentlichen Verhältnissen entsprechend durchgeführt.

Der Druckverlust in der Rohrleitung bei Vollbelastung von vier

Abb. 25. Freistrahlrad der Anlage Vemork. (A-B Karlstads Mekaniska Verkstad Kristinehamn.)

Gruppen ist ungefähr 10%. Dieser beträchtliche Druckabfall ist bedingt durch die Länge der Leitung (4,5 km) die zahlreichen Krümmungen, etwa 150 (sowohl senkrechte wie wagerechte), und der großen Wassergeschwindigkeit.

Abb. 25 zeigt ein Freistrahlrad, Gefälle $H = 278$ m, Leistung $N = 14500$ PS, $n = 250$ Uml./min. für die Anlage Vemork, ausgeführt von der Aktiebolaget Karlstads Mekaniska Verkstad in Kristinehamn, der größten Spezialfabrik Skandinaviens für Turbinen, Regler und Rohrleitungen für Wasserkraftanlagen. Bemerkenswert bei der Größe und Stärke dieses Einzelrades ist die Anzahl, Befestigungsweise und konstruktive Form der 28 Becher. Raddurchmesser = 3,10 m.

Abb. 26. 5000 PS Peltonrad für 263,6 m Gefälle. (Pelton Water Wheel Company, San Francisco [Cal.]).

Ein Rad der Pelton Water Wheel Comp. San Francisco (Kal.) Abb. 26, Durchmesser 9 Fuß 10 Zoll ($\sim$ 3 m), leistet unter $H = 865$ Fuß (263,6 m) Effektivgefälle und $n = 225$ Uml./min. 5000 PS. Die Zahl der Doppelbecher ist = 20, die Breite derselben $\frac{D}{7,5}$, die radiale Tiefe $a = \frac{D}{8}$; die Düsenweite beträgt 57 mm, die Schaufelbreite 7fache Strahldicke und die Wassermenge $Q = 1800$ Sekundenliter. Das Verhältnis der Radgeschwindigkeit zur Wassergeschwindigkeit liegt bei diesem Rad, wie auch bei der vorausgehenden Anlage Fully $\frac{u_1}{c} = 0,52 \div 0,55$ etwas höher als üblich aus ähnlichen Gründen, um bei den großen Leistungen Wasserstauungen innerhalb der arbeitenden Becher unter allen Umständen zu vermeiden. Dieser Koeffizient ist mit Vorbedacht höher gewählt, einmal wegen des außergewöhnlichen Wasserdrucks und andermal rücksichtlich des wirksamen Eingriffs der Reguliervorrichtung, die bekanntlich bei hohen Gefällen und langen Rohrleitungen beim Belastungswechsel mit plötzlichen und starken Schwankungen des Wasserdrucks zu rechnen hat.

Die neue Wasserkraftanlage der Great Western Power Co. am Feather River (Kalifornien), die später auf 180000 PS erweitert wird, enthält vorläufig zwei Freisrahlturbineneinheiten von je 30000 PS Leistung, die ein Gefälle von 336 m ausnützen. Die von dem »Mannesmannröhren-Werke Düsseldorf« gelieferte stählerne Rohrleitung von je 1,65 m L.W. hat entsprechend den inneren Pressungen Blechstärken zwischen $^9/_{16}$ und $1\,^1/_8$ Zoll. Jedes Peltonrad dieser beiden Riesenturbinen — bisher die größten ihrer Art — 3,3 m Durchmesser bei 18 cm Radkranzdicke wiegt 25 t und ist mit 21 Becherschaufeln von je 90 cm Breite und 450 kg Gewicht besetzt. Umdrehungszahl minutl. = 171,4, Nadeldüsenweite = 32,5 cm.

VII. Gesichtspunkte für den Entwurf einer Turbine.

Bevor man die Berechnung einer neuen Wasserturbine vornehmen kann, ist die Kenntnis guter Muster und eine gewisse Erfahrung nötig. An geeigneten Vorlagen ist zwar kein Mangel, nur müssen dieselben sinngemäß und mit geschickter Auswahl benützt werden. Die mangelnde Erfahrung ersetzt z. T. ein der Berechnung nebenhergehendes zeichnerisches Verfahren, das Aufschluß gibt über passende Verhältnisse und zweckmäßige Formgebung. Es sind also vorerst gewisse Näherungsrechnungen durchzuführen, bevor man die endgültige Bestimmung der Hauptabmessungen vornehmen kann. Man muß sich über die Schaufelwinkel und die erforderliche Schaufelform klar sein, ferner über den Laufraddurchmesser und darüber, ob man eine Vollturbine oder eine Partialturbine, einen Normal- oder Schnelläufer bauen will. Die gewünschte minutl. Umlaufzahl gibt einen Fingerzeig für die absolute Größe der Turbine. Weitere Erwägungen ergeben die Schaufelzahlen und an Hand dieses Gerippes können die Schluckweiten und Füllungskoeffizienten der Maschine berechnet werden.

Bei diesem Vorgehen wird Zeit und Arbeit gespart und man gelangt zu einem Entwurf, der für die Ausführung in der Werkstatt weniger Schwierigkeiten bietet.

Gegeben sind in der Regel das Gefälle H und die sekundl. Wassermenge Q. Hieraus ergibt sich die Nutzleistung bei einem mittleren Wirkungsgrad $\eta = 0{,}75$

$$N_e = 10 \cdot \dot{Q} \cdot H \quad . \quad . \quad . \quad . \quad . \quad . \quad (34)$$

Ist eine der obigen Größen nicht gegeben, so kann aus der verlangten Kraftleistung auf Q oder H geschlossen werden.

$$\frac{N}{Q \cdot 10} = H \qquad \frac{N}{H \cdot 10} = Q$$

Wird der Wirkungsgrad 5 v H größer oder kleiner angenommen, so hat dies nichts auf sich, weil eine Turbine ein bis 10 v H größeres Schluckvermögen erhalten soll, um Unregelmäßigkeiten im Gefälle auszugleichen. Auch der Ausfall der Stücke in der Gießerei bedingt diesen

Sicherheitszuschlag, denn ein Gießer kann die Schaufeln nicht bis auf den Bruchteil eines Winkelgrades in die Form einstellen. Die Gußstücke schwinden beim Erkalten ungleich; das fertige Rad zeigt immer gewisse kleinere Abweichungen von der Gießform, sollte diese auch noch so sorgfältig hergestellt sein. Im modernen Turbinenbau ist die Schablonenformerei durchgeführt.

Man wird in der Werkstattzeichnung für den Modelltischler und den Gießer möglichst runde Zahlen für die einzelnen Abmessungen anstreben, keine Bruchteile von Millimeter (weil gewisse Strecken halbiert werden müssen). Sucht eine Fabrik den Turbinenbau in größerem Maßstab aufzunehmen, so wird schon bei den einzelnen Radmodellen auf eine Satzreihe Rücksicht genommen, damit die Abstufungen in den einzelnen Turbinengrößen eine gleichmäßige Serie bilden. Man rundet den Laufraddurchmesser für die Ausführung auf 5 bis 10 cm Unterschied ab, läßt den Ausflußquerschnitt stufenweise ansteigen, hält bei den Schaufelzahlen ein bestimmtes Gesetz ein u. a. m., kurz man schematisiert für den laufenden Absatz die Berechnungsgrundlagen, um Zeit und Arbeit zu sparen und bei Anfragen und Voranschlägen einen raschen Überblick zu gewinnen. Denn wir dürfen nicht außer acht lassen, daß die Wassermengen und Gefälle keine unwandelbaren Größen sind; auf den Wechsel der Gefälle wurde schon hingewiesen, das treibende Element kann mit Unreinigkeiten, Eis, Säuren u. a. versetzt sein, die Maschine ist Verstopfungen leicht unterworfen. Viele Turbinen arbeiten unter Wasser, sind der täglichen Besichtigung entrückt, werden kaum einmal im Jahre nachgesehen und gereinigt und sollen doch immer ihren vollen Dienst tun. Deshalb die Sicherheitszugaben und nicht das doktrinäre Versteifen auf eine nur auf theoretischem Weg ermittelte Größenbestimmung. Schließlich sollen gewisse harmonische Verhältnisse zwischen den einzelnen Abmessungen an der Gesamtanlage vorherrschen, wie an einem gediegenen Bauwerk. Die Zugänglichkeit für Bedienung, Reinigung und Ein- und Abbau der Maschine ist besonders ins Auge zu fassen, da Versandung, Vereisung, Wassersteinansatz, Auswechselung einzelner Teile in Rechnung genommen werden muß.

2. Francis-Schnelläufer.

Die Forderung der Elektrotechniker von Turbinen mit hohen Drehzahlen und großem Schluckvermögen und die Verbilligung der Turbinenpreise hat zur Konstruktion der Schnelläufer geführt. Die Maßnahmen um eine Geschwindigkeits- und Leistungssteigerung herbeizuführen, bestehen unter sonst gleichen Umständen darin, den Raddurchmesser zu verkleinern, eine größere Schaufelhöhe bei mäßigen Schaufelzahlen anzuwenden, und die Verschaufelung der Turbine nach dem Austritt hin zu erweitern.

Die Haupteigenschaften dieser in in- und ausländischen Werkstätten nach amerikanischen Vorbildern gebauten Turbinen bestehen in

1. *den grossen Abmessungen der Radschaufeln im Vergleich zum Raddurchmesser, kleinen Anzahl und Stärke derselben,*
2. *hoher Drehzahl und grosser Schluckfähigkeit bei kleinem Durchmesser,*
3. *geringem Gewicht.*

Da die Schaufelstärke klein ist, so soll sie einen geringen Verlust beim Wassereintritt in die Laufradschaufel, ebenso keinen erheblichen Verlust durch die Änderung der vom Wasserlauf beschriebenen Richtung im Laufrad verursachen. Als weiterer Vorteil wird schließlich ein geringerer Verlust beim Laufradaustritt hervorgehoben, was aber in vielen Fällen mit der Wirklichkeit wohl nicht übereinstimmen dürfte. Der verkleinerte Durchmesser verursacht größere Austrittswinkel, sobald eine beträchtliche Wassermenge bei einem gegebenen Rad durch die Schaufeln abgeführt werden soll. Dieser Umstand bedingt deshalb die geringe Anzahl Schaufeln. Die verschiedenen geometrischen, kinematischen und hydrodynamischen Elemente sind für diese Turbinen die gleichen, wie bei den radialen Zentripetalturbinen, sie lassen sich also nach den nämlichen Gleichungen berechnen.

Für Francis-Turbinen beträgt die Laufradgeschwindigkeit u = 0,65 bis 0,75 der Eintrittsgeschwindigkeit und der Raddurchmesser wird hiernach

$$D = \frac{55\sqrt{H}}{n} \text{ bis } \frac{65\sqrt{H}}{n} \quad \ldots\ldots \quad (35)$$

$$n = \text{normale Uml./min.} \qquad n = \frac{60 \cdot u}{D\pi}$$

Der Ausflußgeschwindigkeit des Wassers aus dem Leitapparat wird der Wert gleich $0{,}67\sqrt{2\,g\,H}$ zugeschrieben, gibt man der Radgeschwindigkeit einen Wert zwischen

$$u = c \cos\alpha \text{ und } u = \frac{c}{\cos\alpha}$$

so ist für die übliche Größe von α der Laufraddurchmesser, und bei normalem Betrieb deren Tourenzahl an die Gleichung

$$D_1 = \frac{54}{60}\sqrt{\frac{H}{n}} \quad \ldots\ldots \quad (36)$$

gebunden. Gewöhnlich zieht man den Mittelwert $D_1 = 56\,\frac{\sqrt{H}}{n}$ vor, welcher dem u = c entspricht. Mit dieser einfachen Formel kann man, wenn n gegeben ist, den Durchmesser D_1, und umgekehrt, wenn D_1 angegeben ist, die Tourenzahl berechnen, die dem Maximaleffekt entspricht. Der Wert der Austrittsgeschwindigkeit soll nie höher als zu $\frac{1}{5}\sqrt{2\,g\,H}$ angenommen werden. Die Schaufelhöhe b wird zu 0,7 bis 0,77 D_1 gesetzt, je nach Abhängigkeit vom Wasserverbrauch. Die Schaufeldicke soll nicht mehr als 4 bis 5 mm betragen.

3. Konstruktionseinzelheiten der Turbinen.

Laufräder.

Die Laufräder werden bei kleinen Durchmessern für sehr hohe Gefälle aus einem Stück, meist in Bronze, gegossen; größere Francis-Räder erhalten zweckmäßig eingegossene Schaufeln aus Flußstahlblech von 4 bis 10 mm Dicke. Die aus den Blechtafeln ausgeschnittenen Schaufeln werden auf einer Schaufelpresse warm in die verlangte Form gedrückt, am Rande (15 bis 25 mm breit) für den Einguß schwalbenschwanzförmig ausgezackt und verzinkt, weil die einzugießenden Ränder dem flüssigen Gußeisen metallisch reine Oberflächen bieten müssen. Zur Verbesserung der Wasserreibungsverhältnisse sind die Schaufeln abzuschleifen. Bei einzugießenden Schaufeln beträgt die Kranzstärke 25 bis 35 mm und darüber. Auf Gußspannungen in den Kränzen ist Rücksicht zu nehmen, weshalb es sich empfiehlt, die Armsterne der Laufräder gesondert oder als durchbrochene gewölbte Scheibe ohne Rippen, gegen die Nabe stark anlaufend, herzustellen. Die Nabe mit Nutenkeil sitzt auf einem in die Welle eingreifenden zweiteiligen Tragringe, um das Herabfallen des Rades zu verhindern. Die Nabenlänge L wird zur Vermeidung des Schiefstellens des Rades

$$L = \sim 0{,}1 + 0{,}12\,D_1 \quad . \quad . \quad . \quad . \quad . \quad . \quad . \quad (37)$$

gewählt.

Leitapparate.

Feststehende Leitschaufeln sind aus Blech, bewegliche aus Schmiedeeisen, Gußeisen oder Bronze; Düsen und Schaufeln (Becher), bei nicht zu großen Peltonrädern aus Bronze oder Spezialmischungen hergestellt. Bei Hochgefällen ist wegen der großen Umfangsgeschwindigkeit besonderes Gewicht auf zuverlässige Befestigung der Becher an der in der Regel vollen Radscheibe, auf sorgfältige Auswuchtung des Rades und zuverlässige Schmierung der Lager zu legen.

Hohle Wellen aus Gußeisen werden kaum mehr verwendet, dagegen volle Wellen aus Schmiedeeisen oder Flußstahl, auch manchmal hohl gebohrt ausgeführt. Stehende Wellen haben in der Regel außer dem Drehmomente noch Zug- und Druckkräften und Biegungsmomenten zu widerstehen, die von der Wasserbelastung des Laufrades bei teilweiser bzw. unsymmetrischer Beaufschlagung, ferner bei Übertragung der Arbeit durch Zahnräder, Riemen- oder Seilzug, herrühren; bei Kegelradabtrieb ist das Moment der axialen Seitenkraft des Zahndruckes zu berücksichtigen. Die Welle für stehende Francis-Turbinen wird auf zusammengesetzte Festigkeit (Biegung und Drehung) berechnet.

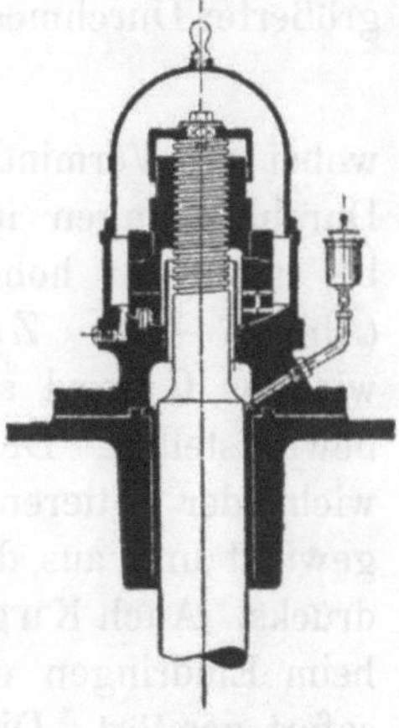

Abb. 27. Ringzapfen.

Bezeichnet:

d den Wellendurchmesser in mm
N die Leistung der Turbine in PS^e
n die minutliche Umdrehungszahl

so ist

$$d = \left(120 \sqrt[4]{\frac{N}{n}}\right) \cdot 1{,}2 \div 1{,}5 \text{ wenn } \frac{N}{n} < 1 \text{ ist} \quad (38)$$

$$= \left(120 \sqrt[3]{\frac{N}{n}}\right) \cdot 1{,}2 \div 1{,}5 \text{ wenn } \frac{N}{n} > 1 \text{ ist} \quad (38a)$$

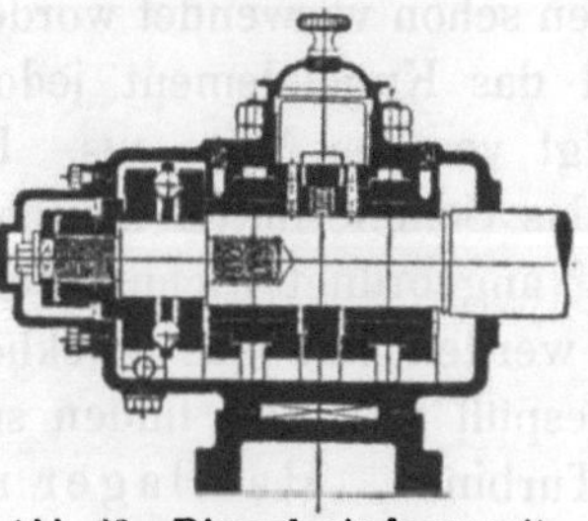

Abb. 28. Ringschmierlager mit einstellbarer Kugelspur.

Der Beiwert 1,2 bis 1,5 nimmt Rücksicht auf Wellenlänge und Biegung. Bei Wellenlängen über 5,5 m werden die Stücke durch Kupplungen mit reichlich großen Abmessungen verbunden.

Beispiel: $N = 62\ PS_e$, $n = 42$, $d = ?$

Da $\frac{N}{n} = \frac{62}{42} = 1{,}48$ also > 1 ist, so kommt die zweite Formel in Anwendung und es wird

$$d = \left(120 \sqrt[3]{\frac{N}{n}}\right) 1{,}2 \div 1{,}5$$
$$= 120 \cdot 1{,}14 \cdot 1{,}2 \div 1{,}5$$
$$= 164 \div 205 \text{ mm}$$

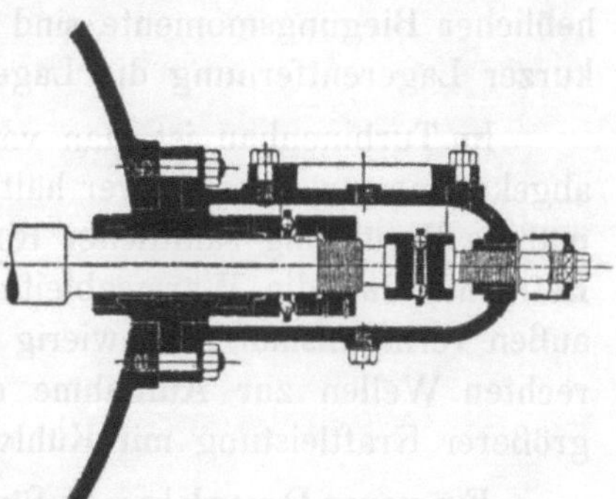

Abb. 29. Wellenführung mit doppelseitig einstellbaren Kugelspuren.

Gewählt wurde bei 4 m Länge ein Wellendurchmesser d = 180 mm. Als **Spurzapfen** kommen neuerdings nur Überwasserzapfen (außerhalb des Wassers angeordnet), besonders als Ringspuren, zur Verwendung; als Baustoff für die gleitenden Körper haben sich bewährt: Dichtes Gußeisen oder Hartguß für beide Laufflächen (Stahl und Bronze neigen mehr zur Erwärmung). Kleiner Flächendruck ist für wirksame Schmierung förderlich, führt jedoch bei großem

Zapfendruck P zu Zapfen von großen Durchmessern, die gegen die unvermeidlichen Fehler der Aufstellung, die im Betrieb eintretenden Verschiebungen, sowie gegen Durchbiegungen der Wellen empfindlicher sind. Sorgfältige Ausführung des Zapfens ist mehr wert, als ein vergrößerter Durchmesser. Bei guter Schmierung (Ölzirkulation) setzt man

$$p \text{ kg/qcm} = 40 + 0{,}3 \sqrt{P} \quad . \quad . \quad . \quad . \quad . \quad (39)$$

wobei die Verminderung der Auflagefläche durch Schmiernuten und Durchbohrungen in diesen Werten berücksichtigt ist. Die Belastung bei nicht zu hohen Umlaufzahlen kann 70—100 kg/qcm betragen. (Abb. 27—29.) Zapfenentlastungen werden durch Wasserdruck, wie das Girard schon versucht hat oder neuerdings durch Öldruck bewerkstelligt. Der Flächendruck p setzt sich zusammen aus dem Gewicht der rotierenden Teile, aus dem im Rad befindlichen Wassergewicht und aus der in den Zapfen fallenden Komponente des Wasserdrucks. Auch Kugellager sind bei Turbinen schon verwendet worden, beim Eindringen eines Wassertropfens wird das Kugelelement jedoch sofort zerstört. Die Zuführung des Öls erfolgt von der Mitte aus. Bei besonders stark belastenden Zapfen wird das Schmiermittel zwischen die Gleitflächen gepreßt und Wasserkühlung angeordnet (Schutzdeckel für die Zapfen). Unterwasserzapfen werden nur aus Pockholz ausgeführt, müssen dauernd vom Wasser bespült sein und finden sich nur bei einigen Systemen amerikanischer Turbinen. Halslager mit Weißmetallausguß oder Pockholzführung werden rücksichtlich geringer Abnützung und richtiger Nachstellung angeordnet; beim Auftreten erheblicher Biegungsmomente sind kurze Wellen zu vermeiden, weil bei kurzer Lagerentfernung die Lagerdrücke beträchtlich wachsen.

Im Turbinenbau ist man von den Kammzapfen mehr und mehr abgekommen, weil es schwer hält, für größere Zapfendrücke die gleichmäßige Berührung sämtlicher Ringflächen zu sichern, auch kommt in Betracht, daß die Wärmeableitung durch den Kammlagerkörper nach außen verhältnismäßig schwierig ist. Kammlager kommen bei wagerechten Wellen zur Aufnahme des Seitendrucks in Verwendung, bei größerer Kraftleistung mit Kühlvorrichtung.

Ein neues Drucklager für große Wasserturbinen mit senkrechter Welle hat A. Kingsbury in Pittsburg entworfen und unter erschwerenden Bedingungen geprüft. Die Versuche mit diesen Lagern, die einen erheblichen Fortschritt auf diesem Gebiet darstellen, haben derart befriedigt, daß solche bei großen Wasserkraftwerken am Mississippi zur Anwendung gelangten.

Die Werkstattausführung von Turbinen hat mit größter Sorgfalt zu geschehen. Sämtliche rotierende Teile sind auszuwuchten, die Maschine vollständig zusammenzubauen, die Abmessungen (Ausflußquerschnitte usw.) genau zu kontrollieren und die Stücke vor dem Versand abzuwiegen.

Zweiter Abschnitt.

VIII. Regulierung und Turbinenregler.

Die Geschwindigkeitsregulierung der hydraulischen Motore hat im Laufe der Zeit viele Wandlungen durchgemacht. Die mannigfachen Bestrebungen indirekt wirkende Regulatoren zu schaffen, führten schließlich auf die Erkenntnis, die Schaltvorrichtungen von der Bewegung und Stellung der Regulierwelle abhängig zu machen.

So entstanden die Regulatoren mit primärer Kompensation. Bei diesen Konstruktionen kommt Nachführung, Rückführung, Rückdrängung und Tourenrückführung sowohl für den mechanischen als auch bei den hydraulischen Regulatoren zur Anwendung. Mit den Vorrichtungen zur Änderung der Tourenzahl und des Ungleichförmigkeitsgrades war der Übergang von den einfachen primär kompensierten Regulatoren zu den modernen, allen Anforderungen entsprechenden Ausführungen gesichert. Dieselben gelangen teils als Isodromregulatoren (nachgiebige Rückführung), d. h. Regulatoren auf konstante Tourenzahl, teils als zweitkompensierte Regulatoren zur Ausführung. Des weiteren wurden Kompensationen zur Eliminierung der Verspätungen an den Apparaten angebracht. Der letzte Fortschritt sind die für die modernen hydro-elektrischen Kraftanlagen äußerst wichtige Gruppenregulierung, welche Anordnung dem Ideale einer vollkommenen Regelung ganz nahe kommt, und wobei die Stabilität der einzelnen Aggregate so gewahrt ist, daß ein einwandfreies Arbeiten stattfinden muß. Die führenden Turbinenbauanstalten des In- und Auslands haben sich neben der Vervollkommnung der hydraulischen Kraftmaschinen in besonderem Maße auch die Ausbildung von Regulierapparaten, wesentlich unterstützt durch ihre Prüfungsanstalten, angelegen sein lassen und wir finden auch eigene Spezialwerkstätten mit vielfach durch Patente geschützte Konstruktionen, die auf hoher Stufe der Genauigkeit und Zuverlässigkeit stehen im Wettbewerb um die beste Lösung des Regulierproplems.

1. Geschwindigkeits- und Druckregulierung.

Zur Einhaltung gleicher Geschwindigkeit und Kraftleistung von Wasserturbinen dienen fast ausschließlich solche Vorrichtungen, welche die Beaufschlagung dem jeweiligen Kraftbedarf anpassen, hiezu zählen die automatischen Geschwindigkeits-Regulierapparate mit und ohne Windkessel, die Doppelregler, die bei Freistrahlturbinen angewandt werden und die Druckregler, die in Turbinenanlagen mit langen Druckleitungen eingeschaltet, plötzlich eintretende größere Entlastungen unschädlich machen. In Ausnahmefällen können hydraulische Widerstandsregler (Bremsregulatoren) in Anwendung kommen, die den Gleichförmigkeitszustand dadurch erhalten, daß ein Regelwiderstand in dem Maße zu- und abgeschaltet wird, als der Bedarf an Nutzleistung sinkt oder steigt. Eine Erhöhung der Umlaufzahl wird verhütet durch Erhaltung bzw. Vermehrung des Kraftverbrauchs, indem die überschüssige Kraft, die eine Geschwindigkeitssteigerung anstrebt, zur Beschleunigung einer Flüssigkeit verwendet und durch den Apparat weggebremst wird. In beiden Arten von Reglern wird eine kreisende Treib-Flüssigkeit benützt, um den Regelvorgang einzuleiten und bei den automatischen Reglern, die mit Öldruck arbeiten, wird im Sinne der Vergrößerung oder Verringerung der Beaufschlagung auf die Leitvorrichtung eingewirkt. Bei den Bremsregulatoren rotiert in einem Gehäuse neben einem Wasserbehälter ein Schaufelrad. Gehäuse und Wasserkasten stehen durch ein von einem Zentrifugal-Pendel beeinflußten Ventil in Verbindung, außerdem noch durch eine Auswurföffnung an der höchsten Stelle. Bei normaler Umlaufzahl bleibt das Ventil geschlossen, das Flügelrad rotiert im Luftraume, der Regulator lauft leer. Wächst die Geschwindigkeit, so öffnet das Pendel nach Maßgabe der Tourensteigerung das Ventil, läßt dem Flügelrad dementsprechend mehr oder weniger Wasser zutreten, das vom Rade erfaßt, beschleunigt und wieder in den Kasten zurückgeworfen wird. Die verzehrte Arbeit wird in Wärme umgesetzt, daher stark beanspruchte Bremsregulatoren Kühlung erfordern, die am besten durch allmähliche Erneuerung des Füllwassers bewerkstelligt wird.

Allen diesen Regulier-Apparaten ist das Fliehkraftpendel gemeinsam, das den Regelvorgang einleitet, sobald eine Belastungsschwankung an der Turbine eine Änderung der Geschwindigkeit hervorzurufen sucht. Die Konstruktion der Pendel ist sehr mannigfaltig: mit senkrechter und wagrechter Achse, mit und ohne Muffen und Gelenke, teils mit Gewichts- oder Federbelastung, teils mit beiden, Schneidenlagerung usw. Die Bewegung des Reglers wird auf das Steuerventil übertragen. Hat eine Regelbewegung begonnen, so tritt die Rückführung (Relais) in Wirksamkeit, um den Regelvorgang rechtzeitig zu unterbrechen und damit ein Überregulieren zu verhindern. Zur Erreichung eines stabilen

Zustandes ist ein begrenzter Ungleichförmigkeitsgrad — Drehzahlunterschied zwischen Vollast und Leerlauf der Turbine — erforderlich. Durch eine starre Rückführung läßt sich dieser nicht erreichen,

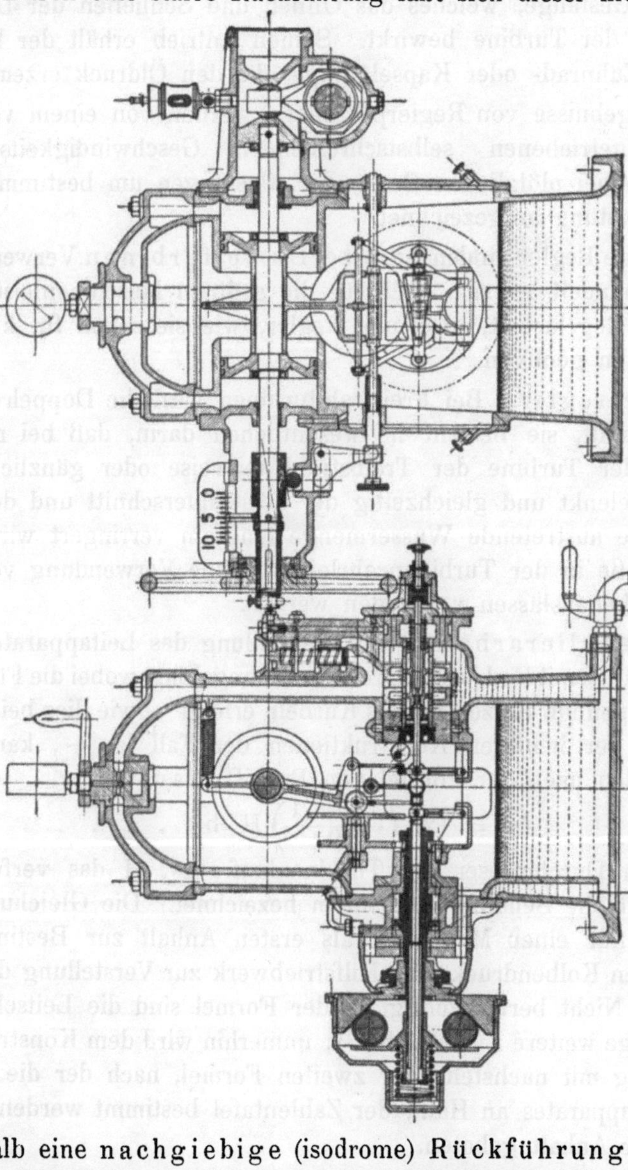

Abb. 30. Hydraul. Turbinenregulator System Neidig-Gerberich, Gr. 3. M. 1:10. (Fr. A. Neidig, Maschinenfabrik, Mannheim.) Aus W. Müller: „Wasserkraft".

weshalb eine nachgiebige (isodrome) Rückführung eingeschaltet wird. Gewöhnlich ist die Drehzahl der Turbine bei Leerlauf um etwa 1÷5 vH höher als bei Vollast; es kann auch der umgekehrt bleibende Drehunterschied eingestellt werden.

Zur Erzeugung und Übertragung der Regelarbeit dient ein Hilfstriebwerk (Servomotor) bestehend aus einem Zylinder mit Druckkolben und Gestänge, welches das Öffnen und Schließen der Leitvorrichtung an der Turbine bewirkt. Seinen Antrieb erhält der Kolben durch eine Zahnrad- oder Kapselpumpe, die den Öldruck erzeugt.

Die Ergebnisse von Reglerprüfungen werden von einem von der Turbine angetriebenen selbstschreibenden Geschwindigkeitsmesser (Tachograph) bei plötzlichen Be- und Entlastungen um bestimmte Beträge der Leistung aufgezeichnet.

Derartige Regler finden auch bei Dampfturbinen Verwendung, bei diesen handelt es sich auch für die größten Maschinenleistungen um geringe Regelarbeit, also um Regler, wie sie schon für kleinere Wasserturbinen genügen.

Doppelregler. Bei Freistrahlturbinen wird die Doppelregulierung angewandt, sie besteht im wesentlichen darin, daß bei rascher Entlastung der Turbine der Treibstrahl teilweise oder gänzlich vom Laufrad abgelenkt und gleichzeitig der Düsenquerschnitt und dementsprechend die austretende Wassermenge langsam verringert wird, damit Druckstöße in der Turbinenrohrleitung ohne Verwendung von gesteuerten Nebenauslässen vermieden werden.

Die Regulierarbeit R zur Verstellung des Leitapparates von Francis-Turbinen mit Fink'scher Drehschaufelregelung, wobei die Führung der Drehklappen um Bolzen mittels Kurbeln erfolgt — wie dies bei einem großen Teil der heutigen Konstruktionen der Fall ist —, kann berechnet werden nach der Formel von Prof. Budau

$$R = 125 \left(\frac{D^2 - 0{,}1}{D}\right) H \cdot b \quad . \; . \; . \; . \; . \quad (40)$$

worin D den Durchmesser des Turbinenlaufrades, H das verfügbare Gefälle und b die Schaufelbreite in m bezeichnet. Die Gleichung ergibt jedoch nur einen Mittelwert als ersten Anhalt zur Bestimmung des benötigten Kolbendrucks am Hilfstriebwerk zur Verstellung des Regulierrings. Nicht berücksichtigt in der Formel sind die Leitschaufelzahl und einige weitere Einzelheiten[1]; immerhin wird dem Konstrukteur in Verbindung mit nachstehender zweiten Formel, nach der die Größe des Regulierapparates an Hand der Zahlentafel bestimmt werden kann, ausreichender Anhalt geboten.

[1]) Das Überwiegen der Regulierenergie über den Regulierwiderstand, und daß dieser für verschiedene Leitschaufelstellungen veränderlich ist, Größe der Schwungmassen, toter Gang des Reguliergetriebes, Trägheit des Wassers bei langen Zuleitungsgerinnen u. a. m.

Zahlentafel.

Hydraulische Regulierapparate „System Jahns“

Hydraulische Regulier-Apparate Turbinen-Regulatoren		Durchfluß-Apparate							Windkessel-Apparate		
		Feder-Servo-motor		Betriebsdruck im Beharrungszustand 1,5 ÷ 2 at., sonst max. 7 at.					Betriebsdruck maximal 8 at.		
		für nat. Gefälle	mit Öldruck								
Klasse		CA	CB	CC					CD		
Größe	Nr. =	1	2	3	4	5	6	7	8	9	10
Arbeitsvermögen in kgm bis	A =	10	25	60	100	150	250	375	550	750	1000
Kolbenhub in mm . . .	S =	70	70	80	100	130	160	185	210	225	240
Drehzahl i. d. Min. . . .	n =	750	600	500	450	400	375	375	350	350	325
Schlußzeit in Sek. . . .	T_s =	2,5	2	1,5	1,5	1,5	1,5	1,5	1,25	1,25	1,25
Kraftbedarf in PS, max. u. vorübergehend . . .	N =		0,15	0,25	0,5	1,0	1,8	2,5	1,0	1,5	1,8
Ölfüllung in l	V =	5	12	15	30	60	120	180	200	275	350
Gewicht ca. kg ohne Ölfüllung — netto	G =	100	160	210	325	475	750	1200	1800	2300	3000
Gewicht ca. kg ohne Ölfüllung — brutto .	G =	140	210	290	435	625	950	1450	2125	2700	3500

Die Apparate können auch für Schwimmerregulierung und für Drehzahlverstellung durch Elektromotor und Fernschaltung geliefert werden.

Ausführungen der Jahns-Regulatoren-Gesellschaft M. B. H.
Maschinenfabrik Offenbach a. Main.

Das für eine bestimmte Turbinenanlage erforderliche Arbeitsvermögen hydraulischer Regulierapparate kann man nach der Gleichung:

$$A = \frac{2{,}6 \cdot N}{\sqrt{H}} \quad . \quad . \quad . \quad . \quad . \quad . \quad (41)$$

ermitteln. In dieser Gleichung bedeutet H das Gefälle und N die Leistung der Turbine in PS_e; A = Arbeitsvermögen. Dabei ist die Konstruktion des Leitapparates zu berücksichtigen: Fink'sche Drehschaufel, Zodelschieber, Ringschütze, Nadeldüse u. a. m.

W i d e r s t a n d s r e g u l a t o r e n. Die totalen Tourenschwankungen eines mit Bremsregulator versehenen Betriebes betragen (Vorhandensein genügender Betriebskraft, ausreichender Schwungsmassen und guter Antriebsverhältnisse vorausgesetzt) bei plötzlicher Aus- oder Einrückung der größten Bremsleistung desselben $2^1/_2$ v H, bei der Hälfte dieser Kraftschwankung $1^1/_2$ v H Zur Berücksichtigung von Instrumenten- und Ablesefehlern wird eine Toleranz von 1 v H beansprucht. Die Leergangsarbeit beträgt bei direkter Kupplung 1 v H, bei gut angeordnetem Riementriebe 4÷5 v H der größten Bremsleistung. Weiters hat sich in letzter Zeit immer mehr die Anwendung dieser Regulatoren in direkter Kupplung mit schnellaufendenden Turbinen und Generatoren Geltung verschafft, was neben der Platzersparnis noch den Vorteil bietet, daß der Transmissionsverlust für Riemenantrieb erspart bleibt, und daß der Regulatator durch Wegfall weiterer Übertragungsmittel um so rascher und unvermittelter wirkt.

Einfluß langer Druckleitungen. Eine gute Geschwindigkeitsregelung bedingt das rasche Eingreifen des Reglers und die rasche Einstellung des Leitapparates an der Turbine auf den der veränderten Leistung entsprechenden Wasserzufluß. Infolge des Beharrungsvermögens kann sich die in einer langen Rohrleitung auf die Turbine zufließende Wassermenge nicht ohne vorübergehende Druckschwankung auf die dem neuen Wasserverbrauch entsprechende Geschwindigkeit einstellen, es entsteht vielmehr zunächst beim Schließen eine Steigerung, beim Öffnen eine Milderung des Wasserdrucks. Das Trägheitsmoment ist um so größer, je länger die Druckleitung und je höher die Wassergeschwindigkeit in ihr ist; um so größer wird auch die Druckänderung, die unter Umständen einen beträchtlichen Teil des Gefälledrucks ausmacht.

Diese Druckänderungen hängen von der Schlußzeit des Regelapparates ab, d. i. von der Zeitdauer eines vollen Hubs des Arbeitskolbens und beeinflussen in hohem Grade die Genauigkeit der Geschwindigkeitsregelung.

Schwungmoment. Eine genaue Regelung von Kraftmaschinen setzt das Vorhandensein von ausreichenden Schwungmassen im Triebwerk voraus. Diese sind meistens z. T. in den angetriebenen Maschinen, z. B. im Anker der Generator-Dynamo, in Triebrädern und Transmissionen enthalten, andernfalls müssen besondere Schwungräder eingeschaltet werden.

Bei Turbinen im offenen Wasserschacht sind letztere meist entbehrlich, werden jedoch bei Rohrleitungsturbinen um so öfter und mit um so größeren Schwungmassen erforderlich, je länger die Rohrleitung im Verhältnis zum Gefälle und je größer die Wassergeschwindigkeit in ihr ist.

Numerisch wird die Größe der Schwungmasse durch den Ausdruck

$$M = G D^2 \qquad (42)$$

dargestellt, worin G das Gewicht der in Drehbewegung befindlichen Massen, D den Trägheitsdurchmesser dieser Massen in Meter bedeutet.

Druckregler (Nebenauslässe). Treten bei langen Rohrleitungen größere Entlastungen plötzlich ein, so entstehen durch die selbsttätige rasche Schließbewegung der Turbinenleitvorrichtung in der Wasserzuführung Drucksteigerungen (der sog. Widderstoß) die unter Umständen die Haltbarkeit der Rohre gefährden. Der Gefahr kann entgegengewirkt werden durch:

Wahl geringer Wassergeschwindigkeit in der Leitung (reichlichen Querschnitt eines etwaigen Druckstollens und weite Rohre),

grosse Wandstärke der Rohre;

beides führt jedoch in vielen Fällen bald zu einer untunlichen Erhöhung der Anlagekosten. Oder man kann die Drucksteigerungen durch Einstellung des Reglers auf verhältnismäßig große Schlußzeit vermindern, was jedoch größere vorübergehende Drehzahländerungen bei Belastungsschwankungen zur Folge hat, wenn nicht reichliche Schwungmassen dem entgegenwirken. Schließlich können die Drucksteigerungen auch durch die Anwendung eines Druckreglers in engen Grenzen gehalten werden. Der Druckregler ist ein Nebenauslaß (Leerlaufventil) der bei raschem Schließen vom Gestänge des Reglers so weit geöffnet wird, daß durch ihn ebensoviel Wasser ausströmt, als von der Turbine nicht mehr verarbeitet werden soll, der sich aber selbsttätig wieder langsam schließt, wobei eine Ölbremse die Schnelligkeit der Schließbewegung regelt, so daß eine nennenswerte Erhöhung des Druckes ausgeschlossen ist.

Die Firma J. M. Voith-Heidenheim, deren Beschreibung ihrer Regler wir in vorstehender Darstellung zum Teil gefolgt sind, hat Druckregler für Durchflußmengen bis über 20 cbm/sk und für Turbinen bis 17500 PS Einzelleistung ausgeführt.

Bei Anlagen, wobei gleichbleibender Wasserabfluß verlangt ist, kann der Druckregler mit einer einstellbaren Begrenzung der Schlußbewegung versehen werden.

2. Wasserspiegelregler, Sicherheitsabsteller, Fernschwimmer, Abflußregelung.

Den Besitzern von Wasserwerken wird gesetzlich die Auflage gemacht, den Oberwasserspiegel stets auf Wehrhöhe zu halten und das sogen. Abmahlen und Wiederanstauen des Wassers ist untersagt. Das Regeln der Wasserspiegel kann nicht in allen Fällen durch die Maschinenwärter besorgt werden; besonders bei höheren Gefällen oder langen Zuflußleitungen ist eine selbsttätige Regelung durch mechanische oder hydraulische Regler vorzuziehen. Arbeitet eine Turbine in Verbindung mit einer Hilfskraft (Wärmekraftmaschine, Elektrizität) so wird die Leitvorrichtung der Turbine auf die verfügbare Wassermenge eingestellt und höchster Wert auf jederzeit volle Gefälleausnützung gelegt.

Die mechanischen Wasserspiegelregler sind Sperrwerke mit Klinkenschaltung in Verbindung mit einem Wasserspiegelschwimmer, dessen Stellung auf die Leitradöffnung der Turbine derart übertragen wird, daß die Beaufschlagung beim Sinken des OWSp verringert und beim Steigen vergrößert wird. Bei normaler Stauhöhe ist die Turbine für die verfügbare Wassermenge geöffnet und der Regler schließt bei Abnahme des Zuflusses die Turbine im gleichen Verhältnis, so daß Schwankungen im Oberwasser um nur wenige Zentimeter eintreten.

Die Öldruck-Wasserspiegelregler wirken in ähnlicher Weise, ihr Anwendungsgebiet ist durch die Fernschwimmer bedeutend erweitert und auch für große Arbeitsleistungen erforderlich. Unter Umständen wird durch einen derartigen Regler eine Geschwindigkeitsregelung entbehrlich (beim Zusammenarbeiten mit einer Hilfskraft), wobei die Turbine das zufließende Wasser vollständig ausnützt. Um ein Durchgehen der Turbine beim Versagen der Hilfskraft zu verhüten, wird dem Apparat ein Sicherheitsabsteller in Form eines Flachpendels beigefügt, das beim Überschreiten der normalen Umlaufszahl einen Hebel zum Ausschlag bringt, wodurch die Turbine innerhalb weniger Sekunden geschlossen wird.

Die Einhaltung des OWSp kann auch durch einen Geschwindigkeitsregelapparat übernommen werden, dessen Steuerung von einem Wasserspiegelregler beeinflußt wird. Bei Spiegelsenkungen arbeitet der Schwimmer dem Regulator entgegen und verringert dadurch die Beaufschlagung der Turbine; steigt dagegen der Wasserspiegel, so gibt der Schwimmer die Reglermuffe frei und der Regler kann eine größere Beaufschlagung einstellen. Bei Wasserüberfluß oder bei Entlastung der Turbine hält der Geschwindigkeitsregler die Drehzahl-Schwankungen in engen Grenzen.

Die gebräuchlichen Schwimmer bestehen in einem Blechkörper mit Gestänge oder Drahtzug, der sich in einem Behälter oder Schacht der Turbinenkammer oder beim Wehr oder Übereich, wenn sich diese beiden in der Nähe befinden, untergebracht ist. Bei langem Obergraben muß der Wasserspiegel am Wehr geregelt werden, weil sonst bis zum Turbinenhaus ein Gefälleverlust bei Wassermangel oder Teilbeaufschlagung der Turbine entsteht. Dies kann vermieden werden, wenn am Wehr der OWSp hochgehalten wird, weil dabei das Wasser in der Turbinenkammer in dem Maße steigt, wie sich der Gefälleverlust im Kanal verringert.

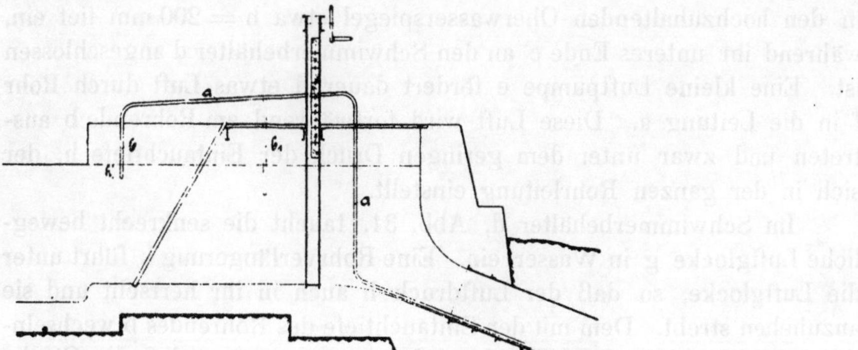

Abb. 31 und 32. Fernschwimmervorrichtung in Verbindung mit einem mechanischen Wasserstandsregler an einer Spiralturbine. (J. M. Voith, Heidenheim a. B.)

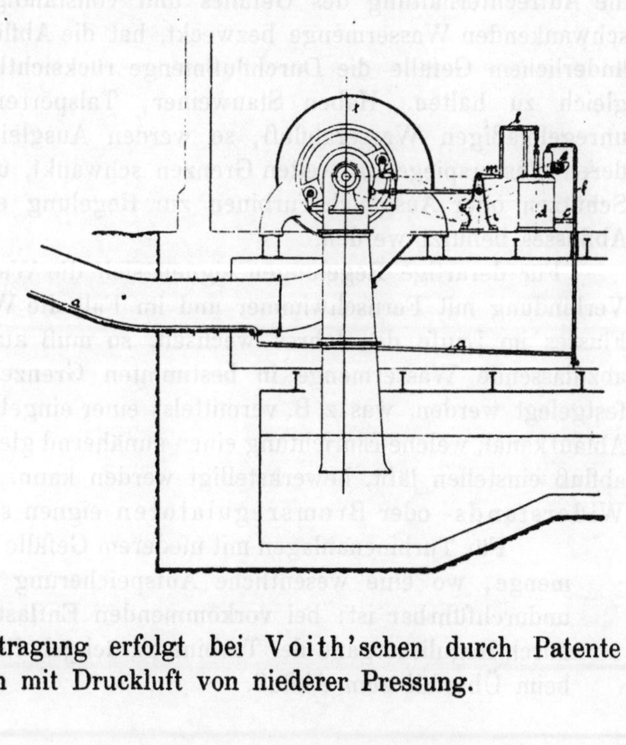

Die Fernübertragung erfolgt bei Voith'schen durch Patente geschützten Reglern mit Druckluft von niederer Pressung.

Vom Wehr oder Wasserschloß bis zu dem neben der Turbine stehenden Fernschwimmer wird eine aus Gasrohren hergestellte Luftleitung a, Abbildung 31 und 32 geführt. Ihr oberes Ende b taucht in den hochzuhaltenden Oberwasserspiegel etwa h = 200 mm tief ein, während ihr unteres Ende c an den Schwimmerbehälter d angeschlossen ist. Eine kleine Luftpumpe e fördert dauernd etwas Luft durch Rohr f in die Leitung a. Diese Luft wird fortwährend am Rohrende b austreten und zwar unter dem geringen Druck der Eintauchtiefe h, der sich in der ganzen Rohrleitung einstellt.

Im Schwimmerbehälter d, Abb. 31, taucht die senkrecht bewegliche Luftglocke g in Wasser ein. Eine Rohrverlängerung k führt unter die Luftglocke, so daß der Luftdruck h auch in ihr herrscht und sie anzuheben strebt. Dem mit der Eintauchtiefe des Rohrendes b wechselnden Auftrieb wirkt die Schraubenfeder i entgegen, so daß die Glocke genau mit dem Oberwasserspiegel auf- und abgeht. Die Bewegung wird durch die Hebel l und m auf den Wasserspiegelregler oder Geschwindigkeitsregler übertragen. Die Abbildung 33 zeigt einen Fernschwimmer zusammen mit einem mechanischen Wasserspiegelregler.

Abflußregelung. Gegenüber der OWSp-Regelung, welche die Aufrechterhaltung des Gefälles und vollständige Ausnützung der schwankenden Wassermenge bezweckt, hat die Abflußregelung bei veränderlichem Gefälle die Durchflußmenge rücksichtlich der Unterlieger gleich zu halten. Haben Stauweiher, Talsperren oder dgl. einen unregelmäßigen Wasserabfluß, so werden Ausgleichbecken angelegt, deren Wasserspiegel in weiten Grenzen schwankt, und wobei Schieber, Schützen oder Ausgleich-Turbinen zur Regelung eines gleichmäßigen Abflusses benützt werden.

Für derartige Regelungen eignen sich die Wasserspiegelregler in Verbindung mit Fernschwimmer und im Fall die Wasserführung eines Flusses im Laufe des Jahres wechselt, so muß auch die gleichmäßig abzulassende Wassermenge in bestimmten Grenzen für längere Zeit festgelegt werden, was z. B. vermittelst einer eingetauchten Schütze im Ablaufkanal, welche Einrichtung einen annähernd gleichmäßigen Wasserabfluß einstellen läßt, bewerkstelligt werden kann.

Widerstands- oder Bremsregulatoren eignen sich im allgemeinen:

Für Turbinenanlagen mit niederem Gefälle und großer Wassermenge, wo eine wesentliche Aufspeicherung von Betriebswasser undurchführbar ist: bei vorkommenden Entlastungen kommen die durch Regulierorgane der Turbine zurückgehaltenen Wassermengen beim Überfall zum Abfluß.

Für Anlagen mit verhältnismäßig gering dimensioniertem Überfall, so daß bei großen Entlastungen die Betätigung der Leerlaufschützen entfallen kann.

Bei Hochdruckanlagen mit sehr schwankendem Kraftverbrauch und sehr langer Rohrleitung zur Vermeidung von Wasserstößen.

Abb. 33. Regulierapparat mit Wasserspiegelregler. (J. M. Voith, Heidenheim a. B.)

Für Wasserkraftanlagen, die wasserrechtlich verpflichtet sind, stets die jeweils zufließende Wasermenge dem nächstfolgenden Werke unverzögert und unverkürzt weiter zu geben.

Für Wasserradbetriebe, deren Geschwindigkeitsregulierung überhaupt schwierig ist.

Für Turbinenbetriebe mit stark sandführendem oder anderweitig verunreinigtem Wasser, bei dem fortwährend betätigte Reguliermechanismen an der Turbine zu großem Verschleiße unterliegen und neben den Erhaltungskosten Anlaß zu Betriebsstörungen geben.

Endlich für automatische Regulierung bestehender Anlagen, bei denen bisher eine solche noch nicht vorgesehen oder die bestehende nicht entspricht.

Diese Apparate sind im Betriebe zur Regulierung von Wasserkraft-Elektrizitätswerken der verschiedensten Art für Licht- und Kraftabgabe, für elektrischen Bahnbetrieb und elektrische Pflügung, in Berg- und Hüttenwerken, Walzwerken, Hammerwerken, Schleifereien, Papierfabriken, Spinnereien, Webereien, Stickereien, Holzbearbeitungswerkstätten, Teigwarenfabriken u. a. m.

Die Versuchsanlagen dienen zur Erprobung von Neuerungen an Wasserturbinen, Geschwindigkeits- und Druckreglern, Rohrleitungsteilen und dergleichen, sowohl für zu liefernde Turbinen hinsichtlich ihrer Garantietüchtigkeit, als auch für neue Aufgaben der Hydraulik, die einer Lösung dadurch entgegengeführt werden; besonders sei hier die weitere Steigerung der Schnelläufigkeit der Francis-Turbinen, verbunden mit richtiger Formgebung der Saugrohre zur Erzielung höchster Wirkungsgrade erwähnt, die nur auf dem Wege des Versuchs möglich ist. Eine Hauptaufgabe ist die Feststellung von Wirkungsgraden von Laufrädern bei verschiedenen Gefällen, Drehzahlen und Beaufschlagungen, so daß das Verhalten des gleichen Turbinentypes mit verschiedenen Größenverhältnissen zuverlässig untersucht werden kann.

Die führenden Turbinenbauanstalten haben solche Prüfungsstationen nach dem Vorgang der Holyoke testing flume in Holyoke (Maß) angelegt, unter denen die Versuchsanlage der A.-G. der Maschinenfabrik von Theodor Bell & Cie., Kriens-Luzern (Schweiz), als die modernste dieser Art in Europa hervorragt. Das Betriebswasser wird bei derartigen Anlagen zum Teil einem natürlichen Wasserlauf entnommen, zweckmäßigerweise jedoch wie hier mittels Pumpen beschafft. Die Reinheit des stets im Kreislauf fließenden Wassers, die reichhaltig genauen Gefällemeßeinrichtungen und fünf verschiedenen Wassermeßmethoden[1]:

1. Eichbehälter mit Auslaß.
2. Meßkanal mit Schirmgleis, für den von Prof. Erik Anderson-Stockholm erfundenen Meßschirm.

[1]) Nach dem vom Verein Deutscher Ingenieure ausgearbeiteten Normenentwurf zur Prüfung von Wasserkraftmaschinen sind vorstehende 5 Meßmethoden als zuverlässig angenommen.

3. und 4. Überfall mit und ohne Seitenkontraktion für 2,8 m Kanalbreite und
5. Flügelmessung,

wie sie z. B. in Kriens vorgesehen sind, tragen wesentlich zu der erforderlichen Genauigkeit der Versuchsresultate bei.

Für den Probierstand der bis zu 150 PS Bremsleistung ergebende Versuchs-Pelton-Turbinen stehen dort umfangreiche Einrichtungen zur Verfügung, deren Anordnung die Durchführung von Versuchen mit den verschiedensten Laufrädern und Düsen in allen in der Praxis vorkommenden Düsenstellungen gestattet. Der Aufbau der Turbine ist so gewählt, daß das Arbeiten derselben bis in alle Einzelheiten während den Versuchen beobachtet werden kann. Ein bestehendes natürliches Gefälle von 80 m mit einer Rohrleitung von 1300 m Länge ermöglicht die Vornahme von Druckregulierversuchen.

Besondere Einrichtungen gestatten schließlich die Vornahme von Proben mit Geschwindigkeitsregulatoren aller Systeme.

In ähnlicher Weise sind die Versuchsanlagen deutscher und skandinavischer Turbinenbauanstalten ausgestattet, worunter diejenigen in Hermaringen[1]) und Gotha (Hansenwerk) besonders genannt seien.

Dritter Abschnitt.

IX. Die neueste Entwicklung der Wasserturbinen.

Neue Bauarten.

Die Francis- und Pelton-Turbinen haben dank der hochentwickelten Werkstattechnik und der genauen Vergleichsproben auf Turbinenprüfungsanstalten ganz gewaltige Dimensionen angenommen, auch ist deren Größe immer noch im Wachsen begriffen. Die konstruktiven Einzelheiten sind hervorragend durchgebildet; die Geschwindigkeitsregelung der Maschinen hat eine hohe Stufe der Genauigkeit und Zuverlässigkeit erreicht.

Bei Quenstown in der Nähe der Stelle, wo der Niagarastrom in den Ontariosee ausmündet, werden für die Hydro Elèktric-Power Commission of Ontario durch J. P. Morris, Philadelphia, sechs Maschinensätze in einem neuen Kraftwerk von zusammen 300 000 PS aufgestellt, und jede Turbine ist für eine Leistung von 52 500 PS (n = 187)

[1] Die Versuchs- und Prüfungsstationen für Wasserturbinen der Firma J. M. Voith in Heidenheim a. B., Berlin 1909, Springer. — Versuchsanlage für Wasserturbinen und Regulatoren der A.-G. der Maschinenfabrik von Theodor Bell & Co., Kriens-Luzern (Schweiz). — Verkningsgraden hos Moderna Vattenturbiner, Verkstaden Kristinehamn A.-B., Karlstads Mekaniska Verkstad.

gebaut worden. Diese Turbinen sind die größten der Welt, indem bisher am Niagarafall Turbinen bis zu 37500 PS unter einem Gefälle von 55 m angewendet wurden; das neue Werk nutzt eine Fallhöhe von 93 m aus, die Turbinen erhalten 6,78 m lange senkrechte Achsen von 762 mm Durchmesser, hohlgebohrt auf 203 mm, um eine Kette durchzuziehen, die zur Hebung des Laufrades, das einen Durchmesser von 3,175 m hat und 15 ts wiegt, bei dessen Ein- und Ausbau zur Verwendung kommt. Das die rotierenden Turbinen- und Generatorteile tragende Gleitlager ist für 410 ts Druckaufnahme gebaut. Die Höhe des Generators, von dessen Fundamentrahmen bis zum obersten Punkt der Erregermaschine, beträgt 7,8 m.

Die Zwillingsturbinen des Untrawerkes in Schweden mit ihren gewaltigen Abmessungen — der Querschnitt z. B., durch den das Wasser aus dem Doppelkrümmer in das Saugrohr tritt, ist elliptisch und mißt 6 × 4,9 m im Lichten — und die große Vertikal-Spiralturbine für die Kraftwerke Aufkirchen und Eitting, der Mittleren Isar-A.-G., hat ebenfalls mächtige Ausmaße. Einlaufdurchmesser des Spiralgehäuses z. B. mit 4 m LW.

Den durchaus hohen Grad der Ausbildung der Francis-Vollturbinen, die für kleinere und mittlere Gefälle fast ausschließlich in Betracht kommen, mögen vorstehende Beispiele vertreten als Typen verschiedener Anschauungen insofern, als die schwedische Turbine die wagerechte Anordnung der Turbinenwelle aufweist, eine Bauweise, die in den skandinavischen Ländern allgemein vorgeschlagen wird — mit Ausnahme bei ganz kleinen Gefällen — die amerikanische und die bayerische dagegen die senkrechte Lage der Welle, die im letzten Jahrzehnt in den Vereinigten Staaten und in den großen Kraftwerken der Schweiz, sich herausgebildet hat. Eine einheitliche Praxis hat sich in Deutschland rücksichtlich der besonderen Gefälleverhältnisse noch nicht durchgesetzt.

Neben der Francis-Turbine und dem Pelton-Rad in mannigfachen Bauarten drängen sich in neuerer Zeit verschiedene neue Turbinenformen und Aufstellungsarten, sowohl mit Reaktions- als Aktionswirkung, mit mehr oder weniger Erfolg hervor, deren Entwicklung noch keinen Stillstand erkennen läßt und zwar:

a) Als Reaktionsturbinen:

1. Die Saugstrahlturbine von Baudisch und
2. die Abwasserturbinen.
3. Die Francis-Hydrauconturbine und die amerikanischen Aufstellungsarten.

4. Die Moodyturbine.
5. Die Kaplan-Turbine.
6. Die Lawaczeck-Gefälle-Umformer-Turbine.

b) Als Aktionsturbinen:

1. Die »Hydrovolve« von Kirchbach.
2. Die Bànki Rad-Turbine.

c) Aufstellungsarten:

1. Die Aufstellungsweise von Hallinger: Wie können wir unsere Wasserkraftanlagen ausbauen?
2. Turbinen mit hochgesaugtem Oberwasserspiegel.

d) Reguliermethoden:

1. Die Beseitigung des Rückstaus bei Hochwasser.
2. Das Esibe-Regulierverfahren und die Kreuterbremse.

a) Reaktionsturbinen.

1. Die Saugstrahlturbine von Baudisch.

Über die Wirkungsweise des Wassers in Turbinen sind im letzten Jahrzehnt verschiedene neue Theorien aufgestellt worden. Als erster arbeitsleistender Vorgang wird der Umlenkungsdruck bezeichnet, außerdem die mehrdimensionale Strömungstheorie behandelt, wie sie z. T. in den Arbeiten von Lorenz, Escher, Baudisch, Prâsil, Kaplan u. a. dargelegt ist.

Die praktische Ausführung nach diesen Abhandlungen macht die Anordnung besonderer Saugrohrformen nötig, um die große Austrittsenergie aus dem Laufrade großenteils zurückzugewinnen. In dieser Hinsicht ist der Einbau einer solchen überaus schnellaufenden Turbine im allmählich erweiterten Saugrohr nicht angängig, weil der statische Energierückgewinn damit nicht erreicht würde, vielmehr wird an die Turbine bei Mittelgefälle ein zylindrisches Saugrohr (Abb. 35) mit mehrmaligen konischen Erweiterungen angeschlossen, wie bei der Saugstrahlturbine[1]) von Prof. Dr. Baudisch, welches das Abwasser mit der Geschwindigkeit c_2 ins Unterwasser abführt. Der statische Rückgewinn wird durch eine dem Laufrade vorgeschaltete Umlenkung um einen Winkel ϱ erzielt, auf die später eine ψ Umlenkung in zwei Stufen folgt, die eine Gleichrichtung der Geschwindigkeit und Vernichtung der Wirbelenergie bezwecken und einen stoßfreien Übertritt in das Abflußwasser ermöglichen soll. Das System der Saugstrahlturbine ist auf der Theorie des Umlenkungsdrucks aufgebaut.

[1]) Dr. Hans Baudisch: Die Saugstrahlturbine, Leipzig und Wien. 1922.

Der Einbau. Die übergroßen Geschwindigkeiten, mit der sich Wasser und Rad bewegen, zwingen dazu, durch den Turbineneinbau einen ausgiebigen Energierückgewinn zu erzielen. Zu diesem Zweck wird durch die plötzliche ψ Umlenkung über dem Laufrad ein Überdruck erzeugt, ferner das Saugrohr unmittelbar hinter dem Laufrad mehrmals stark erweitert, bei verlängerter, allseitig umlenkender Ausbildung desselben, um das aus dem Laufrade austretende Wasser möglichst verlustfrei zu beruhigen.

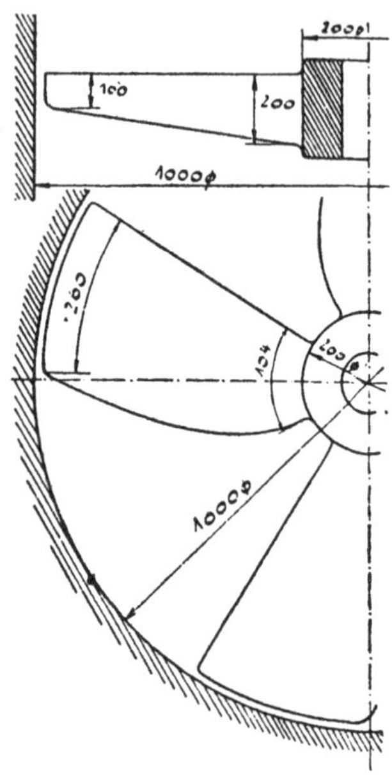

Abb. 34. Saugstrahl-Laufrad.

Das Leitrad. Die Konstruktion des Leitrades dieser Turbine erscheint mehr oder weniger aus maschinentechnischen und nebenbei aus hydraulischen Erwägungen gegeben. Die Umlenkung um volle 90° von der radialen in die axiale Richtung wird bei der Turbine nach Abb. 36 im Laufradraum dadurch erregt, daß die Leitschaufeln verlängert in diesen hineinragen. Die Anzahl der Leitflächen ist in der Regel 6 bis 8 Stück. Der neuzeitliche Turbinenbau nähert sich auch hierin älteren Vorbildern, so hat Prof. Thomson bei seiner Vortex-Turbine[1]) im Leitgehäuse nur vier verstellbare Zungen angeordnet, was aber aller Erfahrung nach als zu wenig erscheint. Die langgestreckten Leitkanäle geben Anlaß zu vermehrter Wasserreibung. Außerdem stehen bei dieser englischen Turbine den wenigen Leitschaufeln eine sehr große Anzahl Laufradschaufeln gegenüber, welches Mißverhältnis eine rationelle Regelung bei abnehmender Wassermenge infolge der ungleichartigen Querschnitte der Leit- und Laufradkanäle erschwert. Um diesem Übelstand zu begegnen, hat Thomson eine kürzere Zwischenschaufel in jedem Laufradkanal angeordnet.

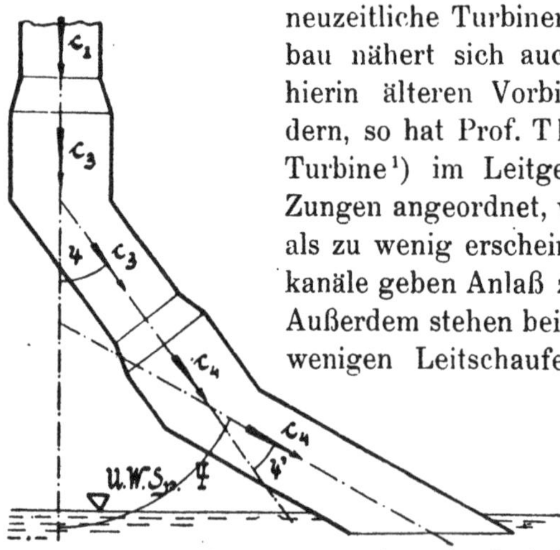

Abb. 35. Zwangläufige Energieumsetzung hinter dem Laufrade.

[1]) W. Müller: Die Francis-Turbinen und die Entwicklung des modernen Turbinenbaues, II. Aufl. S. 427, Hannover 1905.

Das Saugstrahllaufrad. Das Laufrad kann derart ausgebildet werden, daß der Radgrundriß nicht voll, sondern nur auf $^1/_2$ bis $^1/_5$ seiner Fläche von den Schaufeln bedeckt zu sein braucht, man gelangt damit zu sehr niederen Schaufelzahlen (2 bis 5), ähnlich wie bei Flugzeugen und beim Propellerbau. Die Schaufelform lehnt sich an bewährte Profile im Schiffsschraubenbau an; die Ein- und Austrittskante oder eine mittlere Erzeugende kann radial oder schräg, nach einer Kurve im Raum oder nach einer Raumkurve verlegt werden, was zu

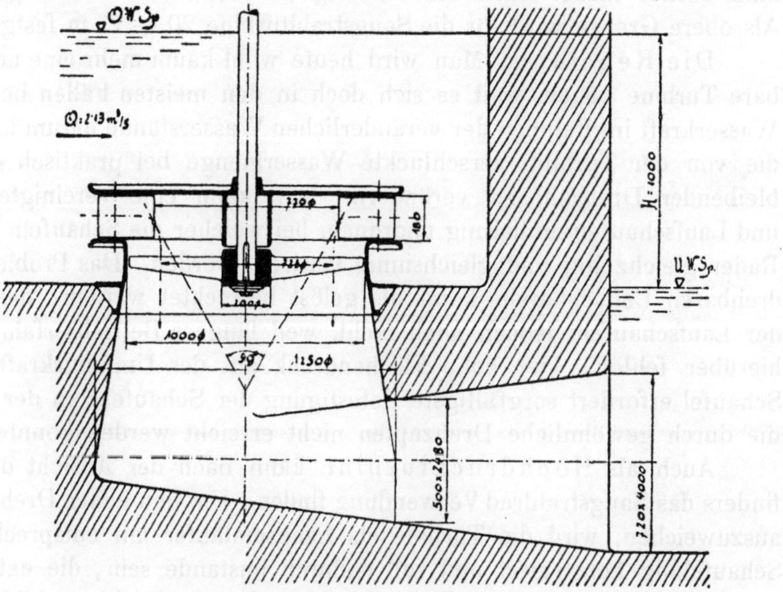

Abb. 36. Einbau einer 25 PS Niederdruck-Saugstrahlturbine.

verschiedenen Laufradformen führt. Die Ausführung kranzloser Räder wird vorgezogen, rücksichtlich des wesentlich höheren Reibungsbetrages bei umkränzten Rädern. Das Spiel der Flügel im Turbinengehäuse wird verhältnismäßig groß gewählt, weil man sowohl mit einer beträchtlichen Reichweite der Flügel in axialer, als auch in radialer Richtung rechnen kann, der seitliche Spielraum kann 100 mm und mehr betragen. Die Wirkung der Umfangskraft an der freistehenden Schaufel bedingt eine sorgfältige Befestigung an der Nabe, die der beträchtlichen Flächenbelastung auf eine lange Betriebsdauer standhält.

Die Umlenkung im Saugrohr. Die zweifache Halbwinkelumlenkung erweist sich in keinem Falle der Ganzwinkelumlenkung ebenbürtig; nur wenn es sich um eine sehr starke Umlenkung von über

120° handelt, wirkt die zweifach halbwinkelige Umlenkung günstiger. Die Turbinenbaufirma J. P. Morris, Philadelphia hat einen konaxialen Betonkegel auf der Saugrohrsohle aufgesetzt, der keilartig das Wasser auseinandertreibend wirkt (spreading type of draft tube). Der Kegel verwandelt die Umlenkung nur in eine allmähliche, ist also mit der für Strahlturbinen geforderten, plötzlichen, nicht gleichsinnig.

Gefällegrenzen. Die untere Grenze der Saugstrahlturbine ist durch verhältnismäßig sehr kleine Geschwindigkeit c_1 gegeben, die Turbine besitzt hiebei auch sehr niedrige, hydraulische Wirkungsgrade. Als obere Grenze wird für die Saugstrahlturbine 20 ÷ 25 m festgestellt.

Die Regelung. Man wird heute wohl kaum mehr eine unregelbare Turbine bauen, weil es sich doch in den meisten Fällen bei einer Wasserkraft im Rahmen der veränderlichen Wasserstände darum handelt, die von der Turbine verschluckte Wassermenge bei praktisch gleichbleibender Drehzahl zu verändern. Man kann eine vereinigte Leit- und Laufschaufelregulierung anordnen, bei welcher die Schaufeln beider Räder gleichzeitig und gleichsinnig verdreht werden. Das Problem der drehbaren Leitschaufeln kann als gelöst betrachtet werden, dasjenige der Laufschaufeln jedoch noch nicht, weil längere Betriebserfahrungen hierüber fehlen. Der hohe Flächendruck aus der Umfangskraft einer Schaufel erfordert sorgfältigste Befestigung der Schaufeln an der Nabe, die durch gewöhnliche Drehzapfen nicht erreicht werden könnte.

Auch als Hochdruckturbine kann nach der Ansicht des Erfinders das Saugstrahlrad Verwendung finden. Um den hohen Drehzahlen auszuweichen, wird die Turbine als Langsamläufer mit entsprechender Schaufelung konstruiert und soll dadurch imstande sein, die extremen Schnelläufer, welche die Grenze zu den Freistrahlturbinen bilden, ja zum Teil die Freistrahlräder selbst zu verdrängen, so daß der Saugstrahlturbine das weite Feld aller Gefälle- und Wasserverhältnisse zugewiesen würde. Infolge der kleinen Raddurchmesser soll der billigere Turbinenpreis die Verwendung der neuen Konstruktion allseitig fördern helfen.

Eine interessante Untersuchung stellt Prof. Dr. Baudisch in der bezeichneten Schrift über Reichweite der Turbinenschaufeln an, wobei eine absolute Reichweite R des Schaufelprofils unterschieden wird, gegenüber dem wirksamen Wirkungsbereich R', der durch die Umlenkung der Stromlinie beginnt und schließlich die technisch nutzbare Reichweite bestimmt. (Abb. 37.) Theoretisch wird es zurzeit wohl nicht gelingen, genaue Beziehungen aufzustellen, welche die Abhängigkeit der Winkel von der jeweiligen Reichweite zum Ausdruck bringen. Vorerst wird in dieser Hinsicht nur der Versuch die einzige Lösungsmöglichkeit bieten.

Die Reichweite dürfte von der Dicke der Stromschichten und deren Geschwindigkeit abhängig sein.

Für die Saugstrahlturbine hat sich Prof. Dr. Baudisch nach »Elektr. und Maschinenbau«, Heft 50, Jahrg. 1915, zur Ausnützung von Niedergefälle auch die schräge Achslage und die umgekehrte Aufstellung (Wassereintritt von unten) gesetzlich schützen lassen. Gegen diese Aufstellungsweise lassen sich schwerwiegende Bedenken — auf Grund der Erfahrung mit schräggestellten Turbinen — nicht unterdrücken, teils wegen der schwerzugänglichen Lage der Räder unter Wasser, was eine Absperrung der Zu- und Abflußkanäle und ein Auspumpen derselben zwecks Reinigung und etwaiger Ausbesserung bedingt, teils wegen der Schwierigkeit in bezug auf die Zapfen- und Lagerfrage bei langen schräglaufenden Turbinenwellen, und auch hinsichtlich der Reguliervorrichtung.

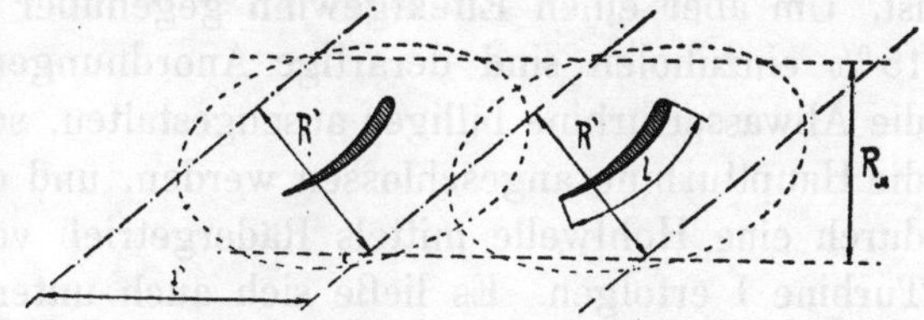

Abb. 37. Reichweite der Schaufeln.

Es ist zu wünschen, daß es gelingt, die angedeuteten Schwierigkeiten durch weitere konstruktive Durchbildung der Einzelheiten bei späteren Ausführungen zu beseitigen.

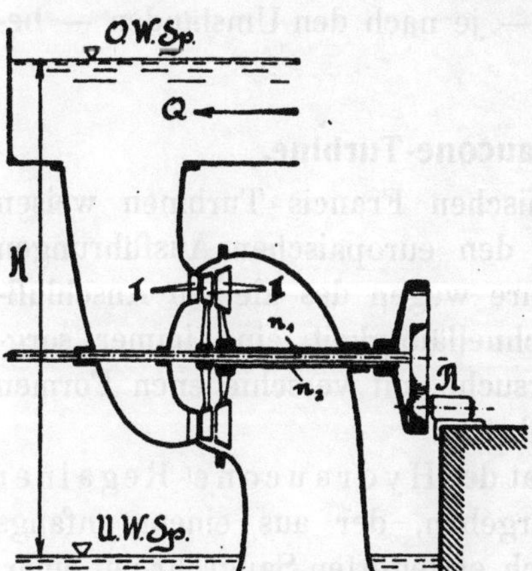

Abb. 38. Abwasserturbine von Baudisch.

2. Abwasserturbinen.

Ferner wurde von demselben Konstrukteur in der Zeitschrift f. d. ges. Turbinenwesen, Jahrgang 1918, Heft 16 u. ff. eine Studie über »Abwasserturbinen« veröffentlicht, welche die Nutzbarmachung der Austrittsenergie in den Abwasserkraftmaschinen zum Gegenstand hat, die naturgemäß auch wieder als Turbinen auszuführen wären. Die Lösungsform der Abwasserturbine, die hinter die eigentliche Turbine zu schalten wäre, wird infolgedessen eine Verbundturbine sein, der Vorschlag geht daher auf eine mehrstufige Turbine hinaus. Konstruktiv ist die Lösung für senkrechte Wellenanordnung schwierig, und für geregelten Betrieb nur unvollkommen möglich. Eine bessere Lösung bietet die Anordnung der Verbundturbine mit zwei oder mehr für sich getrennt arbeitenden Rädern mit wagerechten Achsen, wobei die Kraftübertragung von der einen auf die andere Turbinenwelle auf elektrischem Wege oder mittels Zahnräder oder Riemen gedacht ist. Um aber einen Effektgewinn gegenüber einem Einzelrad von 5 bis 15 % einzuholen sind derartige Anordnungen viel zu teuer, und um die Abwasserturbine billiger auszugestalten, soll dieselbe unmittelbar an die Hauptturbine angeschlossen werden, und die Kraftübertragung z. B. durch eine Hohlwelle mittels Rädergetrieb von der Turbine II auf die Turbine I erfolgen. Es ließe sich auch unter Ersparung des Leitrades der Turbine II das Laufrad der Hauptturbine als Leitrad der Abwasserturbine heranziehen (Abb. 38). Bei diesen Projekten handelt es sich also um die Gefälleaufteilung, die schon H. v. Reiche in »Die Gesetze des Turbinenbauses« in Vorschlag gebracht hat. Die beträchtliche Verteuerung der Herstellungskosten, derartiger von der laufenden Fabrikation abweichenden Ausführungsformen, läßt diese Bauarten vorerst mehr zurücktreten, auch läßt der Entwurf noch nicht jenen Grad der praktischen Verwendbarkeit und Betriebssicherheit erkennen, die für Wasserkraftmaschinen unbedingt nötig erscheint. Daß das Drehzahlverhältnis bei der Abwasserturbine ein niedrigeres als bei einer Normalturbine für das volle Gefälle ist, mag nicht unerwähnt bleiben, weil dieser Umstand in vorteilhaftem oder entgegengesetztem Sinne — je nach den Umständen — betrachtet werden kann.

3. Die Francis-Hydraucone-Turbine.

Die Leitapparate der amerikanischen Francis-Turbinen weisen keine besonderen Abweichungen von den europäischen Ausführungen auf; dagegen erforderten die Saugrohre wegen des kleinen Anschlußdurchmesser D_s mit zunehmender Schnelläufigkeit eine immer sorgfältigere Durchbildung. Vergleichsversuche mit verschiedenen Formen haben zu folgenden Ergebnissen geführt:

Unter den geraden Saugrohren hat der Hydraucone-Regainer (Abb. 39) die geringsten Verluste ergeben, der aus einem anfangs schwach, am Austrittsende jedoch rasch erweiterten Saugrohr mit einer, für die Umlenkung des austretenden Wassers senkrecht zur Rohrachse angeordneten Stoßplatte besteht. Diese Ausführung wird nicht nur für senkrechte, sondern auch für wagerechte Turbinenanordnung verwendet. Saugrohrkrümmer wirken ungünstiger als gerade Rohre; läßt sich ihre Benützung nicht umgehen, dann sind solche mit ziemlich plötzlicher Umlenkung nach Abb. 36 den älteren Formen mit allmählicher Krümmung vorzuziehen, um den Unterdruck gleichmäßig zu verteilen.

Die Hydraucone-Turbine unterscheidet sich von der normalgebauten Franciskonstruktion in der Ausbildung des Saugrohrs bzw. in der Abführung des Wassers aus dem Rohr durch Einstellung eines kegelartigen Körpers, wodurch bestimmte Querschnitte erzielt werden, welche auf die Vermeidung von Wirbeln beim Austritt und auf Umsetzungen von Geschwindigkeiten in Druck und damit auf den Wirkungsgrad der Turbine günstig einwirken sollen. Ihr Anwendungsgebiet ist das gleiche wie der Francis-Turbine, doch dürfte es sich auf Niedergefälle beschränken. Inwieweit eine Erhöhung des Wirkungsgrades durch diese Vorrichtungen und bis zu welcher Gefällestufe ein solcher eintritt, ist zur Zeit noch nicht geklärt. Übrigens hat Verfasser schon 1901 eine Vorrichtung (DRP 138838) zum Regeln der Saugrohrwirkung von Turbinen mit veränderlicher Beaufschlagung durch Einsetzung von Ringwänden und Einführung eines kegelförmigen Verschlußstücks in Vorschlag gebracht, wodurch die Sperrung der konzentrischen Räume des Saugrohrs mittels des verstellbaren Kegels oder ein teilweiser Abschluß erfolgen kann und wodurch sich der wirksame Saugrohrquerschnitt stufenweise verengt. Versuche, die mit dieser Erfindung angestellt wurden, haben bei 1 m Gefälle eine Erhöhung der Wirkungsgrade von $2 \div 3$ v H ergeben[1]). Durch die beschriebene Regelvorrichtung wird das Einziehen der Trichter am Oberwasserspiegel der Turbine bei teilweiser Beaufschlagung, sowie infolge der nahezu gleichbleibenden Abflußgeschwindigkeit im Saugmantel ein Ablösen der Saugwassersäule an der Austrittsfläche des Laufrades verhütet.

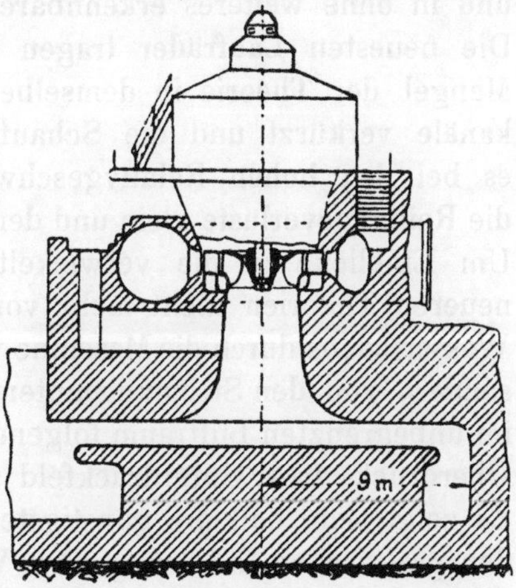

Abb. 39. Hydraucone-Regainer von White.

Was die theoretischen Berechnungsgrundlagen betrifft, so sind dem Anwachsen der Maschinenstärken gegenüber die Fortschritte durchaus nicht in gleichem Maße gesichert, es zeigt sich dies vornehmlich in dem Einfluß des Saugrohrs auf den Wasserdurchgang, den Wirkungsgrad und die Leistung der Turbine. Es kommt dabei weniger auf die

[1]) Zeitschrift f. d. ges. Turbinenwesen, Jahrg. 1904 Heft 2.

Verluste im Krümmer selbst an, als auf die durch ihn vorwiegend verursachte rückwirkende Störung der Wasserströmung im Laufrad. Genaue Vergleichsversuche der Gothaer Prüfungsanstalt (Hansenwerk) haben die Überlegenheit eines geraden Saugrohrs deutlich erwiesen, und sich überhaupt gezeigt, daß am besten jeder unsymmetrische Einfluß auf das Laufrad vermieden werden muß. Eine theoretische Einsicht in dieses Problem fehlt so gut wie ganz, wie überhaupt die Voraussetzungen mit denen die Turbinentheorie bisher an die Strömungsaufgaben herangetreten ist, niemals streng erfüllt sind: die relative Bahn zum Laufrad jedes Wasserteilchens ist durch die Schaufel und Kränze keineswegs und in ohne weiteres erkennbarer Weise dem Teilchen vorgeschrieben. Die neuesten Laufräder tragen keine Außenkränze auch tritt dieser Mangel der Theorie in demselben Maße hervor, in dem die Schaufelkanäle verkürzt und die Schaufelzahlen verringert wurden, um, wie es bei den hohen Relativgeschwindigkeiten offenbar notwendig war, die Reibungsverluste klein und den Strömungszustand konstant zu halten. Um Einblicke in die verwickelten Vorgänge zu gewinnen, sind die neueren Theorien nicht mehr von der Bewegung eines Tropfens oder Wasserfadens durch die Maschine von den »Wasserstraßen« ausgegangen, sondern von den Strömungsuntersuchungen um eine Flugzeugtragfläche im unbegrenzten Luftraum folgend, das die Betrachtung auf das gesamte Überdruck- bzw. Unterdruckfeld zu beiden Seiten der Schaufeln lenkt. Es zeigt sich, daß die günstigste Querschnittform und Schaufelzahl von den praktischen Erfahrungen im Wasserschrauben- und Luftschiff- sowie Ventilatorenbau auszugehen hat, um die Gefährdung einer geordneten Wasserführung zu vermeiden, was am meisten bei den neuen Laufradformen mit den hohen Geschwindigkeiten zum Ausdruck kommt, wegen der Gefahr der Loslösung der Strömung von der Schaufel und sinken des absoluten Druckes auf den Verdampfungsdruck des Wassers, eine Erscheinung, die bei schnellaufenden Schiffsschrauben als Cavitation (Hohlraum) gefürchtet ist. Demzufolge tritt beim Saugrohr der Kaplan-Turbine kurz hinter dem Laufrad eine Umlenkung im rechten Winkel und eine starke konische Erweiterung ein und der rechteckige Querschnitt zeigt sich bis zum Unterwasser außergewöhnlich vergrößert.

Außerdem haben sich mehrere in- und ausländische Fachleute neuerdings mit dem Saugrohrproblem befaßt, um mit den kennzeichnenden Vorrichtungen eine Energie-Rückgewinnung herbeizuführen oder eine Dämpfung von Druckschwankungen in Wasserzu- und -abflußleitungen von Turbinenanlagen mit selbsttätiger Regelung oder auch eine Regulierung für gleiche Leistung wie nach dem Esibe-Verfahren vermittelst der Kreuterbremse zu bezwecken.

Fortschritte im Bau der Turbinen werden eher in der Verbesserung der Zu- und Abfuhr des Wassers, als in der Verbesserung der Laufräder-Konstruktionen zu suchen sein. Die Anordnung des hydraucone Regainer nach dem amerikanischen Ing. White hat die Unbequemlichkeit, einen großen Durchmesser zu erfordern, die die Anlagen verteuert.

4. Die Moody-Turbine.

Die in den Vereinigten Staaten entstandene Moody-Turbine erscheint als eine Abart der Kaplan-Turbine, und zwar kann sie gewissermaßen als Übergangsform zwischen dem Kaplan- und Francis-Laufrad bezeichnet werden. Ihr Anwendungsgebiet dürfte bezüglich der Gefälle, über das der Kaplan-Turbine hinausragen, ohne jedoch die hohen Gefällestufen der Francis-Turbine zu erreichen.

Der Moody- und Kaplan-Turbine steht der Vorteil der Schnelläufigkeit zur Seite, während als Nachteil der Umstand gegenübertritt, daß bei der bisher üblichen festen Ausbildung der Laufschaufeln ein starker Abfall an Wirkungsgrad bei nicht voller Beaufschlagung sich einstellt, während bei Ausbildung drehbarer Laufschaufeln die Turbine wieder entsprechend teurer und vor allem betriebsmäßig unsicher wird und besonders bei geschiebeführenden und sandhaltigen Gewässern.

Man hatte aus den ersten Anfängen des Turbinenbaues die vorgefaßte Meinung übernommen, es müßten sich die Laufradkanäle unmittelbar an das Leitrad anschließen, obgleich bei der Fink'schen Drehschaufelregulierung zwischen Leit- und Laufrad ein Spielraum entsteht, der um so größer ist, je mehr die Leitschaufeln geschlossen werden. Anfangs war man gezwungen, dies als eine Unvermeidlichkeit aufzufassen, bald aber gelangte man auf Grund amerikanischer Ausführungen zur Erkenntnis, daß das Wasser im Spielraum zwischen Leit- und Laufrad, wie groß er auch sein möge, dank seinem Beharrungsvermögen eine bestimmte gesetzmäßige Bewegung einhalte, und nun wurde die Eintrittskante mehr und mehr eingezogen, wodurch sich eine Verminderung des mittleren Eintrittsdurchmessers, also eine Steigerung der Umlaufzahl ergab. Die Wasserwege längs der Schaufeln fallen kürzer aus, die Reibung zwischen Wasser und Schaufel wird gering; die Schaufelkanten kommen mehr in normale Richtung zu den Stromlinien des Wassers, was günstig für einen glatten ungestörten Durchfluß ist. Bei diesen Radformen vollzieht sich die Ablenkung des Wassers teilweise schon vor dem Eintritt ins Laufrad. Man ist indessen auf dem eingeschlagenen Weg noch ein Stück weitergegangen, d. h. man führt die axiale Ablenkung des Wassers schon vor dem Eintritt ins Laufrad völlig zu Ende und gelangt auf ein Radprofil ähnlich der Kaplan-Turbine. Der Durchfluß durch das Laufrad geht in axialer Richtung vor sich, und es liegt ein Zurückgreifen auf die Jonval-Turbine vor. Übrigens hat das Rad gegenüber dieser noch einige bemerkenswerte Vorzüge. Dazu gehört die Anwendbarkeit der Fink'schen Regulierung, sodann gestalten sich die Geschwindigkeit und Druckverhältnisse für den Übergang ins Laufrad sehr einfach und übersichtlich, und daher lassen sich alle Bedingungen des verlustfreien Eintrittes gut erfüllen; im Gegensatz dazu ist weder die Jonval-Turbine noch der Expreßläufer (Abb. 47 u. 48) in dieser Hinsicht leicht zu überblicken. Der Durchfluß durch den Zwischenraum geht zwanglos vor sich, d. h. das Wasser gibt — abgesehen von den Änderungen der Höhenlage und von den Reibungswiderständen — weder Energie ab, noch nimmt es welche auf. Ist das äußere Radprofil nicht zu schroff abgebogen, so ist anzunehmen, daß beim Austritt aus dem Leitapparat alle Wasserfäden unter denselben Geschwindigkeits- und Druckverhältnissen stehen. Daher ist die Voraussetzung für den ganzen Zwischenraum erfüllt, der Leit- und Laufrad voneinander trennt; es gilt also für jeden Punkt des rotierenden Wasserringes die Beziehung konstanter Geschwindigkeit. Was die Druckverhältnisse betrifft, so ist, wo der Durchflußraum in einen Zylinder übergeht, in diesem Teil die axiale Ablenkung vollendet, und das Wasser steht nur noch unter dem Einfluß der Zentripetalbeschleunigung. Die Wasserstraßen teilen sich bei dieser Art von Turbinen nicht nur beim Austritt aus dem Leitrad, sondern auch beim Eintritt ins Laufrad gleichmäßig in den vorhandenen Durchflußquerschnitt.

Um eine gedrungen gebaute und darum billige Turbine von hoher Leistungsfähigkeit für Serienfabrikation herzustellen, haben die amerikanischen Konstrukteure schon früh angefangen, die axiale Ablenkung der Hauptsache nach ins Laufrad zu verlegen, wodurch der Austritt aus der Eintrittsebene herausgedrängt wird. Dadurch ließ sich eine weitgehende Unabhängigkeit zwischen Ein- und Austrittsdurchmesser erreichen, wobei der erstere gegenüber dem letzteren stark vermindert wurde. Daraus ergab sich in Verbindung mit einer großen Durchflußgeschwindigkeit ohne weiteres ein sehr gedrungener Bau, und indem man gleichzeitig durch die Wahl flacher Ansatzwinkel an den Laufradschaufeln die Umfangsgeschwindigkeit in die Höhe trieb, erzielte man eine bedeutende Steigerung der Umlaufzahl, freilich auf Kosten des Wirkungsgrades, indem durch die starke Erweiterung des Laufrades beim

Austritt zwar eine kleinere aber günstigere Austrittsgeschwindigkeit erhalten wurde, stellte man an das Wasser Zumutungen, denen es nicht mehr nachzukommen vermochte, das sich von den Wänden ablöste und in ungeordnetem Zustand austrat.

5. Die Kaplan-Turbine.

Die neuen Bestrebungen, die Schnelläufigkeit der Wasserturbinen mehr und mehr zu erhöhen und die Schluckfähigkeit bis zur äußersten Grenze zu steigern, um den Anforderungen der Elektrotechnik an hohe

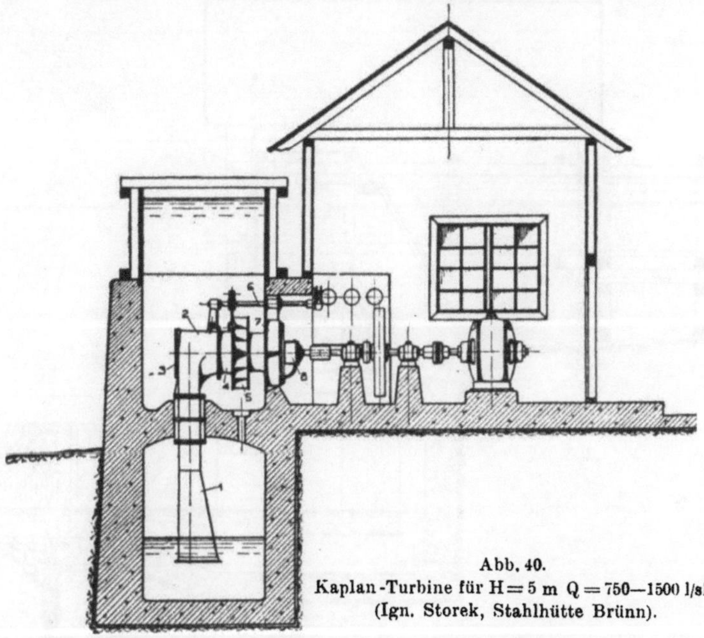

Abb. 40.
Kaplan-Turbine für H = 5 m Q = 750—1500 l/sk
(Ign. Storek, Stahlhütte Brünn).

Umlaufzahlen und große Leistungen zu entsprechen, finden ihren bezeichnendsten Ausdruck in der Turbinenkonstruktion von Prof. Dr. Kaplan-Brünn, deren Laufrad die bisher höchste spezifische Drehzahl, die geringsten Schaufelzahlen und Schaufelflächen und den weitesten Spalt zwischen Leitschaufelenden und Laufradschaufelkanten aufweist.

Als spezifische Drehzahl (neuerdings Systemzahl genannt) bezeichnet man bekanntlich diejenige Kennziffer n_s, welche die Umlaufzahl einer Turbine bei 1 m Gefälle und 1 PS Leistung angibt. Die führenden Turbinenbau-Firmen verfügen schon seit längerer Zeit über Modellräder mit $n_s = 500$ und mehr, während die mit aller Sorgfalt und Fachkenntnis in der Versuchsanstalt in Hermaringen angestellten

Proben eine spezifische Drehzahl $n_s = 742$ für die **Kaplan-Turbine** ergeben hatten. Neuere Versuche sind darüber hinausgeschritten.

Das Problem der Schnelläufer-Wasserturbinen stammt aus Amerika, und zwar hat man in den Vereinigten Staaten durch Umformung des Francislaufrades, — Vergrößerung des Austritts-Durchmessers gegen den Eintritts-Durchmesser, Verringerung der Schaufelzahl und kleinen Raddurchmesser —, dieses Ziel zu erreichen gesucht.

Was den Wasserdurchfluß bei den verschiedenen Turbinengrund-

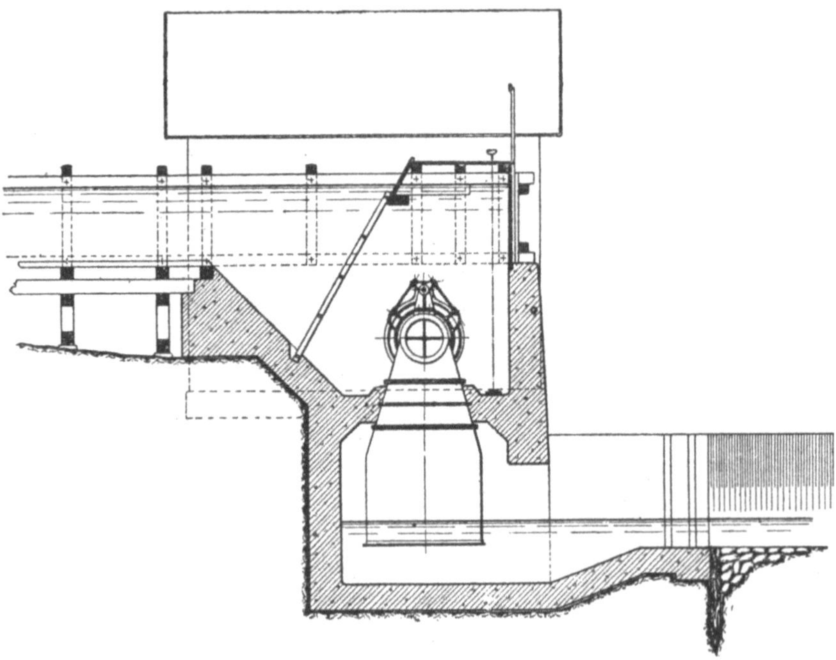

Abb. 41. Schnitt zu Abb. 40 Kaplan-Turbine.

formen anbelangt, so durchströmt das Wasser nach seinem Eintritt in die Maschine das Rad entweder gleichlaufend mit der Achse (System Jonval), oder von dieser sich entfernend radial nach außen (System Fourneyron), oder es wird gegen die Achse gedrückt, im Laufrad um nahezu 90 Grad abgelenkt und tritt in der Richtung der Achse aus (System Francis), oder es fließt tangential zum Radumfang ein und seitlich aus (System Pelton). Die Beaufschlagung der ersten Klasse bezeichnet man als »axial«, die der zweiten als »innere« und die der dritten und vierten Klasse als »äußere«. Außerdem kommen noch Zwischenarten vor, die jedoch im Prinzip nicht wesentlich von den vier Grundformen abweichen (Diagonal- und Konus-Turbinen). Hiezu tritt bei der ersten und dritten Klasse der für die Aufstellung günstige Umstand hinzu, daß

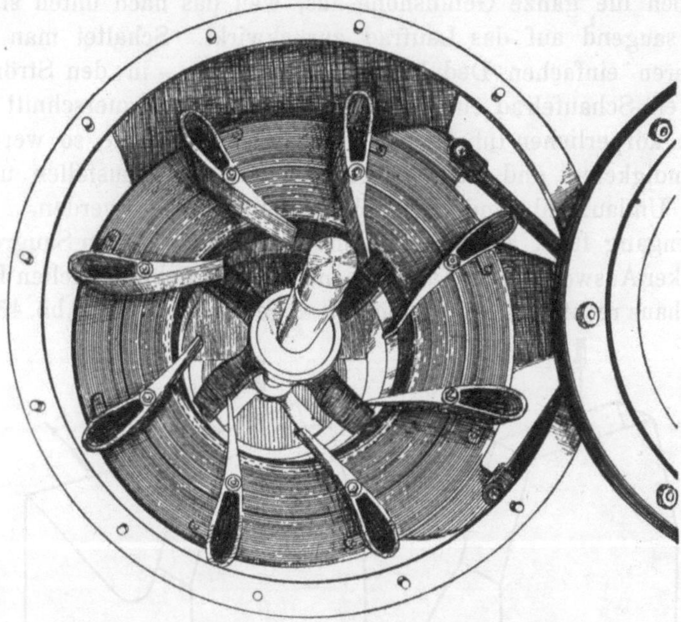

Abb. 42. Kaplan-Turbine, Leitapparat.

das Turbinenlaufrad sich hier im Innern eines luftdichten Rohrs befindet, welches ins Unterwasser taucht. Das Wasser strömt, aus dem Laufrad

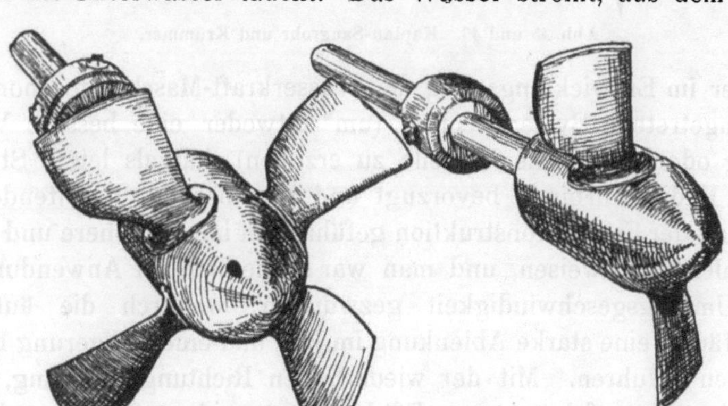

Abb. 43 und 44. Kaplan-Laufräder.

tretend, im Rohr senkrecht herab und durch die konisch oder trompetenförmig erweiterte Mündung ins Unterwasser. Der Druck unter dem

Laufrade ist hier kleiner als der atmosphärische Druck. Die Maschine kann also über den Unterwasserspiegel heraufgesetzt werden und nützt dabei doch die ganze Gefällshöhe aus, weil das nach unten sinkende Wasser saugend auf das Laufrad zurückwirkt. Schaltet man — um bei unseren einfachen Deduktionen zu bleiben — in den Strömungszustand ein Schaufelrad ein, das den freien Durchflußquerschnitt infolge geringen körperlichen Inhalts am wenigsten unterbricht, so werden die Geschwindigkeits- und Stoßverluste am kleinsten ausfallen und die höchste Umlaufzahl und Schluckfähigkeit erzielt werden. Dieser Gedankengang führt auf das Kaplanrad, bei dem auch ein Saugrohr mit sehr starker Ausweitung und abweichend von den gebräuchlichen Formen mit durchaus rechteckigem Querschnitt angewendet wird. (Abb. 45 u. 46).

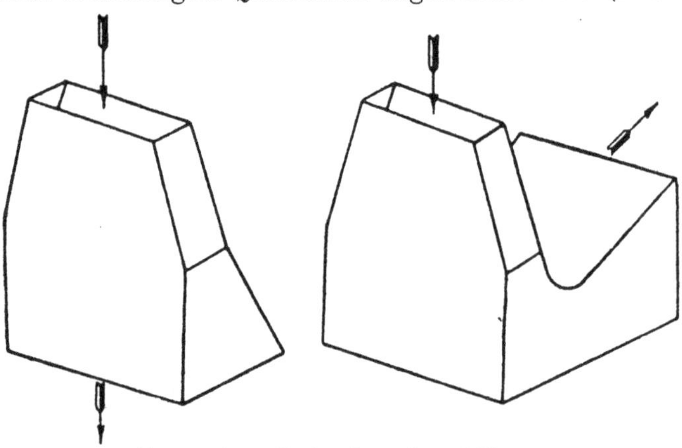

Abb. 45 und 46. Kaplan-Saugrohr und Krümmer.

Der im Entwicklungsgang der Wasserkraft-Maschinen schon mehrfach eingetretene Systemwechsel (um entweder eine bessere Wasserwirkung oder praktische Vorteile zu erzielen), hat als letzte Stufe die äußeren Radial-Turbinen bevorzugt und zu einer durchgreifenden Umgestaltung der Franciskonstruktion geführt, um immer höhere und höhere Drehzahlen aufzuweisen, und man war schließlich zur Anwendung sehr hoher Umfangsgeschwindigkeit gezwungen, wodurch die äußersten Wasserfäden eine starke Ablenkung im Rad und eine Steigerung bis zum $1^1/_2$fachen erfuhren. Mit der wiederholten Richtungsänderung, die in den Radkanälen erfolgte, waren Effektverluste verknüpft, und um letztere nach Möglichkeit auszuschalten, verlegte man die Ablenkung des Wasserstroms zum Teil auf den Weg zwischen Leitapparat und Laufrad, indem man den Spalt mehr und mehr erweiterte. Nachdem die Leitkanäle dem Wasser die Richtung gegen die Radschaufeln gewiesen haben, umströmt dieses als geschlossener, zwischen Leit- und Laufrad rotierender Wasserring den oberen Teil des Laufrades, tritt in die sichelförmig gestalteten, in mäßiger Anzahl angeordneten Radschaufeln ein, gibt seine Kraft an diese ab und fließt nahezu in der Richtung der Achse aus. Das Laufrad erhält somit eine konische Form, sein Durchmesser beim Wassereintritt ist etwa halb so groß wie derjenige beim Austritt, die Schaufelzahl liegt durchschnittlich bei 10, ihre flache Ausbildung bietet gegenüber den älteren schalenförmigen Schaufeln weniger Anlaß zu Reibung, Wirbelung und Stoß. Eine derartige Bauweise hat Robert Dubs in Zürich bekanntgegeben, sie wurde von Escher Wyß & Co., Ravensburg und Zürich, ausgeführt.

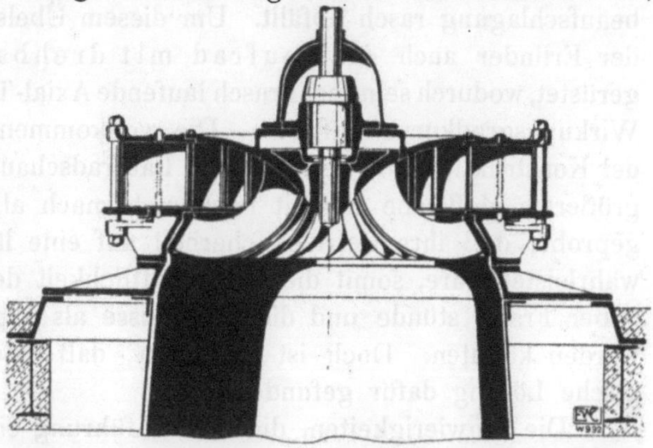

Abb. 47. Expreßläufer-Turbine. (Mit Genehmigung der Firma Escher Wyß & Cie, Ravensburg und Zürich.)

Man ist gezwungen, bei kleinen Gefällen hohe spezifische Drehzahlen anzuwenden, um die absolute Umlaufzahl der Kraftmaschine nicht allzuniedrig und für den weiteren Antrieb nicht ungünstig zu bekommen; bei hohen Gefällen liegt die Sache umgekehrt.

Kaplan hat nun diese Konstruktionsmöglichkeit weiter ausgebaut, er ist zum axialen Durchfluß zurückgekehrt, vergrößert den rotierenden Wasserring zwischen den beiden Rädern, verkleinert den Raddurchmesser um den seither noch vorhandenen leeren (toten) Raum zwischen Verschaufelung und Radnabe, verringert die Schaufelzahl bis auf 2—4, so daß das Laufrad nur noch aus diesen und der Nabe besteht. Die Schaufeln selbst zeigen windschiefe Flächen (das Laufrad gleicht einem Windmühlenflügel); die Bauweise kann somit an Einfachheit kaum mehr übertroffen werden.

Abb. 48. Laufrad zu Abb. 47.

Die Schnelläufer früherer Konstruktionen zeigten bei der technischen Prüfung in Übereinstimmung mit den Erfahrungen der Praxis, daß das Maximum des Wirkungsgrades selbst bei hohen Umfangsgeschwindigkeiten gegenüber demjenigen normallaufender Turbinen nicht erheblich zurücksteht, daß dafür aber die Wirkungsgradkurve bei Teilbeaufschlagung rasch abfällt. Um diesem Übelstand zu begegnen, hat der Erfinder auch das Laufrad mit drehbaren Schaufeln ausgerüstet, wodurch seine sehr rasch laufende Axial-Turbine eine gestrecktere Wirkungsgradkurve aufweist. Die vollkommene mechanische Lösung der Konstruktion mit verstellbaren Laufradschaufeln ist für Anlagen in größerem Maßstabe zurzeit noch nicht nach allen Richtungen so ausgeprobt, daß ihre Betriebssicherheit auf eine längere Dauer auch gewährleistet wäre, somit die Wirtschaftlichkeit der »Kaplanregulierung« außer Frage stünde und die Ergebnisse als allgemeingültig anerkannt werden könnten. Doch ist zu hoffen, daß eine wirtschaftlich mechanische Lösung dafür gefunden wird.

Die Schwierigkeiten, die der Einführung einer neuen Wasserkraftmaschine entgegenstehen, sind dem Fernstehenden unbekannt, vielleicht auch unbegreiflich, und doch bleiben keinem Erfinder die schmerzlichen Erfahrungen erspart, an denen die Geschichte des Maschinenbaues so reich ist, und die im Wettbewerb auf allen Gebieten der menschlichen Tätigkeit stets auftauchen. Einzelheiten hierüber erübrigen sich unter Hinweis auf die Literatur[1]). Zusammenfassend läßt sich sagen, daß die Kaplan'schen Laufräder mit flügelartigen Schaufeln sehr einfache Konstruktionsformen ergeben; ihre Einfachheit, geringe Schaufelzahl und Steifigkeit der Konstruktion machen diese Wasserräder den bisherigen unter bestimmten Voraussetzungen entschieden überlegen. Der Bau derartiger Räder ist wirtschaftlich, wo es sich darum handelt Niedergefälle mit erhöhter Umlaufszahl der Maschine zu betreiben, die Schluckfähigkeit eines einzelnen Rades beträchtlich zu steigern und die Kraft großer Ströme auszunützen, sofern die praktische Durchbildung der konstruktiven Einzelheiten hiefür erfolgt sein wird.

Eine neue Wasserkraftmaschine braucht zu ihrer vollen konstruktiven Durchbildung und Anpassung an die praktischen Bedürfnisse eine große Zahl von Versuchen mit Modellrädern, eine systematische Ausprobierung aller Baumöglichkeiten, die mathematische Durchdringung sämtlicher Einzelheiten und die Beherrschung der theoretischen Grundlagen der Wasserwirkung und Schaufelformen. Daß hiezu außer Be-

[1]) „Die Wasserwirtschaft", Zeitschrift, Wien, Nr. 10—12, Jahrgang 1917. Pamphlet: Die Kaplan-Turbine und ihre Beziehungen zur Wasserwirtschaft, Sonderdruck, Wien 1918. „Der Mühlen- und Speicherbau": Die Entwicklungsgeschichte der neuen amerikanischen Schnelläufer-Turbine, Heft 11, Heidelberg 1921; „Die Wasserkraft" (München 1919, Heft 17, und Jahrgang 1921, Heft 5).

fähigung auch Zeit und Mittel gehören, liegt auf der Hand. Wir begegnen auch in diesem Falle der Erscheinung, daß das Neue großen Widerspruch erfährt, daß Hindernisse zu überwinden sind, ehe sich die Erfindung erfolgreich durchsetzt. Bei den gegenwärtigen rechtlich und politisch unsicheren Verhältnissen am Weltmarkt tritt noch die Gefahr der unbefugten Nachahmung hinzu, wie die unberechtigte Ausnützung der Kaplan'schen Erfindungen in den Vereinigten Staaten beweist.

Über das erste Stadium des Versuchs ist die neue Turbine hinaus. Die bisher nach diesem System gebauten Turbinen sollen nach den Ergebnissen von Bremsversuchen, die in Schweden vorgenommen wurden, bei den spezifischen Drehzahlen $n_s = 575$, 610, 650 und 685 noch Wirkungsgrade von = 82 bis 83% erreicht haben. Bei einer anderen in einer schwedischen Werkstatt (Verkstaden Kristinehamn) gebauten Turbine mit der spezifischen Drehzahl $n_s = 750$ konnte festgestellt werden, daß der Wirkungsgrad bei voller Beaufschlagung bis herab zur halben über 80% blieb und bei $^3/_4$ Beaufschlagung ein Güteverhältnis von 85% erzielt wurde. Auf ein ähnliches Ergebnis verweist Professor A. Budau, Wien, in »Die Wasserkraft«, Heft 14/1919. Er stellte an einer von der Stahlgießerei und Maschinenfabrik Ignaz Storek, Brünn[1]), gebauten und im Betriebe der Strickgarnfabrik M. Hofbauers Wwe. in Velm bei Gramatneusiedel (N.-Oe.) befindlichen Kaplan-Turbine fest, daß bei halber Beaufschlagung von 515 l/sk ein Wirkungsgrad von 83% gegenüber einem solchen von 84% bei voller Beaufschlagung von rund 1000 l/sek vorhanden war. Bei den Messungen ergab sich: Gefälle $H = 2{,}53$ m, $n = 204$, Leistung $N_e = 14{,}8$ PS, Laufraddurchmesser $D_2 = 600$ mm. Die Wassermessung erfolgte mittels Überfall nach der Formel von Frese. Die spezifische Drehzahl betrug nahezu $n_s = 800$, es sind somit Drehzahlen erreicht, welche die schnellsten bisher gebauten Francis-Turbinen erheblich übertreffen. Es ist hervorzuheben, daß die bezeichneten günstigen Ergebnisse schon mit relativ schwachen Wasserkräften erzielt worden sind und daß weiteren Versuchen mit großen Krafteinheiten mit Interesse entgegengesehen werden darf.

Infolge der in geringer Anzahl angeordneten Leit- und Laufradschaufeln (8 Leitzellen, 2 bis 4 Laufradschaufeln) sind große Durchgangsöffnungen erzielt, wodurch Unempfindlichkeit gegen Verstopfungen (Eis, Laub u. a.) erreicht wird. Durch die hohen Tourenzahlen und den horizontalen Turbineneinbau — was meist auch bei kleinem Gefälle möglich ist — sind kraftverzehrende Vorgelege vermieden. Bei schwankendem Betriebswasser wird bei allen Beaufschlagungen stets ein hoher

[1]) Diese Firma besitzt das ausschließliche Recht zur Ausführung.

Wirkungsgrad gewährleistet und durch die kleinen Abmessungen der Turbine ergibt sich ein billiger Einbau. Als ausgesprochene Niederwasserturbine beherrscht die Kaplan-Turbine Gefällestufen von geringen Abmessungen bis hinauf zu etwa 20 bis 25 m. Unbedingt am Platz ist sie jedoch dort, wo es sich um unmittelbare Kupplung von Turbinen mit schnelllaufenden Maschinen, z. B. Elektrogeneratoren oder der Hauptwelle handelt. Hand in Hand damit geht eine Verbilligung der Gesamtanlagekosten.

Nicht zu empfehlen ist die Kaplan-Turbine vorläufig für Gefälle über 20 m, da die Umlaufzahl derselben so hoch ausfallen würde, daß eine rationelle Arbeitsübertragung wegen der alsdann notwendigen Rückübersetzung ins Langsame nicht möglich wäre. Dem Vernehmen nach hat Professor Kaplan aber einen Langsamläufer in Vorbereitung, der auch diesem Mangel Abhilfe schaffen soll.

Die Kaplan'schen Ausführungen werden auch auf »die Theorie der Turbinen« nicht ohne Einfluß bleiben können. Manche hier herrschende Voraussetzung, manche in der technischen Literatur niedergelegte Anschauung über Strömungsvorgänge in den Wasserkraftmaschinen dürfte durch die tatsächlichen Erscheinungen Abänderung erleiden; die große Schar der Widerstands- und Kontraktions-Koeffizienten besonders wird einer scharfen Korrektur zu unterziehen sein. Am schlagendsten tritt die Wechselwirkung zwischen Theorie und Praxis an diesem Beispiel wieder klar zutage.

Das Anwendungsgebiet der Kaplan-Turbine, wie aller Wassermotoren überhaupt, und insbesondere aller extremen Schnelläufer, ist begrenzt. Zu den seither durch zahlreiche Erprobungen unter den mannigfaltigsten Wasser- und Betriebsverhältnissen bewährten und bevorzugten Konstruktionen tritt der neue Motor in Wettbewerb, nachdem er wie seine Vorgänger einen langen, dornenvollen Weg der Entwicklung mit Opferung von Kapital und Zeit, und ausgefüllt mit zäher Arbeit hinter sich hat.

Die Bremsungen des Kaplan-Turbinen-Konzernes in Brünn auf der Versuchsanstalt der Stahlhütte Ign. Storek durch Prof. Meixner und in Anwesenheit mehrerer Vertreter des Konzernes mit 2 Kaplan-Turbinen vom 31. Juli bis 3. August 1921, haben nach den Mitteilungen Dr. Kaplan's in »Die Wasserkraft« Heft 4 vom 15. Februar 1922, folgende Resultate ergeben:

a) Laufrad $n_s = 700$ bis 800

η max.	η bei $Q_1 = 0{,}180$	η bei $Q_1 = 0{,}090$	η nach der Gewähr des Vertrags
0,839	0,827	0,828	0,770

b) Laufrad $n_s = 1200$

	$Q_1 = 0{,}220$	$Q_1 = 0{,}110$	
0,775	0,760	0,749	0,730

Aus einer Zusammenstellung des Versuchsleiters über die Ergebnisse soll ferner ersichtlich sein, daß alle Zwischenwerte von η zwischen voller und halber Beaufschlagung höher als der untere Grenzwert liegen. Über weitere Einzelheiten (Wassermessung, Gefälle, Turbinengröße usw.) ist in dem kurzen Auszug aus dem Versuchsprotokoll nichts weiter ausgesagt. Die Ergebnisse der Bremsversuche werden als überaus günstig bezeichnet: selbst unter der über die Forderungen des Lizenzvertrages hinausgehenden Annahme konstantes n_s seien die Werte von η noch über den durch den Vertrag als Gewähr verlangten Werten.

6. Gefälle-Umformer-Schnelläufer-Turbine.

System Lawaczeck.

Ein weiterer Fortschritt im Turbinenbau vollzieht sich gegenwärtig bei der Errichtung einer Wasserkraft-Versuchsanlage in München, die gemeinschaftlich von den Städt. Elektrizitätswerken und der Turbinenfabrik Fritz Neumeyer A. G. München-Freimann im Stadtinnern beim sogenannten Maxwehr oberhalb der Isarlust erstellt wurde. In dem vorhandenen Wehrdamm, durch den der Aufstand des Flusses und damit eine Gefällestufe der kleinen Isar erzeugt wird, sind vorerst 6 einzelne in 2 Reihen aufgestellte mit senkrechten Wellen und mit je einer Kreiselpumpe verbundene Turbinen nach dem System Lawaczeck DRP 328690 eingebaut. Die Anlage ist besonders deshalb bemerkenswert, als hierbei die beste Ausnutzung von kleinen Gefällen bei wechselnden Wassermengen erprobt werden soll, indem die Lawaczeck-Umformer-Turbinen erstmals praktisch zur Ausführung gelangen.

Das Wesen dieser Schnelläufer-Turbinen besteht darin, daß dieselben mit Hochdruckpumpen gekuppelt sind, deren Rohrleitungen hintereinander geschaltet werden und Wasser in genügender Menge auf hohen Druck bringen. Lawaczeck verändert die Leistungsfaktoren Q (Durchfluß) und H (Fallhöhe) indem er aus großem Q und kleinem H durch Druckumwandlung kleines Q und großes H schafft. Dabei geht der Erfinder mit seinen Systemzahlen (spezifische Drehzahl) bis auf $n_s = 800$ bis 1200, das mit der Turbine gekuppelte Pumpenlaufrad dagegen erreicht ein verhältnismäßig niederes n_s, d. h. es gibt bei kleinerer Tourenzahl eine sehr große Druckhöhe, es kann bei einem Fall von beispielsweise 4 m ein H von 40 bis 60 m leicht herausgeholt werden, wobei allerdings der Leistungsfaktor der Wasserkraftmaschinen ein geringerer als bei gewöhnlichen Anordnungen ist.

Die Erzeugung der Fallhöhe ist etwa in folgender Weise zu denken: In einem Wehr sind eine Anzahl Rohrleitungen eingelegt, welche die Gesamtwassermenge hindurchfließen lassen. Setzt man in jedes Rohr eine mit einer Kreiselpumpe gekuppeltes Turbinenlaufrad ein, so vermag die Pumpe entsprechend ihren Abmessungen und ihrer Geschwindigkeit das Wasser auf verschiedene Höhe zu drücken. Werden die Abmessungen der Pumpe so gewählt, daß sie Wasser auf die zehnfache Höhe des Turbinengefälles zu heben vermag, so kann sie natürlich nur $^1/_{10}$ der Wassermenge, die die Turbine verschluckt, fördern, wenn von den Reibungs- und Stoßverlusten vorerst abgesehen wird. Läßt man das von der ersten Wehrpumpe angesaugte Wasser nach dem Durchgang der zweiten Pumpe zu drücken, so erhöht die zweite Pumpe den Druck auf das Doppelte der ersten, mit diesem doppelten Druck der dritten Pumpe zugeführt, steigt der Wasserdruck auf das dreifache. Lassen wir dasselbe Wasser hintereinander zehn Pumpen, die alle mit der gleichen Umlaufzahl vom Flußwasser angetrieben werden, durchströmen, so erhöhen wir stufenweise den Druck des Wassers auf das Zehnfache der Drucksteigerung einer Pumpe und da wir diese Drucksteigerung der ersten Pumpe auf das Zehnfache der Turbinenfallhöhe vorausgesetzt haben, so würde durch diese Anordnung von zehn von Turbinen angetriebenen Pumpen hintereinander in dem letzten Pumpendruckstutzen ein Druck gleich dem hundertfachen der Fallhöhe, unter der die Turbinen arbeiten, entstanden sein. In dem Druckrohr flösse $^1/_{10}$ der Wassermenge, die eine Turbine schluckt, also $^1/_{100}$ der Wassermenge, die der Fluß führt. Verluste wieder vernachlässigt.

Wir haben also die im Flusse vor dem Wehr vorhandene Energie, die durch großes Q und kleines h gekennzeichnet ist, in veränderter Gestalt im hohen Druck H und kleiner Wassermenge q wieder erhalten, so daß $Qh = qH$ ist.

Die kleine Hochdruckleitung, die nunmehr die gesamte Flußenergie enthält, kann an beliebige Stelle geführt werden, das Generatorhaus läßt sich auch unmittelbar auf dem Wehr errichten. Den Druckstutzen der letzten Pumpe läßt man in die Düse eines Peltonrades münden das unmittelbar mit einer schnellaufenden Dynamo gekuppelt ist[1]).

[1]) Dr. Ing. F. Lawaczeck, „Wasserkraftausnützung und Wasserkraftmaschinen", Sammlung: Aus Natur und Geisteswelt, 732 Bd. Leipzig 1921.

Der Ausbau der Umformer-Versuchsanlage des Isarwehres erfolgte auf nachstehenden Grundlagen

Verfügbare Wassermenge	Gefälle primär:	sekundär:
2,5 ÷ 11 cbm/sk.	4,0 ÷ 2,0 m	dauernd ca. 230 m

Umdrehungszahl des Generators n = 1000 in der Minute.

Die Turbinen der Versuchsanlage arbeiten auf ein außerhalb des Wasserbaues am linken Ufer in einem Motorenhaus aufgestelltes Tangentialrad der Peltonklasse von $Q = 0{,}11\ m^3/sek$; $H = 232$ m. Die Leistung soll 300 PS sein; der Gütegrad der Anlage wäre hiernach $\eta = \frac{300}{533} = 0{,}56$. Bei einem kurzen Referat kann auf die Durchbildung der konstruktiven Einzelheiten hier nicht näher eingetreten, vielmehr muß der praktische Versuch am Maxwehr vorerst abgewartet werden, auch schon deshalb, weil die Verwendung des sekundär erhöhten Gefälles zum Antrieb von Hochdruckturbinen einen Spezialfall der Anwendung der Gefälle-Umformer darstellt. Die Abb. 49 gibt somit nur ein allgemeines Bild davon, wie im übrigen unausgenützte Gefälle an einem vorhandenen Wehr ausgebaut werden können. Die Versuchsanlage stellt auch gewissermaßen einen Kompromiß dar, gibt also keine vollständige Darstellung über den Zweck und die Anwendungsmöglichkeit der Umformer (Abb. 49 siehe Seite 174).

Unverkennbar ist aus den neuen Turbinenbauarten das Bestreben ersichtlich, die Gesamtausbaukosten einer Wasserkraft zu verringern, sei es auch auf Kosten des Gütegrades. Den Hauptvorteil der Umformer erblickt Lawaczeck in der Ersparnis der Kraftkanalkosten, denn die Seitenkanäle werden nahezu ganz überflüssig.

»Ist die Fallhöhe, die sich bei dem Flußausbau ergibt, groß genug ... — so schließt Dr. Lawaczeck seine Darstellung über die Herstellung der Fallhöhe durch Umformer in der angezogenen Schrift —, daß Großturbinen in Frage kommen, so wird die Einbuße der 30% Energie durch Umformer nicht gerechtfertigt werden können« ... Man wird bei restloser Ausnutzung eine andere Anordnung wählen müssen, und zwar für die im Laufe des Jahres dauernd vorhandene Wassermenge Turbinen mit höchstem Wirkungsgrad, und für den gesteigerten Zufluß Schnelläufer mit weniger hohem Wirkungsgrad, aber billigem Preise, mit Umformer gekuppelt.

Die Umlaufzahl. Die in diesem Abschnitt behandelten neuen Turbinenbauformen nach Baudisch, Moody, Kaplan, Lawaczeck u.a., sind durchweg sehr hohe Schnelläufer mit spezifischen Drehzahlen, bis angeblich $n_s = 1200$. Diese Konstrukteure haben wieder zur axialen Beaufschlagung der Henschel-Jonvalturbine zurückgegriffen, es hat sich somit abermals ein Systemwechsel vollzogen, sogar bis zur ursprünglichen Ausführung kranzloser Laufräder, wobei die Wandreibung entsprechend der Geschwindigkeitshöhe $\frac{c_1^2}{2g} = \frac{c_2^2}{2g}$ statt des wesentlich höheren Betrags $\frac{w_1^2}{2g} = \frac{w_2^2}{2g}$ bei umkränzten Rädern eintritt.

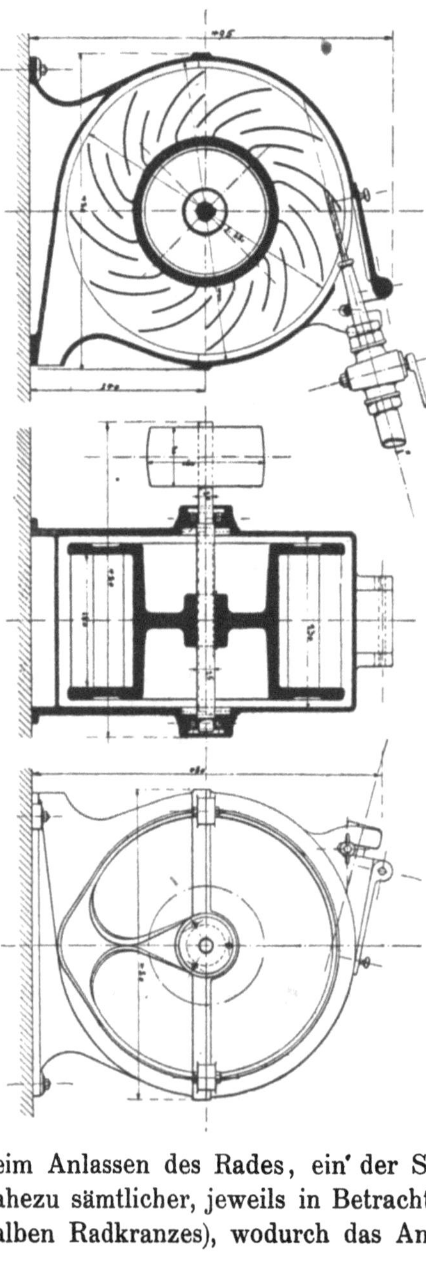

Abb. 50, 51 und 52. „Hydrovolve“ Hochdruckkleinmotor Gr. II.

b) Aktionsturbinen.

1. Die „Hydrovolve“ von Kirchbach.

Eine neue Konstruktion auf dem Gebiete der hydraulischen Kraftmaschinen, der »Hydrovolve« zählt zu den Freistrahlturbinen, und zwar kann diese Kombination einer Aktionsturbine mit einem Zellenwasserrad als ein modernes Tangentialrad angesprochen werden.

Die Beaufschlagung erfolgt im Radscheitel nahezu tangential durch eine gegen die Peripherie des Rades, etwa 15⁰ geneigt stehende Regeldüse. Der neue Wassermotor ist dadurch gekennzeichnet, daß zwei Schaufelsysteme in kleinem Abstand konzentrisch zueinander im Radkranz angeordnet sind, um das Aufschlagvermögen (Schluckvermögen) und den Wirkungsgrad zu erhöhen. Durch die Durchlaßschlitze erfolgt beim Anlassen des Rades, ein der Schaufelreihe nachgehendes Füllen nahezu sämtlicher, jeweils in Betracht kommender Zellen (hier also des halben Radkranzes), wodurch das Anlaufmoment vermehrt wird.

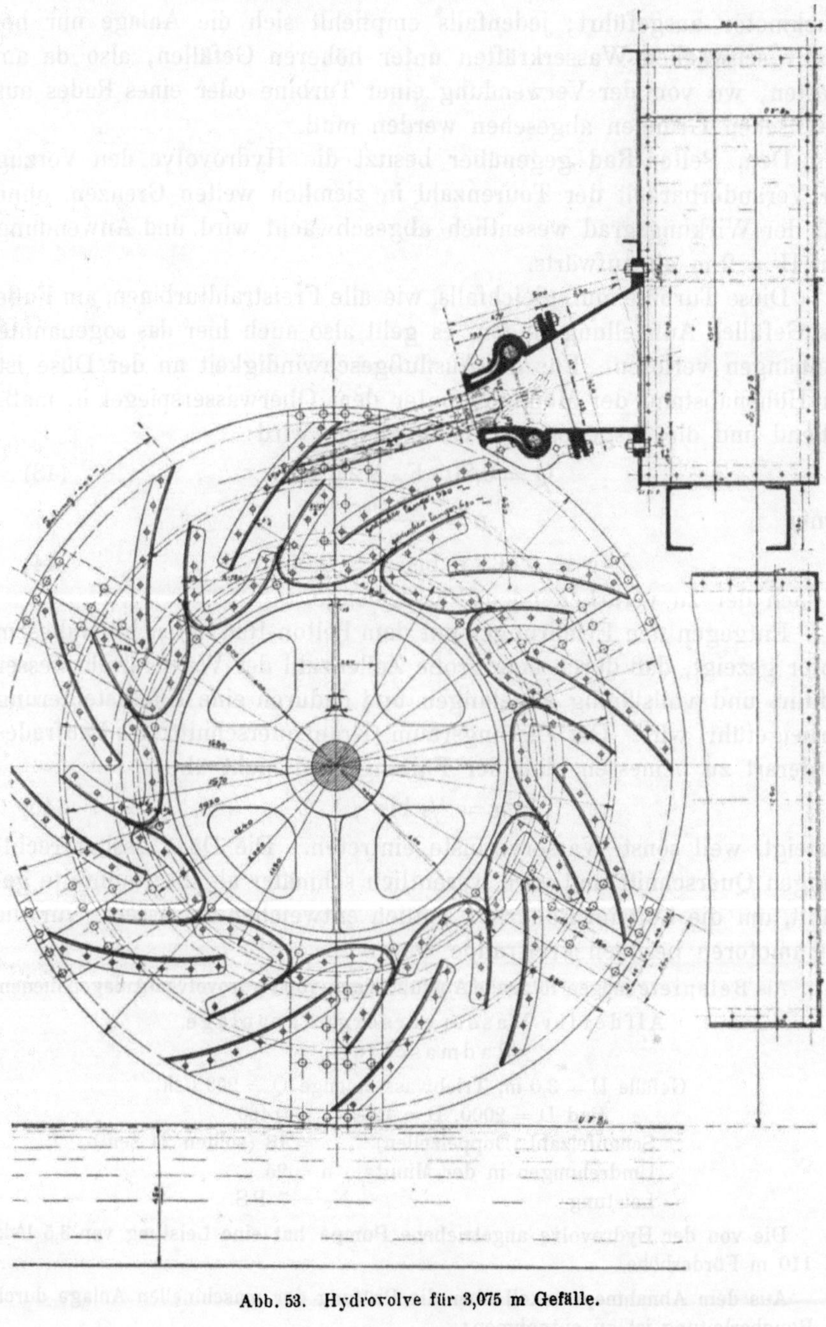

Abb. 53. Hydrovolve für 3,075 m Gefälle.

Verfasser hat das System schon als Radturbine und als Hochdruckmotor ausgeführt; jedenfalls empfiehlt sich die Anlage nur bei relativ schwachen Wasserkräften unter höheren Gefällen, also da am ehesten, wo von der Verwendung einer Turbine oder eines Rades aus praktischen Gründen abgesehen werden muß.

Dem Pelton-Rad gegenüber besitzt die Hydrovolve den Vorzug der Veränderbarkeit der Tourenzahl in ziemlich weiten Grenzen, ohne daß der Wirkungsgrad wesentlich abgeschwächt wird und Anwendung von H = 2 m ab aufwärts.

Diese Turbine muß gleichfalls, wie alle Freistrahlturbinen, am Fuße des Gefälles Aufstellung finden, es geht also auch hier das sogenannte Freihängen verloren. Für die Ausflußgeschwindigkeit an der Düse ist der Höhenabstand der Mündung unter dem Oberwasserspiegel h_1 maßgebend und die ausgeflossene Wassermenge wird:

$$Q = 0{,}90 \cdot F \cdot \sqrt{2\,g\,h_1} \quad \ldots\ldots \quad (43)$$

ferner

$$n = \frac{60 \cdot u}{\pi \cdot D}$$

$$u = 0{,}46 \cdot c \text{ bis } u = 0{,}65 \cdot c \quad \ldots\ldots \quad (44)$$

je nach der zu verarbeitenden Wassermenge.

Entgegen den Erfahrungen mit dem Pelton-Rad hat sich bei diesem Motor gezeigt, daß durch eine große Zellenzahl der Wasserstrahl besser geführt und vollständig abgefangen und dadurch eine Effektsteigerung herbeigeführt wird. Der Fassungsraum (Kranzquerschnitt) des Laufrades ist derart zu bemessen, daß der Füllungsgrad nicht über

$$\varepsilon = {}^1/_5 \text{ bis } {}^1/_3 \quad \ldots\ldots \quad (45)$$

ansteigt, weil sonst Wasserverluste eintreten. Die Düse besitzt rechteckigen Querschnitt und wird wesentlich schmäler als die Radbreite gewählt, um die Luft im Radkranz seitlich entweichen zu lassen. Nur die Kleinmotoren besitzen kreisrunde Düsen.

Als Beispiele mögen folgende Ausführungen von Hydrovolven-Anlagen dienen.

Alfdorfer Wasserversorgungsanlage.

Radmaschine.

Gefälle H = 3,0 m, Triebwassermenge Q = 200 l/sk.

Rad D = 2000, B = 1250, a = 0,460

Schaufelzahl (Doppelzellen)	z = 18 (sollten 24 sein)
Umdrehungen in der Minute	n = 25
Leistung	N_e = 7 PS.

Die von der Hydrovolve angetriebene Pumpe hat eine Leistung von 3,5 l/sk. bei 110 m Förderhöhe.

Aus dem Abnahmeprotokoll über die Prüfung der maschinellen Anlage durch die Bauoberleitung ist zu entnehmen:

Durch Überfallmessung und Querschnittsfläche der Düsenmündung wurde die verbrauchte Wassermenge zu 227 l/sk. festgestellt, und das vorhandene Gefälle betrug 2,88 m. Im Hochbehälter wurde die Pumpenleistung durch mehrmalige Messung zu 3,6 l/sk. erhoben, Hubzahl der Pumpe 50 in der Minute.

Manometer-Druckhöhe	97,0 m
Saughöhe	2,52 m
Gesamtförderhöhe =	99,52 m

Der mechanische Wirkungsgrad der Pumpe, einschließlich des Vorgeleges, soll mit 75% in Rechnung gestellt werden. Das Vorgelege besteht aus einem Stirngetriebe 140/45 und aus einer Riemenübertragung 1:1, Scheibendurchmesser = 1700 mm

Die Hydrovolve vollzog $50 \frac{45}{140} = 16$ Umdrehungen in der Minute. Die Druckhöhe für die Düse war $h_1 = 1{,}18$ m, die theoretische Ausflußgeschwindigkeit $c = 4{,}811$ m/sk. Die Umfangsgeschwindigkeit der Hydrovolve bei 16 minutlichen Umdrehungen

$$u = 16 \cdot \frac{6{,}2832}{60} = 1{,}673 \text{ m/sk.}$$

also das Verhältnis zwischen c und u

$$\frac{u}{c} = \frac{1{,}672}{4{,}81} = 0{,}35.$$

a) Bestimmung der Triebwassermenge und des Gefälles.

Aus der Querschnittsfläche der Düsenöffnung und der vorhandenen Druckhöhe ermittelt sich die ausfließende Wassermenge nach der Formel

$$Q = 0{,}9\, F \sqrt{2 g h_1}$$

und man erhält bei einem Düsenquerschnitt von 0,052 qm und einer Druckhöhe von 1,10 m

$$Q = 225 \text{ sl}$$

Durch Überfallmessung an der Grundablaßfalle des Oberkanals wurde bei einer Breite des Überfalles von 2,0 m und einer Überfallhöhe von 0,145 m nach der Formel

$$Q = k \cdot b \cdot h \sqrt{2 g h} \quad \text{mit } b = 2{,}0 \text{ m},\; h = 0{,}145 \text{ m},\; k = 0{,}443$$

eine Wassermenge von Q = 217 sl festgestellt.

Die **mittlere vorhandene Wassermenge** kann also mit Q = 221 sl angenommen werden; das vorhandene Gefälle betrug im Durchschnitt 2,88 m.

b) Pumpenleistung.

Dieselbe wurde durch mehrmalige Messung im Hochbehälter zu 3,6 sl bei 50 minutlichen Umdrehungen der Pumpe erhoben.

Die durchschnittliche manom. Förderhöhe betrug	97,0 m
Die durchschnittliche Saughöhe	2,52 m
Somit Gesamtförderhöhe	99,52 m

Der mechanische Wirkungsgrad der Pumpe einschließlich Vorgelege soll mit 75% in Rechnung gestellt werden. Man erhält den Wirkungsgrad der Hydrovolve somit zu

$$\eta = \frac{3{,}6 \cdot 99{,}5}{221 \cdot 2{,}88 \cdot 0{,}75} = \text{rund } 75\%$$

entsprechend der garantierten Leistung.

Pumpwerksanlage Rexingen.
Hochdruckmotor.

Gefälle H = 14 m, Triebwassermenge Q = 10 bis 30 l/sk. Die angetriebene Pumpe leistet bei 150 m Förderhöhe 0,55 bis 1,65 l/sk., Hydrovolve D = 700 mm, Gr. IV.

Übernahme-Versuche am 6. März 1909.

Durch Bauamtswerkmeister Dietz beim K. Bauamt für das württbg. öffentliche Wasserversorgungswesen und W. Müller-Cannstatt.

Vorhandenes Nutzgefälle 13,00 m
(Oberwasserspiegel an der Wehranlage bis Hydrovolvenmitte)
Manom. Förderhöhe 134,60 m

Die theoretische Leistung der Pumpe pro Umdrehung berechnet sich bei

$$D = 90 \text{ mm}$$
$$d = 32 \text{ mm}$$
$$h = 220 \text{ mm}$$

zu Q = 2,623 sl.

Es wurden drei Versuche, nämlich mit 10, 18 und 28 sl Betriebswasser vorgenommen, deren jeweiligen Resultate sich folgendermaßen gestalten:

I. Versuch:

Überfall: B = 500, b = 300, h = 75 mm

$$\frac{b}{B} = \frac{300}{500} = 0{,}6, \quad k = 0{,}4, \quad Q = 10 \text{ sl}$$

Umdrehungszahl der Pumpe n = 11 in der Minute
" " Hydrovolve n = 143 " " "
Stand des Tourenzählers um $12^{h}\,00$ 134 302
" " " " $3^{h}\,30$ 136 596
somit Umdrehungen in 210 Minuten 2 294
oder in 1 Minute rund 11.

Messung der tatsächlich geförderten Wassermenge am Reservoireinlauf mittels geeichtem Gefäß in 36 sek. 20 Liter = 0,526 sl. Die aufgewandte Rohkraft betrug hierbei

$$\frac{10 \cdot 1{,}3}{75} = 1{,}73 \text{ PS.}$$

Wird für die Pumpe samt Vorgelege ein Gesamtwirkungsgrad von 75 % zugrunde gelegt, so berechnet sich die tatsächliche Leistung der Hydrovolve zu

$$\frac{0{,}526 \cdot 134{,}6}{75 \cdot 0{,}75} = 1{,}26 \text{ PS}$$

und somit der Nutzeffekt zu $\eta = 72\,\%$.

II. Versuch.

Überfall: b : B = 0,6, b = 300 mm, h = 105 mm, k = 0,4, Q = 18 sl.
Umdrehungszahl der Pumpe n = 20,5 min.
" " Hydrovolve n = 265 min.

hieraus berechnet sich die sekundlich geförderte Wassermenge: zu

$$\frac{0{,}526 \cdot 60 \cdot 20{,}5}{11 \cdot 60} = 0{,}98 \text{ sl.}$$

Die aufgewandte Rohkraft betrug $\frac{18,13}{75} = 3,15$ PS, die tatsächliche Leistung der Hydrovolve

$$\frac{0,98 \cdot 134,6}{75 \cdot 0,75} = 2,34 \text{ PS}$$

und hieraus der Nutzeffekt derselben zu 74 %.

III. Versuch.

Überfall: $b : B = 0,6$, $b = 300$ mm, $h = 140$ mm, $k = 0,4$, hieraus $Q = 28$ sl.

Umdrehungszahl der Pumpe $n = 31$ min.

" " Hydrovolve $n = 206$ min.

hieraus berechnet sich die sekundlich geförderte Wassermenge zu

$$\frac{0,526 \cdot 60 \cdot 31}{11 \cdot 60} = 1,46 \text{ sl.}$$

Die aufgewandte Rohkraft betrug $\frac{28 \cdot 13}{75} = 4,85$ PS, hieraus der Nutzeffekt derselben 72 %.

Der Nutzeffekt beim III. Versuch war trotz vermehrter Triebwassermenge etwas niedriger, wegen vermehrtem Reibungsverlust in der Rohrleitung und Wasserverlust am Rad.

Auszug aus dem Protokoll über die Prüfung der Hydrovolve, Größe IV, im Pumpwerk Weissach am 18. Februar 1910.

Hochdruckmotor.

Düsenöffnung 9,2 mm, Düsenbreite 100 mm,

Düsengefälle am Manometer 11 m, somit

$$Q = 0,9 \, F \sqrt{2 g h_1} = 0,9 \cdot 0,1 \cdot 0,092 \sqrt{2 \cdot 9,81 \cdot 11} = 12,16 \text{ sl}$$

$$N_a = 12,16 \cdot 12,02 = 145,92 \text{ mkg} = 1,94 \text{ P.S. } (H = 12,02 \text{ m}).$$

Theoretische Pumpenleistung bei

Kolbendurchmesser	$D = 75$ mm
Kolbenstangendicke	$d = 25$ "
Hub	$h = 210$ "
Lieferungsgrad	$\lambda = 98$ %

$Q = 0,98 \frac{\pi \cdot h}{4} \cdot 2 \, (D^2 - d^2) = 1,72$ l/Umdrehung, pro Minute $n = 38,1$ durchschnittlich.

Gesamtförderhöhe 70,0 m,

$$\text{Arbeitsaufwand der Pumpe} = \frac{1,72 \cdot 38,1}{60} \, 70,0 = 76,45 \text{ mkg}$$

$$\text{Gesamtwirkungsgrad der Anlage} \; \frac{76,45}{145,92} = 52,4\,\%.$$

Für Vorgelege und Pumpe wird ein Wirkungsgrad von $\eta = 0,75$ angenommen, somit

$$\text{Wirkungsgrad der Hydrovolve } \eta = \frac{0,524}{0,75} = \sim 70\,\%.$$

$$\text{Geleistete Arbeit } N = \frac{0,70 \cdot 145,92}{75} = 1,36 \text{ PS.}$$

Garantiert war bei einem Gesamtgefälle von 12,8 m und bei derselben Wassermenge $N_e = 1,43$ PS. Obiger Kraftaufwand im Verhältnis 12,8 : 12 vergrößert ergibt

$$1,36 \frac{12,8}{12} = 1,45 \text{ PS., die Garantie ist somit erfüllt.}$$

Vorstehende Versuche sind deshalb in die Schrift aufgenommen, um die Ausnützung relativ sehr schwacher Wasserkräfte aufzuzeigen, welche mittels Turbinen anderer Systeme wohl kaum besser zugute gemacht werden könnten.

Anmerkung: Bei Pumpenanlagen oder Elektrizitätswerken läßt sich die geleistete Arbeit — ohne Bremszaum — durch die geförderte Wassermenge oder den erzeugten Strom bestimmen.

2. Rad-Turbine von Bánki

mit doppelwirkendem Freistrahl für Mittel- und Hochdruck-Wasserkräfte.

Die neue Wasserturbine von Prof. Bánki-Budapest zählt eigentlich in die Klasse der Wasserräder, denen sie in den äußeren Einzelheiten sehr ähnlich ist und zwar läßt sich deren Aufbau als Zellenrad mit doppelseitiger Beaufschlagung für das nämliche Wasserquantum, der einen am äußern und hierauf am diametral gegenüberliegenden innern Radkranz, bezeichnen. Ähnlich wie beim Millotrad fließt der Wasserstrahl durch die Radzellen hindurch, tritt also an einer andern Stelle — die dem Eintritt entgegengesetzt liegt — wieder aus. Dagegen findet beim Bánkirad keine teilweise hin- und herschwingende Bewegung der Schaufelfüllung statt, wie solche bei den Wasserrädern im engeren Sinne mehr oder weniger vorhanden ist. Oder es läßt sich die Turbine als ein zweiseitig beaufschlagtes Tangentialrad mit wagerechter Achse definieren und zwar einmal mit äußerer und ein zweitesmal für dieselbe Wassermenge mit innerer Einströmung, alsdann wäre jedoch für diese Art Räder der Gang im Unterwasser ausgeschlossen. Diese Anordnung wird jedoch von dem Erfinder für den Fall vorausgesetzt, wenn der untere Wasserspiegel über dem untern Radumfang liegt und es wird außer einem höheren Wirkungsgrad noch der Vorteil in Anspruch genommen, daß die Ausströmungsgeschwindigkeit eine für die Bildung einer Wasserschwelle günstigere Richtung erhält. Bei den zwei getrennten Beaufschlagungen wird die Energie nicht in gleichen Teilen dem Wasser abgenommen.

Bei einem Schaufelwinkel von 30^0 werden bei dem ersten Durchgang des Wassers durch den Radkranz etwa $^2/_3$ und bei dem zweiten Durchgang etwa noch $^1/_4$ des bis zu dem betreffenden Ausströmungspunkte wirksamen Gefälles nutzbar gemacht. Für den äußeren Eintritt ist der Strahl, der das Rad ungefähr in der Höhe der Achse trifft, durch eine Schütze oder Düse mit senkrechtstehendem Verschlußschieber zusammengefaßt, für den nachfolgenden inneren Eintritt jedoch nicht, da das breite rechteckige Strahlenband durch das Bánkirad unterhalb der Welle frei durchschlägt. Die verschiedenen Ein- und Austrittsbedingungen werden sich am Schaufelprofil nur schwer rationell vereinigen lassen, da der Durchfluß einmal von außen nach innen, das zweitemal vice versa mit verschiedenen Geschwindigkeiten (Wasser und Rad) erfolgt und die Wasserschichten im Radinnern zwischen der ersten und zweiten Beaufschlagung auseinanderstreben.

Das ausgesprochene Anwendungsgebiet dieser Radturbine sind die Hochdruckgefälle bei entsprechend kleinen Wassermengen; bei mittleren und Niederdruck-Gefällen dürften sich Ausführungsschwierigkeiten ent-

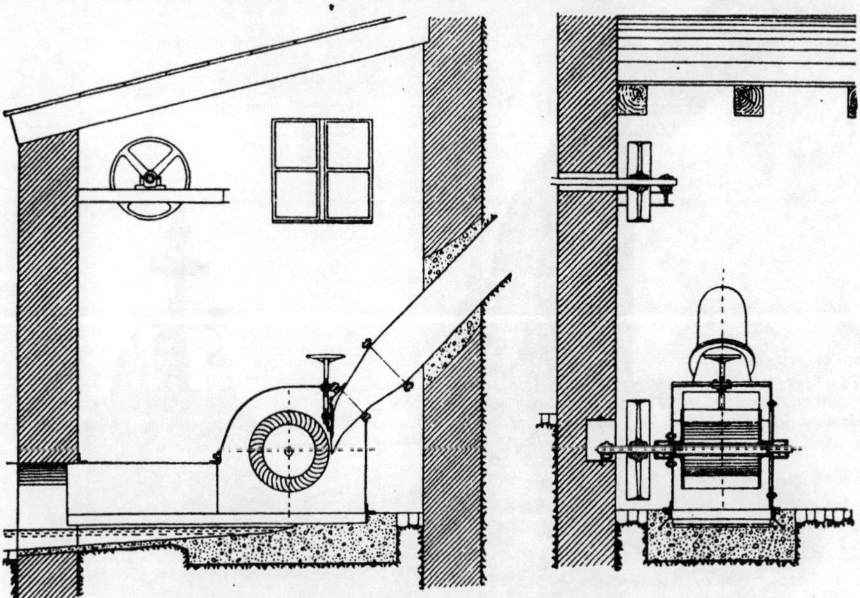

Abb. 54 und 55. Bánki-Turbine. (Thierauf & Kießling, Hof i. B.)

gegenstellen, weil die Räder unter diesen Verhältnissen sehr breit werden und die dauernde Standsicherheit des Schaufelapparates für größere Kräfte durch mehrjährige Betriebssicherheit sich erst erweisen müßte.

Was die Berechnung und Aufstellung dieser neuen Turbine betrifft, so möge auf die nachstehenden Veröffentlichungen hingewiesen sein[1]).

Die Turbine mit wagerechter Welle und in gedrängter Bauart besitzt ein radial von außen beaufschlagtes Laufrad mit ebenfalls radialer Ausströmung am äußeren Radumfang. Der in das Rad unter etwa 60° eintretende Wasserstrahl aus einer senkrecht stehenden Regelschütze

[1]) Prof. D. Bánki, „Neue Wasserturbine". Zeitschr. f. d. ges. Turbinenwesen, 1918. S. 181 u. ff.

durchschneidet den Radkranz, der eine größere Anzahl eingeschraubter Schaufeln enthält, zweimal. Die Art und Weise der Energieabgabe ist im Vorausgegangenen schon hervorgehoben worden. Ein Hauptmerkmal der Bánki-Turbine besteht zum Unterschiede von allen andern Arten hauptsächlich darin, daß bei ihr Wasser in axialer Richtung weder zunoch abgeleitet wird und infolgedessen ihr Durchmesser von der Aufschlagswassermenge unabhängig gewählt werden kann. Daraus ergibt sich wiederum, daß die Wahl der Drehzahl unter Berücksichtigung der

Abb. 56. Bánki-Turbine mit Regulator. (Thierauf & Kießling, Hof i B.)

Betriebsverhältnisse erfolgen kann. Durch die einfache Konstruktion sind die Aufstellungszeiten sehr kurze, die Gesamtanlage bietet fast keine baulichen Schwierigkeiten und die Wasserzuführung ist durch offenes Gerinne, Schachtbau oder Rohr — je nach Gefälle — möglich. Durch die wagerechte Anordnung ergibt sich ein leichter Ausbau des Laufrades, ohne daß dabei die übrigen Teile entfernt werden müssen. Die Verstellung des Regelschiebers kann von Hand oder durch automatischen Öldruckregulator erfolgen. Der Wirkungsgrad wird mit über 80 % angegeben, der bei kleinerer Beaufschlagung oder großen Schwankungen im Wasserzufluß fast gleich hoch bleiben soll. Bei Versuchen mit ausgeführten Modellturbinen wurde die Schaufelzahl verschiedentlich verändert, wobei sich eine verhältnismäßig dichte Beschaufelung für den Wirkungsgrad als vorteilhaft herausstellte.

Abgesehen von der hydraulischen Wirkungsweise liegen durch Wegfall der Zwischenvorgelege die Vorteile des Bánkirades gegenüber einem Wasserradbetrieb in der Hauptsache in den billigen Anschaffungskosten, in Raumersparnis und in der Geltendmachung der Verminderung

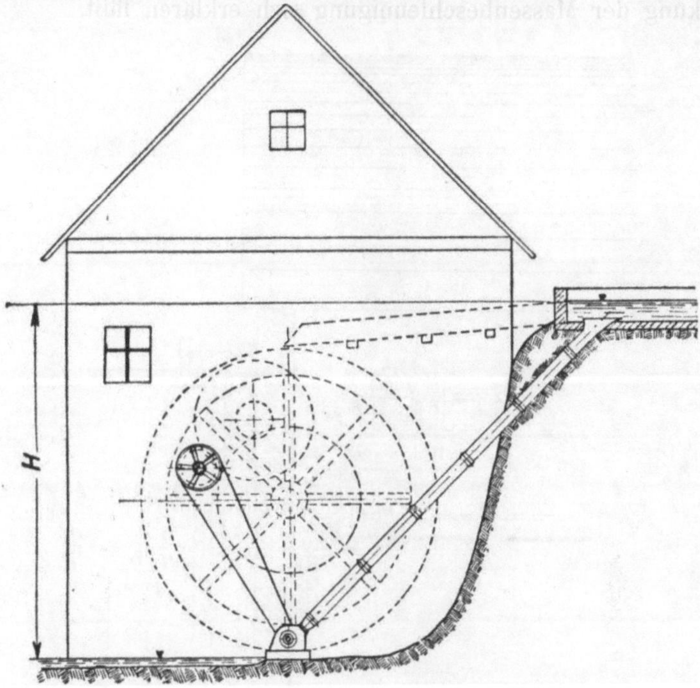

Abb. 57. Bánki-Turbine an Stelle eines oberschlächtigen Wasserrades.

der Bewegung toter Last. Letzterer Punkt läßt jedoch eine zweiseitige Betrachtung zu: vom theoretischen und vom praktischen Standpunkt aus.

Betreibt ein höheres, oberschlächtiges Wasserrad Arbeitsmaschinen mit langsamem Gang, z. B. Mahlgänge mit schweren Läufersteinen bei 120 ÷ 180 Uml/min., so halten sich die beträchtlichen Schwungmassen, wenn sie einmal in Bewegung gesetzt sind, einander gegenseitig im labilen Gleichgewicht und es bedarf nur eines stetigen Antriebs durch den in die Zellen fallenden Wasserstrahl, um die Mühle auch beim schwachen Zufluß dauernd in Gang zu erhalten. Diese Anordnung gestattet die Ausnützung auch der kleinsten Wassermenge, indem bei verminderter Beaufschlagung die Maschine wohl langsamer arbeitet, aber nie versagt. Auf diesem »Geheimnis« beruht auch die Überlegenheit der Wasserräder vor den Turbinen, indem jene, namentlich die oberschlächtigen, auch bei geringem Zufluß trotzdem die gleiche Arbeit, wenn auch langsamer, verrichten. Verfasser konnte bei einer großen Anzahl Mühlentriebwerken konstatieren, daß bei genauester Gefälle- und Wassermessung der Wirkungsgrad, besonders bei kleinen Wassermengen, ein derart hoher war, daß er nur unter Berücksichtigung der Wirkung der Massenbeschleunigung sich erklären läßt.

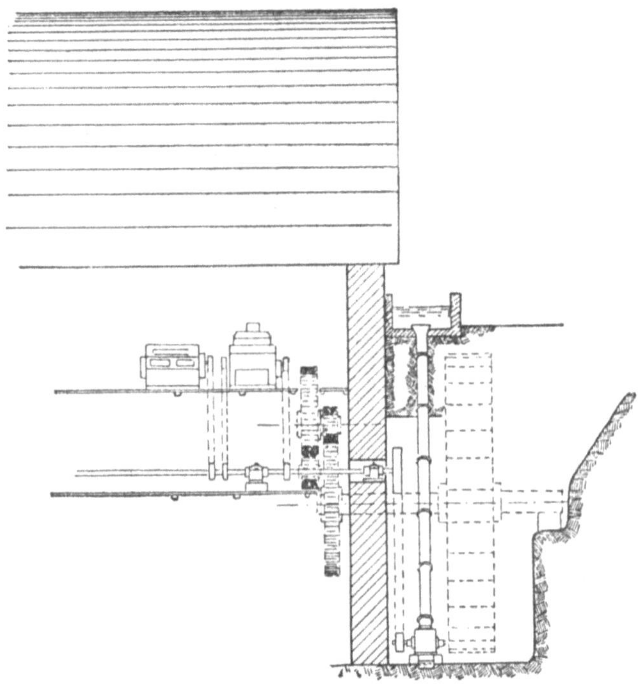

Abb. 58. Querschnitt zu Abb. 57.

Anders liegen dagegen die Verhältnisse, wenn der Wasserkraftmaschine die Umlaufzahl der anzutreibenden Welle gegeben werden kann oder es sich um unmittelbare Kupplung mit schnellaufenden Maschinen mit leichtem Gang handelt; hier kommen die vorteilhaften Eigenschaften des Turbinenbetriebs voll zur Geltung.

Mit der Verwertung der Patente der neuen Turbine beschäftigt sich die von der Ungarischen Bank- und Handels-A.G. gegründete »Bánkische Wasserturbine Verwertungs-A.G.«. Die Bánki-Turbine wird außerdem in Bayern von der staatlichen Maxhütte in Bergen (Oberbayern) mit Erfolg gebaut.

c) Aufstellungsarten.

1. Die Aufstellungsweise von Hallinger.

Wie können wir unsere Wasserkraftanlagen ausbauen?

Eines der wichtigsten wirtschaftlichen Ziele ist die Beschaffung billiger Energie, die Erschließung neuer Energiequellen unter Ausnützung vorhandener Naturkräfte, sowie die Herstellung leistungsfähiger und tunlichst billiger Gütertransportwege. Dabei erhebt sich, wenn auch in andererWeise als beimWohnungsbau, die Frage: »Wie können wir bauen?«

In diesen Zeilen soll daher an Hand eines bestimmten Teilgebietes gezeigt werden, wie auch bei der Anlage von Wasserkraftanlagen in manchem noch rationeller und sparsamer gebaut werden kann.

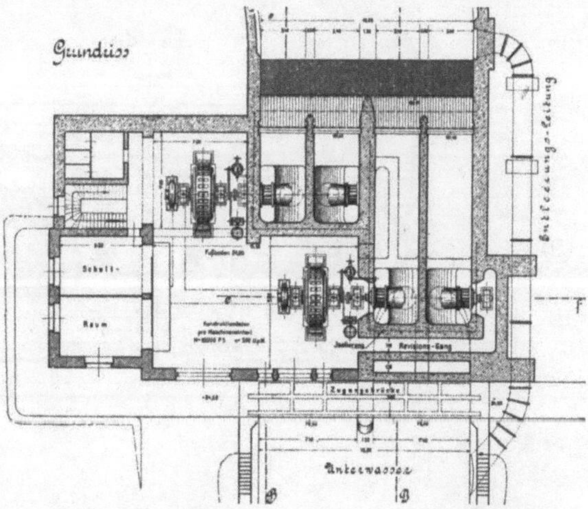

Abb. 59. Turbinenaufstellung System Hallinger, München.

Zu den wichtigsten der Wasserwirtschaft dienenden Hochbauten zählen heute die Krafthausanlagen, welche die Turbinen samt deren Zu- und Abfluß umfassen.

Bei ihrem Bau kommt es vor allem auf Einfachheit und Betriebssicherheit der ganzen Anlage bei gleichzeitig größter Wirtschaftlichkeit und höchster Nutzleistung an. Zur Ausnützung von Wassermengen mit wenigen Kubikmeter in der Sekunde und bei Niedergefällen für die Zwecke kleinerer elektrischer Anlagen, für Mühlen, Sägewerke und Holzschleifereien kommen ja häufig Turbinen mit senkrechten Wellen und konischem Räderantrieb zur Verwendung. Die Kosten für eine derartige Anlage sind heute sehr hoch, so daß andere Betriebskräfte, wenn man von den Betriebskosten absieht, nicht selten billiger zu stehen kommen als Wasser. Die hohen Anlagekosten können in vielen Fällen bis zur Hälfte vermindert werden durch die Anwendung einer Turbine mit wagerechter Welle und durch Aufstellung derselben nach einer Bauweise, durch Querstellung der Achsen zum Flußlauf nach Bauart Hallinger[1]).

[1]) Wasserturbinenanordnung DRP Gebr. Hallinger, Ingenieure in München, „Aufstellung liegender Wasserturbinen", Verlag von J. C. Huber in Diessen vor München.

Bei dieser werden die Krafteinheiten nicht wie bisher nebeneinander gestellt, sondern gegeneinander versetzt angeordnet, so daß allen Turbinen das Wasser senkrecht zur Turbinenachse zufließt. Daraus ergeben sich Vorteile konstruktiver, betriebstechnischer und wirtschaftlicher Art: Die Werke werden vereinfacht, weil größere Krafteinheiten gewählt werden. Ist eine Reserve erforderlich, so kommt eine zweite gleichstarke Turbine zur Aufstellung; bei schwankendem Kraftverbrauch oder sinkendem Wasserzufluß bestehen die Turbineneinheiten aus Doppel- oder Dreifachzwillings-Turbinen. Man schließt der Reihe nach einzelne Turbinenkammern und läßt deren Turbinen leer und die

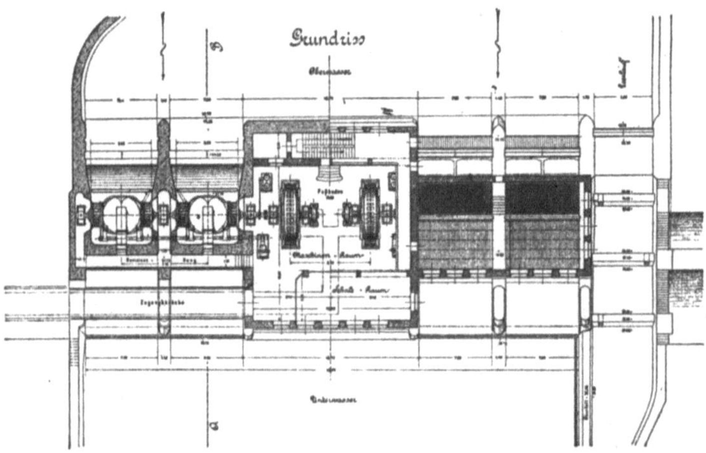

Abb. 60.

Arbeitsturbine dagegen besser beaufschlagt laufen, so daß genügende Beaufschlagung und voller Nutzeffekt selbst dann noch vorhanden ist, wenn der Wasserzufluß auf die Hälfte bzw. ein Drittel des normalen gesunken ist.

Müssen nach der bisherigen Bauweise bestimmte Wassermengen durch mehrere Turbineneinheiten ausgenützt und die Krafteinheiten aus mehreren Turbinen zusammengesetzt werden, so wächst die überbaute Grundfläche einer zur Aufnahme der Turbinen bestimmten Kammer mit der Zahl der hintereinandergesetzten Turbinen nahezu im quadratischen Verhältnis, und damit wächst auch entsprechend die Fläche des Bauwerkes. Bei der neuen Anordnung bleibt das Verhältnis aber einfach proportional zur Zahl der Turbinen und deshalb die überbaute Fläche des Stauwerkes meistens um ein Fünftel bis ein Drittel kleiner. Zugunsten der neuen Bauweise läßt sich noch ins Feld führen, daß das

Wasser den Turbinen nicht mehr über die Stirne parallel der Achse nach zufließt. Bei mehrfacher Anordnung stößt ferner das Wasser aus dem vorderen Saugkrümmer nicht mit dem Abfluß aus der hinteren Turbine zusammen, es hat vielmehr jedes Saugrohr seinen eigenen Abfluß ins Unterwasser. Bei geringem Überstau fließen Anschwemmungen und Eis über die Turbinen hinweg ins Unterwasser, weil der Turbinenrechen in der Oberwasserhöhe mit der Rückwand der Turbinenkammer oder mit der Tauchdecke zusammenfällt. Dadurch werden Betriebsschwierigkeiten bei Hochwasser oder bei Eisgang stark vermindert,

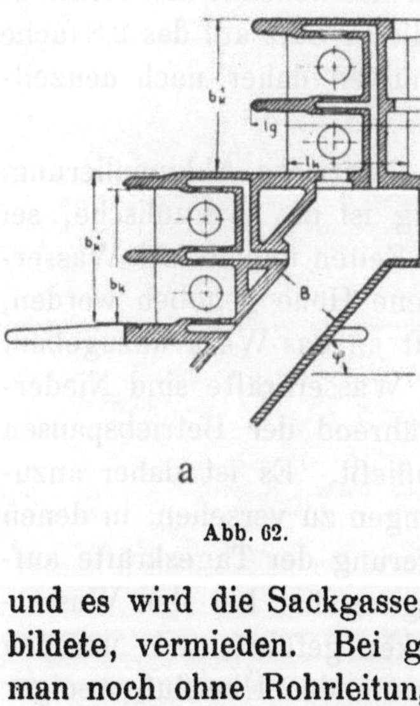

a

Abb. 62.

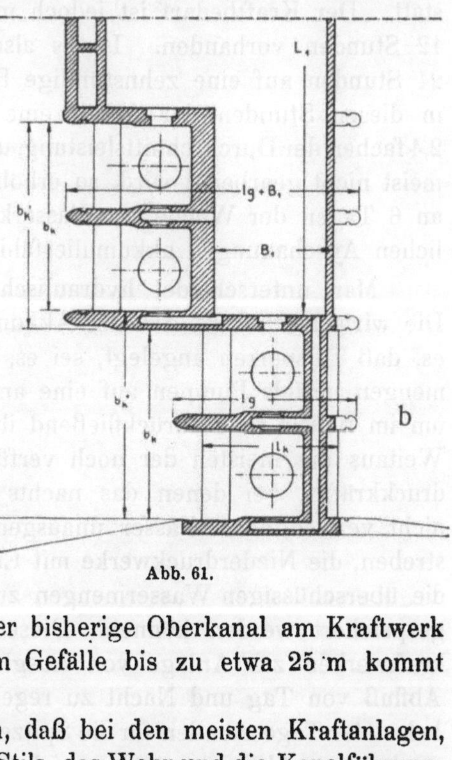

b

Abb. 61.

und es wird die Sackgasse, die der bisherige Oberkanal am Kraftwerk bildete, vermieden. Bei größerem Gefälle bis zu etwa 25 m kommt man noch ohne Rohrleitung aus.

Hier mag noch erwähnt sein, daß bei den meisten Kraftanlagen, insbesondere bei solchen größeren Stils, das Wehr und die Kanalführung, Schützen, Rechen, überhaupt alles, was nicht durch die Turbinenart, sondern allein durch die Wassermengen und Gefälle bestimmt wird, den weitaus größten Teil der Baukosten verschlingt und daß sich die Rentabilität der Gesamtanlage zum geringeren Teil, jedenfalls nie in ausschlaggebender Weise, auf die Kosten der Turbinen oder der Generatoren stützt.

Wo eine durchaus gleichmäßige Kraftabgabe stattfinden muß, wird man eine Aushilfe nicht entbehren können, wobei dann in Betracht kommt, die Betriebswassermenge auf mehr als 40 v H des Mittelwassers zu steigern. Ohne Reserven dürfte man wohl kaum über 60 v H des Mittelwassers als Betriebswasser hinausgehen. Bei der größeren Wasserführung der mittleren und unteren Strecken der Wasserläufe kann man schon mit dem Niedrigwasser ansehnliche Kraftgrößen erschließen. Für einen Ausgleich der Wasserführung im großen Maßstab wird man Aufspeicherungsräume bilden müssen.

Wesentlich für die Stärke einer Wasserkraft ist die Betriebszeit des Werkes. Im offenen Gewässer findet der Abfluß Tag und Nacht statt. Der Kraftbedarf ist jedoch meist nur am Tage während 10 bis 12 Stunden vorhanden. Ist es also möglich, den Wasserabfluß von 24 Stunden auf eine zehnstündige Betriebszeit zu vereinigen, so steht in diesen Stunden der Arbeit eine Kraft zur Verfügung gleich dem 2,4fachen der Durchschnittsleistung, und wenn man bedenkt, daß Sonntags meist nicht gearbeitet wird, so erhöht sich dieser Satz auf das 2,8fache an 6 Tagen der Woche[1]). Wasserkräfte müssen daher nach neuzeitlichen Anschauungen akkumulierfähig sein.

Man unterscheidet hydraulische und elektrische Akkumulierung. Die wirtschaftlichere Art der Akkumulierung ist die hydraulische, sei es, daß Talsperren angelegt, sei es, daß zu Zeiten unbenützte Wassermengen mittels Pumpen auf eine angemessene Höhe gehoben werden, um im Bedarfsfalle zurückfließend ihre Kraft an das Werk abzugeben. Weitaus die meisten der noch verfügbaren Wasserkräfte sind Niederdruckkräfte, bei denen das nachts und während der Betriebspausen nicht verwendbare Wasser unausgenützt abfließt. Es ist daher anzustreben, die Niederdruckwerke mit Einrichtungen zu versehen, in denen die überschüssigen Wassermengen zur Steigerung der Tageskräfte aufgespeichert werden können. Diese Überlegung hat bei den Wasserkraftwerken zur Anlage von Ausgleichsbecken geführt, teils um den Abfluß von Tag und Nacht zu regeln, teils um den Überfluß weniger belasteter Tagesstunden für die Spitzen des Kraftverbrauchs — bei Lichtwerken am Abend — aufzuspeichern. Solche Ausgleichsweiher finden sich vielfach an den neuerrichteten Talsperrenanlagen, werden aber auch für den täglichen Ausgleich einzelner zentraler Werke oberhalb oder unterhalb des Krafthauses angelegt.

Ein Ausgleich läßt sich auch durch Akkumulierung des elektrischen Stroms erreichen, womit allerdings ein erheblicher Kraftverlust von 20 bis 25 v H verbunden ist. Welche Art des Ausgleichs — Stau-

---

[1]) E. Mattern: Die Ausnützung der Wasserkräfte. 2. Aufl. 1908.

weiher oder Akkumulatorenanlagen — bei einer elektrischen Zentrale vorteilhafter ist, muß die Untersuchung der Kosten und Betriebsergebnisse ausweisen.

Die Kosten der Wasserkraftanlagen bestehen im wesentlichen aus drei Punkten: den Wehrkosten, Kanalkosten und Krafthauskosten[1]).

I. Bezüglich der Wehre betont Hallinger die Wichtigkeit, möglichst wenig Wehre mit entsprechend langen Seitenkanälen anzuwenden, um die Geschiebeführung der Flüsse selten zu stören, und die Mehrkosten auf einen großen Kraftgewinn zu verteilen. Die bedeutende Länge der Kanäle gestattet Freiheit ihrer Linienführung und beschränkt die kostspieligen Überleitungen zum Flußbett.

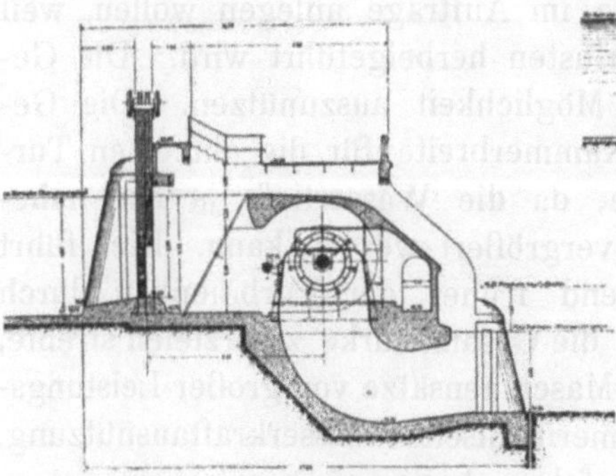

Abb. 63. Schnitt zu Abb. 60.

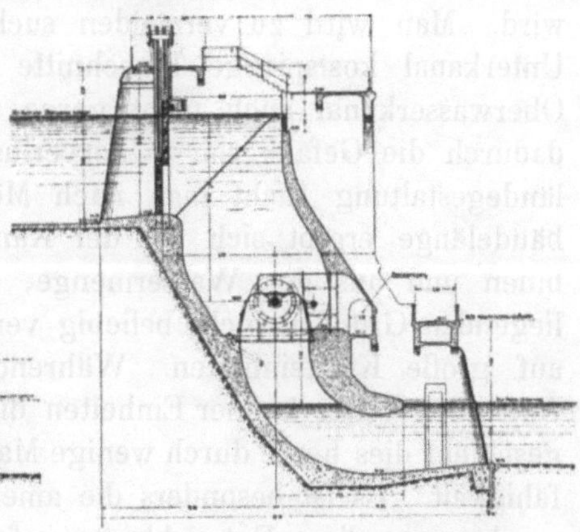

Abb. 64. Schnitt zu Abb. 59.

II. Die Kanäle verkleidet Hallinger mit Beton, wodurch die bei ihren großen Längen so notwendige Wasserundurchlässigkeit gesteigert und gleichzeitig eine große Wassertiefe ermöglicht wird, die günstigste Querschnitte gewährleistet. Das letztere ruft in Verbindung mit den glatten Wandungen eine wertvolle Verminderung der Reibungsverluste hervor. Für Flüsse mit geringem Gefälle ist dies von großer Bedeutung.

III. Bei den Krafthäusern ist Hallinger in weitestem Maß mit eigenen Gedanken und Konstruktionen hervorgetreten. Einige seiner Baugrundsätze sind aus den Abb. 59 bis 64 zu erkennen. Wie schon erwähnt, stellt er die Turbinen breitseitig zum Wasserlauf, wodurch die Grundfläche des Krafthauses trotz reichlicher Zufluß- und Abfluß-

[1]) Dr. Rud. Camerer: Richtlinien und Wege zur wirtschaftlichen Erschließung deutscher Niederdruckwasserkräfte. Südd. Verlagsanstalt München, G. m. b. H. 1921, Sonderabdruck.

querschnitte wesentlich verringert und die Zugänglichkeit zu den Lagern erhöht wird (Abb. 59). Er bildet die Rückwand des Krafthauses als Überfall aus und erspart dadurch eigene Sicherheitsüberfälle (Abb. 63 u. 64).

Schließlich weist er darauf hin, wie es möglich wird, durch elektrische Zusammenfassung mehrerer Gefällestufen in einer Kraftzentrale eigene Wasserkraftreserven zu vermeiden und größte Maschineneinheiten zu verwenden; hierdurch vermindern sich auch deren Kosten.

Die bauliche Ausführung des Krafthauses und seiner Einrichtung ist an die örtlichen Verhältnisse gebunden. Die Lage wird durch die Vorflut des Wasserlaufes bestimmt. Bei Triebwerkskanälen wird es je nach der Geländegestaltung zweckmäßig sein, das Kraftwerk so anzuordnen, daß dabei die Bewegung der Erdmassen ein Minimum wird. Man wird zu vermeiden suchen, daß durch den tiefliegenden Unterkanal kostspielige Einschnitte entstehen. Doch wird man den Oberwasserkanal auch nicht gerne im Auftrage anlegen wollen, weil dadurch die Gefahr von Sickerverlusten herbeigeführt wird. Die Geländegestaltung sucht man nach Möglichkeit auszunützen. Die Gebäudelänge ergibt sich aus der Kammerbreite für die einzelnen Turbinen und aus der Wassermenge, da die Wassertiefe ja aus naheliegenden Gründen nicht beliebig vergrößert werden kann. Dies führt auf große Krafteinheiten. Während früher der Turbinenbau durch Aufstellen vieler kleiner Einheiten die Gesamtstärke zu erzielen strebte, geschieht dies heute durch wenige Maschinensätze von großer Leistungsfähigkeit. Es ist besonders die amerikanische Wasserkraftausnützung, an der man diese Entwicklung verfolgen kann.

Was die Lage des Kraftwerkes zum Stromstrich anbetrifft, so ist die Anordnung des Rheinfelder-, des Chèvres-Werkes u. a. getadelt worden, weil bei diesen der Betriebskanal am Maschinenhaus sich verengt, wodurch ein Druckhöhenverlust entsteht. Die Lage senkrecht zum Stromstrich vermeidet den Druckverlust, bedingt aber eine starke Verbreiterung der Wasserfläche. Die Turbinenkanäle werden in Beton hergestellt, auch Eisenbeton kommt für diese aufgelösten Konstruktionen zur Verwendung. Die Raumbemessung des Gebäudes ist von der Größe der vorhandenen Kraft abhängig, man wird die Wasserbauarbeiten (Wehre, Kanäle) und auch den Grundriß des Maschinenhauses voll ausbauen, selbst wenn die Gesamtausnutzung für die erste Zeit noch nicht zu erwarten steht. Ziemlich verschieden verhalten sich auch die verschiedenen Turbinensysteme in bezug auf den Raum, den sie beanspruchen. Trotzdem wird bei der Wahl eines bestimmten Turbinensystems die Frage nach dem größeren oder geringeren Raumbedarf, den die Maschinenanlage erheischt, kaum ins Gewicht fallen. Hier spielen Eigenschaften wie hohe Tourenzahl, Größe der Krafteinheit, günstiger Wirkungsgrad, leichte und genaue Regelbarkeit die entscheidende Rolle.

Was das Äußere des Turbinenhauses anbetrifft, so wird es in Zukunft noch mehr als bisher in einfachsten Bauformen durchgebildet

Abb. 65. Das staatliche Murgkraftwerk in Forbach (Baden). Hochdruckkrafthaus mit Rohrleitungen, Apparatenhaus und Wasserschloß.

werden müssen. Das bedingt aber keineswegs Verzicht auf architektonisch gute Form. Eine Reihe mustergültiger moderner Bauwerke zeigen, daß sich auch ohne jeden unnötigen Aufwand lediglich durch gute Proportionierung und Massenverteilung derartige reine Zweckbauten schön gestalten lassen (Abb. 65).

Alles deutet darauf hin, daß wir am Beginn einer Periode von Technik und Wirtschaft stehen, in der ein starker Aufschwung in der

Ausnützung der Wasserkraft zu Energiegewinnung wie Verkehrszwecken zu erwarten ist. In breitester Öffentlichkeit besteht heute lebhaftes Interesse für Wasserwirtschaftsfragen. Selbst die Tagespresse fängt ja an, diesem neuerwachten technischen Interesse Rechnung zu tragen. Hoffentlich gelingt es, die große Zukunftsaufgabe so zu lösen, daß das nationale Gut, das wir in unseren Wasserkräften besitzen, möglichst vollkommen ausgenützt und vor Verzettelung in planlose Einzelanlagen geschützt wird. Ob der Ausbau durch den Staat, durch gemeinwirtschaftliche Unternehmungen oder durch Private oder — vielleicht die beste Lösung — von allen dreien erfolgt, ist nicht die wichtigste Frage, entscheidend ist, in welchem Geiste an ihn herangetreten wird. Dem weitausschauenden Blick des Ingenieurs eröffnen sich hier große und verantwortungsvolle Zukunftsaufgaben.

2. Turbinen mit hochgesaugtem Oberwasserspiegel.

Der moderne Turbinenbau hat es sich zur Hauptaufgabe gemacht, durch geeignete Einbauformen und Hilfsmittel dem Mißstande einer Überflutungsgefahr bei niedrigem Hochwasser durch die Wahl der bevorzugten, wagerechten Anordnung der Welle zu begegnen oder die unmittelbare Kupplung mit der Arbeitsmaschine (Dynamo) oder der Hauptwelle zu ermöglichen, ohne zur Anwendung konischer Getriebe mit ihren Kraftverlusten und andern störenden Betriebsverhältnissen zu greifen.

Diese Bestrebungen haben dazu geführt, auf den von Girard zuerst ausgeführten Saugheber[1]) zurückzugreifen und eine künstliche Hebung des Oberwasserspiegels über der Turbine herbeizuführen, um bei Niedergefällen für ausreichende Wasserüberdeckung (Druckhöhe über dem Leitrad) zu sorgen und dadurch die Luftansaugung mit Wirbelbildung und ihren störenden Einfluß für eine gleichbleibende Krafterzeugung zu umgehen. Girard hob mittels einer Luftpumpe den Oberwasserspiegel in einem schmiedeeisernen, halbkreisförmigen Heber und erreichte dadurch eine zwangläufige Wasserzuführung über der Turbine. Nicht zu unterschätzen ist der weitere Vorteil, daß bei erhöhter Aufstellung auch die Ausschachtungstiefe für das Betonsaugrohr nicht unwesentlich verringert werden kann und sich hierdurch erhebliche Fundamentierungskosten vermeiden lassen.

Die Hochsaugung des Oberwasserspiegels bedingt die Verdünnung des Luftraumes über der Turbine durch Absaugung der dort angesammelten und sich ständig erneuernden Luftmenge und die Firma Escher, Wyß & Cie., Ravensburg und Zürich, war die erste Turbinenbauanstalt, welche

[1]) L. D. Girard, Utilisation de la force vive de l'eau. Paris 1863.

diese künstliche Absaugung durch das Saugrohr der Turbine selbst (D. R. P. Nr. 237106) eingeführt hat.

Das Turbinengewölbe (Abb. 66) wird durch Eintauchung in den Oberwasserspiegel zu einer von dem unmittelbaren Luftzutritt von außen abgeschlossenen Kammer ausgebildet. Durch eine Verbindung der höchsten Stelle des Luftraumes durch Rohre mit dem Ablaufkrümmer oder dem Saugrohr wird sofort eine Luftabsaugung eingeleitet, sobald durch den Leitapparat der Turbine Wasser in das Saugrohr eingeführt wird und in dem letzteren die Vakuumbildung vor sich geht. Ein Abschlußventil, mit einem Schwimmer verbunden, bewirkt die selbsttätige Ausschaltung der Luftabsaugung sobald sich die Kammer vollständig mit Wasser angefüllt hat, um einer Wasservergeudung durch die Rohre vorzubeugen und die Entlüftungsvorrichtung wird ebenso selbsttätig wieder arbeiten, sobald sich dies durch erneute Luftausscheidung an der Wasseroberfläche oder anderweitigem Lufteintritt als erforderlich erweist. Die Praxis hat gezeigt, daß Betongewölbe genügend luftdicht hergestellt werden können, um diese Einbauart von Turbinen anstandslos zu gestatten. Statt gemauerter Wasserkammern lassen sich auch eiserne Kammerabdeckungen, Kessel und Spiralgehäuse zur Anwendung bringen, die wegen leicht erreichbarer Luftabdichtung eine besondere Beachtung beanspruchen.

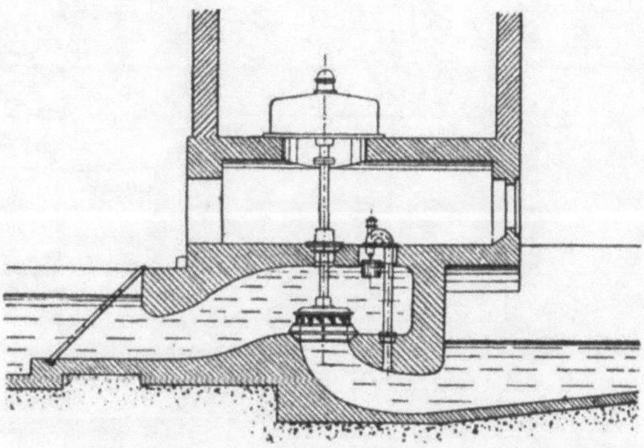

Abb. 66. Turbine mit hochgesaugtem Oberwasserspiegel. (Escher, Wyß & Cie, Ravensburg).

Die drei ersten derartigen Wasserturbinen wurden von obengenannter Firma für die Amperwerke, Elektr. A.-G. München, in die Anlage Unterbruck geliefert. Es sind vierfache Turbinen, je mit einer Leistung von 650 PS bei 4,7 m Gefälle. Eine weitere Ausführung nach diesem Prinzip, wobei die Turbinen über dem Oberwasserspiegel liegen, zeigt, daß die Neuerung die Beachtung weitester Kreise verdient.

In einer Papierfabrik in Wernsdorf sind drei Zwillingsturbinen auf wagerechter Welle so aufgestellt, daß das Wellenmittel 440 mm über dem normalen Oberwasserspiegel liegt und daß bei Senkungen,

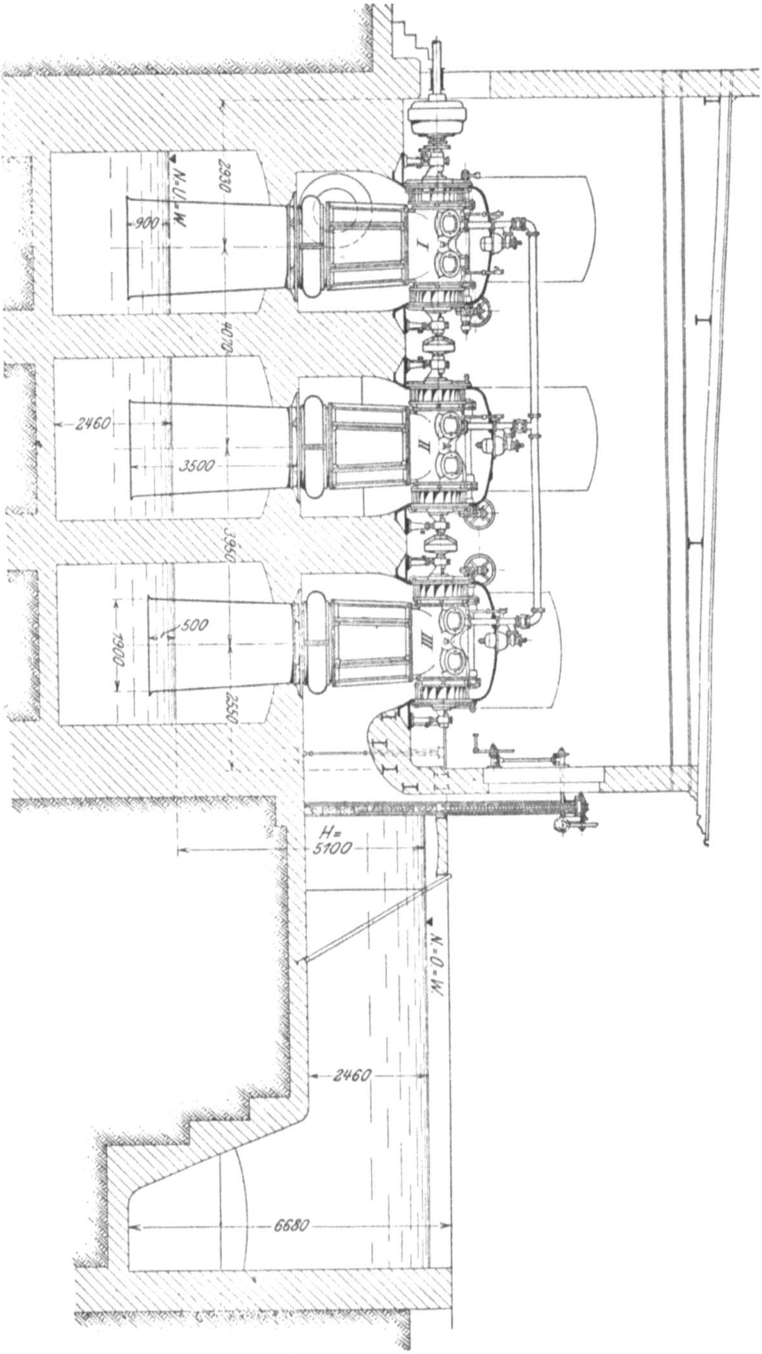

Abb. 67. **Aufstellung der 3 Turbinen mit hochgesaugtem Oberwasserspiegel in der Fabrik Wernsdorf. (Escher, Wyß & Cie, Ravensburg.)**

die beim Betrieb mit allen drei Turbinen eintreten können, Lauf- und Leiträder ganz über dem Oberwasserspiegel stehen[1]).

Der gute Ausfall des Baues, die Betriebssicherheit und das günstige Kraftergebnis der Anlage haben den Versuch gerechtfertigt; durch die Aufstellung der Turbinen zum erstenmal gänzlich über dem Oberwasserspiegel wurde erreicht, daß die Turbinen unmittelbar mit der Arbeitswelle gekuppelt und Kraftverluste durch Zwischengetriebe vermieden werden können, so daß die Wasserkraft am vorteilhaftesten ausgenutzt wird. Der Vorteil der außergewöhnlichen Anordnung wird noch dadurch erhöht, daß, wie die erzielten Bremsergebnisse erkennen lassen, durch das Hochsaugen die Wirkungsgrade der Turbinen nicht beeinflußt werden. Die Anlage läßt sich einfach und rasch in Betrieb setzen und hat sich als vollkommen betriebssicher und leicht bedienbar erwiesen.

Das Gefälle schwankt je nach dem Wasserstand zwischen 4,9 und 5,3 m und die Wasserkraft hat bei 5,1 m Gefälle und dem größten Zufluß von 9900 l/sk. 520 PS Höchstleistung. Die drei gleich großen Francis-Zwillingsturbinen, Abb. 67, für je 3300 l/sek. bei 5,1 m Gefällehöhe haben Laufräder von 600 mm Einlaufdurchmesser, die als Schnellläufer von 237 Uml/min. ausgebildet sind. Sämtliche Leiträder haben drehbare Gußschaufeln mit Laschenregelung und Handstellwerk. Das Wasser läuft den Leiträdern von unten zu und jede Turbine ist mit einer gußeisernen, wagerecht geteilten, gewölbten Haube überdeckt, wodurch eine zuverlässig luftdichte Wasserkammer und eine günstige Wasserführung erzielt wird. Diese Hauben lassen sich bei größeren Ausbesserungen leicht abheben, wodurch die ganze Turbine vom Maschinensaal aus frei zugänglich wird.

d) Reguliermethoden.

1. Die Beseitigung des Rückstaus bei Hochwasser.

Die durch Hochwasserrückstau eintretende zeitweilige Störung und oft völlige Unterbrechung der Wasserkraftbetriebe zwingt in vielen Fällen zur Anlage von Dampf- oder anderen Reserven, deren Erfordernis dann wieder die Frage aufwirft, ob nicht der dauernde Hilfsbetrieb ohne Wasserkraft sich billiger gestaltet als kostspielige Wasserbauten, die die Aufwendung zeitweiliger Hilfsbetriebskosten doch nicht ersparen.

Wie groß die bei der Ausnützung der Wasserkräfte in Frage kommenden wirtschaftlichen Interessen heute sind, braucht hier nicht

[1]) Fr. Freytag, Die Turbinenanlage der Papierfabrik Günther & Richter in Wernsdorf (Sachsen). Sonderabdruck aus der Z. d. V. d. I. Jahrg. 1914, S. 1033.

weiter auseinandergesetzt zu werden, es genügt, darauf hinzuweisen, daß durch die Schiffahrtskanäle hunderttausende Pferdestärken neu gewonnen werden können, für deren wirtschaftliche Ausnützung eine zweckmäßige Lösung der Rückstaufrage von größter Bedeutung ist. Daß durch die konstante Absenkung des Unterwassers auch das alte Problem einer Ausnützung von Ebbe und Flut zu Triebwerken vielleicht gelöst werden kann, wie in einer Zeitschriftnotiz aus England gemeldet wurde[1]), mag nur kurz erwähnt sein.

Um gegen die schädlichen Folgen des Rückstaues möglichst gesichert zu sein, wurden die älteren Wasserräder über dem mittleren Unterwasserstand aufgestellt. Girard, dessen Aktions-Turbinen nicht in das Unterwasser eintauchen dürfen, versah sie mit einem »hydropneumatischen« Mantel, um auch bei Rückstau betriebsfähig zu sein. Die im Unterwasser liegende Turbine wird dabei mit einem luftdichten Kasten umgeben, der genügend tief eintaucht. Durch eine Luftpumpe wird in dem abgeschlossenen Raum ein solcher Überdruck erzeugt, daß der Unterwasserspiegel im Kasten stets bis unter die Ausflußöffnungen der Turbine gesenkt erhalten wird und somit das Unterwasser nicht in das Laufrad eintreten kann.

Weitere Vorkehrungen in dieser Richtung sind die Einrichtungen von Speiser DRP, die Hänel'schen und die Lehmann'schen Rückschaufeln, und bei der Henschel-Jonval und Francis-Turbine die Anwendung eines Saugrohrs, das die Aufstellung der Turbine bis zu 6 und 7 m über Unterwasserspiegel gestattet, ohne daß die Schwankungen des Gefälles den Betrieb völlig unterbrechen, wie dies bei den Freistrahlturbinen und Wasserrädern der Fall ist.

Für alle Turbinensysteme bleibt der Übelstand bestehen, daß mit abnehmendem Gefälle einerseits die Nutzleistung, anderseits aber namentlich die Umdrehungszahl sich verringert, und zwar nicht nur proportional dem Gefälle, sondern im stärkeren Maße.

Für die neuerdings fast ausschließlich verwendeten Francis-Turbinen gibt Pfarr (Turbinen für Wasserkraftbetrieb) zur Bestimmung der Leistung bei vermindertem Gefälle h, aber unter Einhaltung der dem Normalgefälle H entsprechenden minutl. Umdrehungszahl n die Formel:

$$N_h = N_e\,(1 \div 1{,}5)\,\frac{H-h}{H} \quad \ldots\ldots \quad (46)$$

Daraus berechnet sich für

$h =$	0,9	0,8	0,7	0,6	0,5	0,4 H
$N_h =$	0,85	0,70	0,55	0,40	0,25	0,10 N_e

[1]) „The Engineering“ v. 3. 12. 1920 und „Die Wasserkraft“, April 1921.

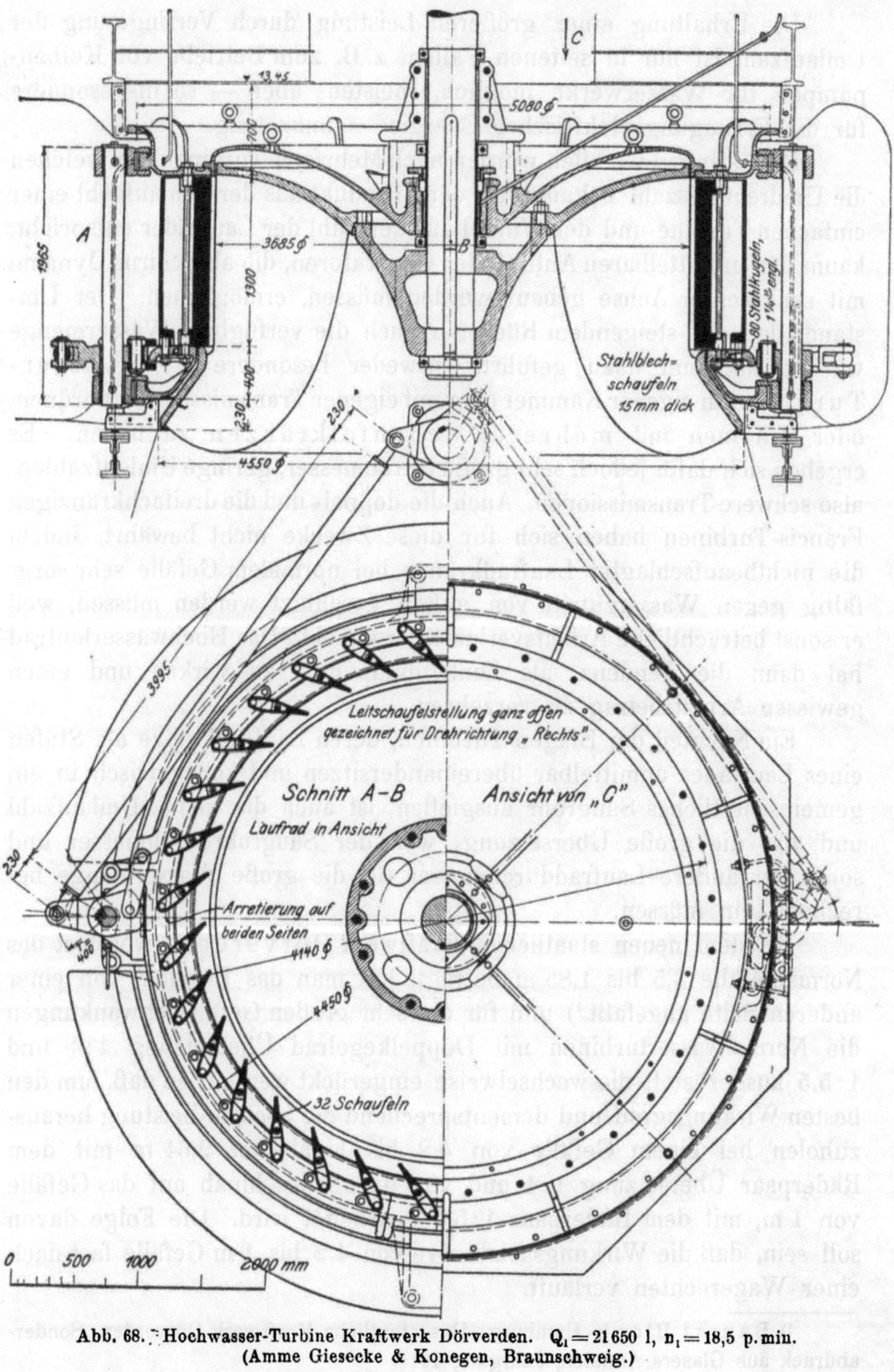

Abb. 68. Hochwasser-Turbine Kraftwerk Dörverden. $Q_1 = 21650$ l, $n_1 = 18{,}5$ p. min.
(Amme Giesecke & Konegen, Braunschweig.)

Die Erhaltung einer größeren Leistung durch Verringerung der Umlaufzahl ist nur in seltenen Fällen, z. B. zum Betriebe von Kolbenpumpen für Wasserwerke möglich, meistens aber — so insbesondere für die Erzeugung elektrischer Energie — unzulässig.

Bei geringen Gefällen würden auch Mehrfach-Turbinen, bei welchen die Umdrehungszahl bekanntlich dem Produkt aus der Umlaufzahl einer einfachen Turbine und der Wurzel aus der Zahl der Laufräder entspricht, kaum den unmittelbaren Antrieb der Generatoren, die als Schirm-Dynamo mit senkrechter Achse gebaut werden müssen, ermöglichen. Der Umstand, daß mit steigendem Rückstau auch die verfügbare Wassermenge wächst, hat nun dazu geführt, entweder besondere Hochwasser-Turbinen in eigener Kammer oder mit eigener Transmission anzuordnen, oder Turbinen mit mehreren Schaufelkränzen zu bauen. Es ergeben sich dafür jedoch sehr große Durchmesser, geringe Umlaufzahlen also schwere Transmissionen. Auch die doppel- und die dreifachkränzigen Francis-Turbinen haben sich für diese Zwecke nicht bewährt, indem die nichtbeaufschlagten Laufradkränze bei normalem Gefälle sehr sorgfältig gegen Wasserzutritt von außen geschützt werden müssen, weil er sonst beträchtliche Arbeitsverluste verursacht. Das Hochwasserlaufrad hat dann die Tendenz, als Zentrifugalpumpe zu wirken und einen gewissen Arbeitsbetrag zu verzehren.

Ein Nachteil der Etagen-Turbinen, deren Laufradkränze als Stufen eines Laufrades unmittelbar übereinandersitzen und konzentrisch in ein gemeinschaftliches Saugrohr ausgießen, ist auch die kleine Umlaufzahl und also die große Übersetzung, weil der Saugrohrdurchmesser und somit der äußere Laufraddurchmesser für die große Wassermenge berechnet sein müssen.

Bei dem neuen staatlichen Kraftwerk Dörverden, woselbst das Normalgefälle 3,5 bis 1,85 m beträgt, hat man das Problem von einer anderen Seite angefaßt[1]) und für die sehr großen Gefälleschwankungen die Normalwasserturbinen mit Doppelkegelrad-Übersetzung 1:4 und 1:5,5 ausgerüstet, die wechselweise eingerückt werden, so daß, um den besten Wirkungsgrad und dementsprechend die höchste Leistung herauszuholen bei einem Gefälle von 4,2 bis hinab auf 2,64 m mit dem Räderpaar Übersetzung 1:4 und von da ab, bis hinab auf das Gefälle von 1 m, mit dem Räderpaar 1:5,5 gearbeitet wird. Die Folge davon soll sein, daß die Wirkungsgradkurve von 4,2 bis 1 m Gefälle fast nach einer Wagerechten verläuft.

---

[1]) Baurat Block-Hamburg: Das staatliche Kraftwerk Dörverden, Sonderabdruck aus Glasers Annalen, Jahrgang 1915.

Mit dem äußeren Kegelräderpaar macht die Turbine n = 31,25 in der Minute, mit dem inneren n = 22,7 in der Minute, so daß in beiden Fällen die Vorgelegewelle n = 125 Uml./min. vollzieht. Dabei erreicht eine Turbine mit H = 3,46 m und Q = 30 cbm/sek. eine Leistung von 1000 PS.

Wenn in den vorbeschriebenen Anordnungen zwei oder mehr Turbinen nebeneinander arbeiten, so sind neuerdings Anordnungen ersonnen, bei denen die Hintereinanderschaltung zweier Maschinen erfolgt. Der Betriebsleiter des Kraftwerkes (Société Hydro-Motrice Genève) in Genf, M. Saugey, hat ein System von zwei sogenannten Ejektorenschützen angewendet[1]). Dieses System beruht auf der Benützung

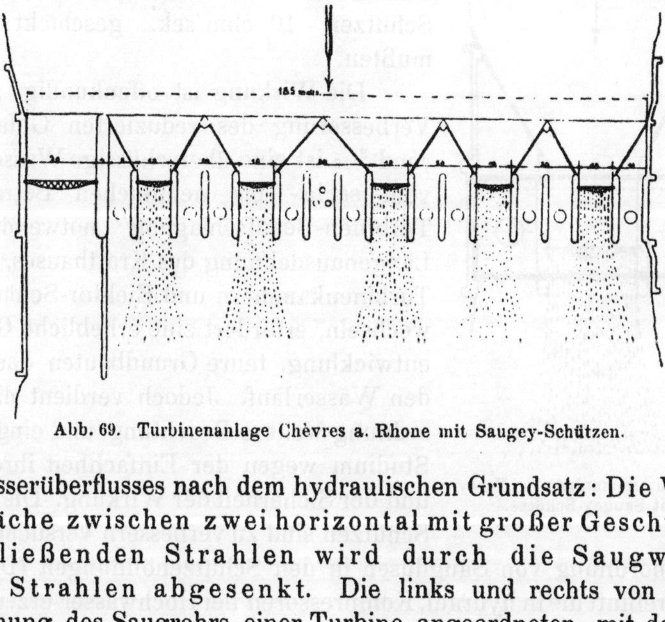

Abb. 69. Turbinenanlage Chèvres a. Rhone mit Saugey-Schützen.

des Wasserüberflusses nach dem hydraulischen Grundsatz: Die Wasseroberfläche zwischen zwei horizontal mit großer Geschwindigkeit fließenden Strahlen wird durch die Saugwirkung dieser Strahlen abgesenkt. Die links und rechts von der Austrittsöffnung des Saugrohrs einer Turbine angeordneten, mit dem Oberwasser in direkter Verbindung stehenden Schützen (Abb. 69 u. 70) werden bei überschüssigem Hochwasser gezogen und bewirken alsdann dicht unterhalb der Mündung des Turbinensaugrohrs ein Ansaugen und Absenken des UWSp., das eine Vermehrung des Triebgefälles bedeutet.

Über das Resultat seiner Versuche in der Rhone am Kraftwerk Chèvres und in der Arve bei Vesey berichtet Saugey in der in der Fußnote bezeichneten Schrift, und zwar handelte es sich im ersten Falle um ein natürliches Gefälle von 4,69 bis 4,96 m, das künstlich

---

[1]) La récupération des chutes d'eau par l'usine-barrage système Saugey. (Sonderabdruck, Genf).

auf 5,84 bis 6,28 m erhöht wurde. Bei einem Wasserverbrauch von 135 cbm/sek. erreichte die Rückgewinnung 31,7 Prozent des natürlichen Gefälles.

Eine unter den gewöhnlichen Bedingungen aufgestellte Turbine von 714 PS würde in ihrer Leistung um 226 PS gesteigert und 940 PS ergeben, wenn sie zwischen zwei Ejektor-Schützen eingebaut ist.

Unter wesentlich kleineren Verhältnissen sind die Versuche in Vesy angestellt worden, das natürliche Gefälle beträgt dort 1,72 bis 1,90 m, das künstlich erzeugte desgl. 1,88 bis 2,41 m, die mittlere Beaufschlagung der Turbine war 1660 Sekl., die Leistung 30 PS, der Zuwachs betrug wie in Chèvres 31 Prozent, wozu durch die Ejektor-Schützen 10 cbm/sek. geschickt werden mußten.

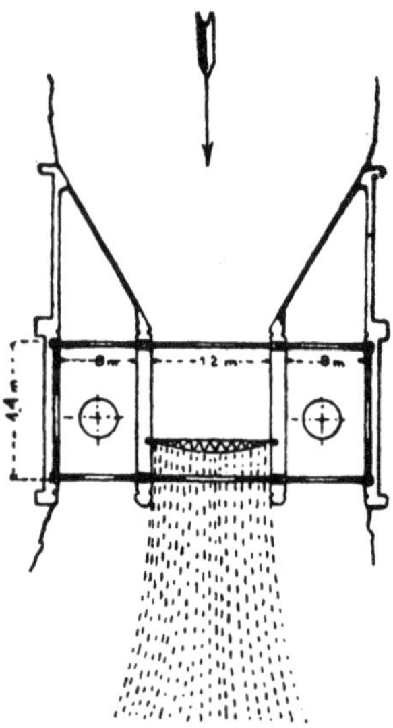

Abb. 70. Turbinenanlage bei Vesey mit Saugey-Schütze.

Die Wirkung ist offenkundig: zu einer Verbesserung des reduzierten Gefälles um rund 3/10 ist eine überschüssige Wassermenge vom sechs- bis neunfachen Betrage der Turbinen-Beaufschlagung notwendig; die Längenausdehnung des Krafthauses, bei dem Turbinenkammern und Ejektor-Schützen abwechseln, erfordert eine erhebliche Gebäudeentwicklung, teure Grundbauten quer durch den Wasserlauf. Jedoch verdient diese Anordnung weitere Beachtung und eingehendes Studium wegen der Einfachheit ihrer Mittel und der Sicherheit der Wirkung. Die Saugey-Schützen sind zu verbessern versucht worden durch Anordnung von Saugdüsen in den Schützenöffnungen (DRP), bei denen Preßluft die in hydraul. Kompressoren bei Hochwasser erzeugt wird, als Treibmittel dient. Diese Anordnung erscheint jedoch ziemlich verwickelt. Desgleichen auch die von Arntz in Weidenthal (Rheinprovinz) in Vorschlag gebrachte Turbinenanlage, »dadurch gekennzeichnet, daß die Turbinen in turmähnliche, den Srompfeilern von Brücken vorgebaute Kammern derartig eingebaut sind, daß sowohl der an den Pfeilern entstehende Stau als auch die saugende Wirkung des zwischen den Pfeilern und durch die Pfeilerkanäle hindurchströmenden Wassers ausgenützt wird«. Diese letztere Erfindung hat den Nachteil der fast völlig unzugänglichen Lage der Zwei-Etagen-Turbinen und der Zapfen.

Der Erfinder des Venturiemessers, der bekannte amerikanische Ingenieur Cl. Herschel, hat einen Gefällevermehrer (Fall-increaser) konstruiert, der nach Art der Venturiröhre hergestellt, aus einer unter dem Saugkrümmer stark eingeschnürten Röhre besteht, die vom Oberwasser aus unter dem Fundament des Gebäudes durchgeleitet und bis in den Unterwasserkanal geführt wird. Durch die Verbindung der durchlöcherten Rohreinschnürung mit dem Turbinenrohre, das durch eine Klappe gegen den Rückstau des Unterwassers geschlossen werden kann, ist es möglich, mittels Einführung des überschüssigen Hochwassers das Betriebswasser der Turbine aus dem Saugrohr abzusaugen. Gleichzeitig

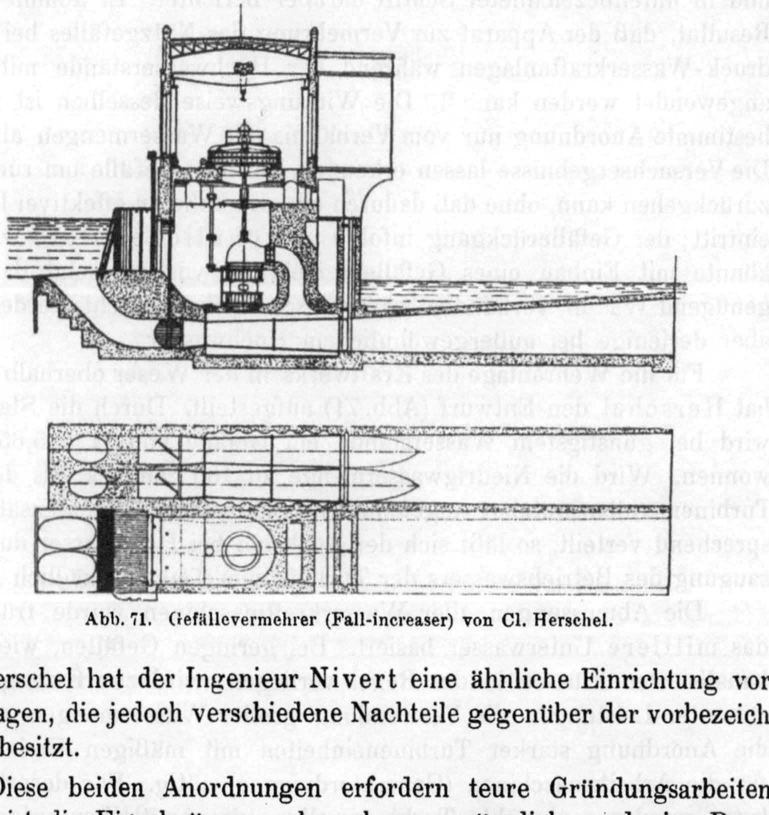

Abb. 71. Gefällevermehrer (Fall-increaser) von Cl. Herschel.

mit Herschel hat der Ingenieur Nivert eine ähnliche Einrichtung vorgeschlagen, die jedoch verschiedene Nachteile gegenüber der vorbezeichneten besitzt.

Diese beiden Anordnungen erfordern teure Gründungsarbeiten, ferner ist die Einschnürung sehr schwer zugänglich, und eine Regulierung des Hochwassers ist nur durch Abdrosselung des Rohrquerschnitts oberhalb der Einschnürung möglich. Hierdurch geht aber vom Hochwassergefälle unter Umständen ein erheblicher Teil verloren. Eine Regulierung des Betriebs- und Förderwassers in der Einschnürung selbst ist nicht vorgesehen, auch nicht durchführbar. Dadurch, daß hier nicht eine der Summe der beiden Durchflußmengen entsprechende Erweiterung des Rohres, wie bei einer rationell gebauten Strahlpumpe erfolgt, müssen außerdem plötzliche Geschwindigkeitswechsel und also starke Stoßverluste eintreten.

Herschel hat bei seinen Versuchen in der Prüfungsanlage in Holyoke Wirkungsgrade von 17, höchstens 27,5% festgestellt. Dieser Wirkungsgrad kann freilich als wirtschaftlich nicht bezeichnet werden, insofern als die Einrichtung ja nur dann in Tätigkeit gesetzt werden soll, wenn überflüssiges Hochwasser vorhanden ist. Dr. Dübi hat sich mit der Untersuchung der Wirkungsweise dieses Gefällevermehrers befaßt und in untenbezeichneter Schrift darüber berichtet. Er kommt zu dem Resultat, daß der Apparat zur Vermehrung des Nutzgefälles bei Niederdruck-Wasserkraftanlagen während der Hochwasserstände mit Erfolg angewendet werden kann [1]). Die Wirkungsweise desselben ist für eine bestimmte Anordnung nur vom Verhältnis der Wassermengen abhängig. Die Versuchsergebnisse lassen erkennen, daß das Gefälle um rund 30% zurückgehen kann, ohne daß dadurch eine Einbuße an effektiver Leistung eintritt; der Gefällerückgang infolge gewöhnlichen Hochwassers könnte mit Einbau eines Gefällevermehrers, vorausgesetzt daß dabei genügend Wasser vorhanden wäre, unschädlich gemacht werden, nicht aber derjenige bei außergewöhnlichem Hochwasser.

Für die Wehranlage des Kraftwerks in der Weser oberhalb Bremen hat Herschel den Entwurf (Abb. 71) aufgestellt. Durch die Stauanlage wird bei günstigstem Wasserstande ein Gefälle von $H = 5{,}65$ m gewonnen. Wird die Niedrigwassermenge zu 100 cbm/sek. als durch die Turbinen vollausnützbar angenommen und auf die Turbinensätze entsprechend verteilt, so läßt sich der Rückstau bei Hochwasser durch Absaugung des Betriebswassers der Turbine zum Teil unschädlich machen.

Die Abmessungen aller Wasserkraftmaschinen wurde früher auf das mittlere Unterwasser basiert. Bei geringen Gefällen, wie sie bei kanalisierten Flüssen in der Regel vorliegen, wird zur Erzeugung bestimmter Leistungen die Verwendung großer Wassermengen und also die Anordnung starker Turbineneinheiten mit mäßigen Umlaufzahlen für die Arbeitsmaschinen (Generatordynamo) nötig. Für derartige Anlagen werden senkrechte Turbinenwellen mit unmittelbar aufgesetztem Dynamo bevorzugt. Etagen-Turbinen haben sich für diese Zwecke deswegen nicht bewährt, weil die Einschaltung des Hochwasserkranzes die Leistung nicht wesentlich mehr erhöht. Die einfache Turbine, die bei

[1]) Dr. Ernst Dübi: Über die Wirkungsweise des Gefällevermehrers nach Cl. Herschel in Verbindung mit einer Turbine. Promotionsarbeit. Rascher & Co., Zürich und Leipzig 1912.

Hochwasser mit voller Füllung belastet wird, entwickelt dann einen geringeren Wirkungsgrad als bei Mittelwasser mit Dreiviertelfüllung. Der Nutzeffekt des vierten Viertels der Wassermenge ist also verhältnismäßig gering.

Geh. Baurat Dankwerts hat deshalb für derartige Fälle eine Wasserstrahlpumpe (Abb. 72) als Vorspann in Vorschlag gebracht[1]), und was die Wirkungsweise der Wasserstrahlpumpen anbetrifft in der unten angeführten Schrift weitere Nachweise und Berechnungen über die durch Patent geschützte Einrichtung gegeben. Er hofft mit diesen Maßnahmen durch allmähliche Ein- und Ausschaltung je einer Turbinen- und Strahlpumpeneinheit sich den verfügbaren Wassermengen und Gefällen sehr genau anpassen und sie voll ausnützen zu können. Man hätte dann während der ganzen Betriebszeit den Vorteil, daß jede einzelne Turbine bei nahezu konstantem Gefälle eine konstante Wassermenge voll verbraucht und also außer einer konstanten Umlaufzahl auch eine konstante Arbeitsleistung hätte. Es wäre sehr wertvoll, wenn zunächst für eine Turbine einmal eine Versuchsanlage gebaut und die dabei gewonnenen Erfahrungen für weitere Erprobung und Verbesserung verwendet würden. Man wird sich deshalb dem Wunsche des Erfinders gern anschließen, daß baldigst in eine schon vorhandene oder neue Kraftanlage versuchsweise eine Wasserstrahlpumpe seiner Konstruktion eingebaut werden möge, um ihren Wert für die Praxis zu erweisen. Derartige Versuche verdienen allgemeine Beachtung, denn die mit großen Wassermengen aber geringen und starkwechselnden Gefällen ausgerüsteten Wasserkräfte Deutschlands werden nur konkurrenzfähig bleiben können, wenn die Frage der Unschädlichmachung des Rückstaues auf die eine oder andere Weise gelöst wird. Die Bestrebungen von Dankwerts, Herschel und Saugey begegnen übrigens ständig wachsendem Inter-

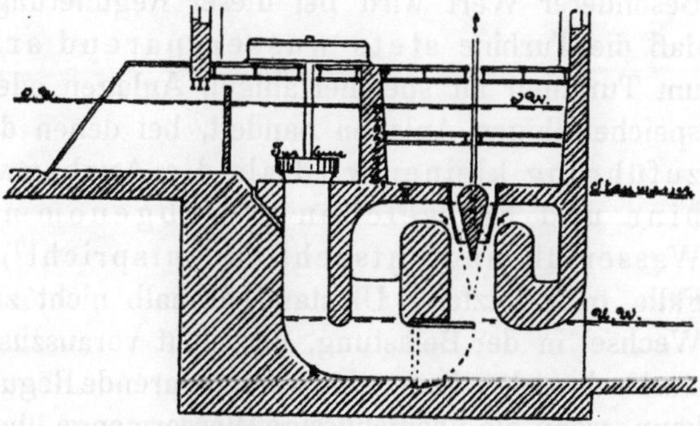

Abb. 72. Turbine mit Wasserstrahlpumpe von Dankwerts.

[1]) Geh. Baurat Dankwerts: Veröffentlichungen der Turbinentechnischen Gesellschaft E. V. Nr. 1 Sonderabdruck aus der Zeitschrift „Die Turbine", 5. Jahrgang, Heft 12 und 13.

esse, weshalb man wohl hoffen darf, daß die Anstellung praktischer Versuche in größerem Maßstab nicht lange auf sich warten lassen wird.

Die Lösung dieser Aufgabe — von den Zeitumständen gebieterisch gefordert — muß in der Richtung möglichst einfacher und betriebssicherer, womöglich automatisch wirkender Anordnungen gesucht werden, deren Wirkungsweise derjenigen der selbsttätigen Hochwasserschutzeinrichtungen von Wehranlagen und Talsperren gleicht.

2. Das Esibe-Regulier-Verfahren und die Kreuterbremse.

Bei hydraulischen Kraftanlagen wird bei Belastungswechsel die Turbine in der Weise reguliert, daß der Eintrittsquerschnitt des Leitapparates entsprechend der sich ändernden Leistung verstellt wird. Besonderer Wert wird bei dieser Regulierungsmethode darauf gelegt, daß die Turbine stets wassersparend arbeitet, solange es sich um Turbinen an speicherfähigen Anlagen oder um Turbinen an nicht speicherfähigen Anlagen handelt, bei denen die natürliche Wasserzuführung kleiner wird als die Ausbauwassermenge der Turbine und bei welchen die abgenommene Leistung dieser Wasserführung tatsächlich entspricht[1]). In der Mehrzahl der Fälle trifft letzterer Umstand deshalb nicht zu, weil bei dem starken Wechsel in der Belastung, der nicht vorauszusehen ist und auch zeitlich stark schwanken kann, eine wassersparende Regulierung keinen Sinn haben kann, wenn die überschüssige Wassermenge über den Leerschuß abfließt.

Indem die Regulierung bei Belastungswechsel von der Regelung bei sich ändernder Wasserführung völlig getrennt wird, trägt das Esibe-Verfahren diesem Umstand Rechnung. Muß bei Belastungswechsel die Regulierung in ersterem Falle eine rasche sein, so kann nach dem bezeichneten Verfahren diese eine erheblich langsamere sein, auch mit Bezug auf die technischen Mittel ist sie eine wesentlich einfachere, indem ein automatischer Öldruckregler entbehrlich wird und die Verstellung des Turbinenleitapparates durch eine Hilfssteuerung erfolgt. Als Vorteil der neuen Anordnung wird noch in Anspruch genommen, daß die Regulierarbeit — ein kleiner Bruchteil der Turbinenleistung — erspart werde, worauf wir jedoch weniger Gewicht legen möchten, da das überschüssige Wasser ja ohnehin freigegeben wird. Um den Grundgedanken der Regulierung nach der Fassung in dem angezogenen Artikel des Ing. Wielich nochmals auszusprechen, so wird bei Belastungswechsel nicht der die Leistung bedingende Wassermengenfaktor Q

[1]) Dipl.-Ing. R. Wielich: Das Esibe-Regulier-Verfahren, „Die Wasserkraft" Nr. 17, 1921.

bei konstantem Gefälle H allein verändert, sondern es wird mittels eines besonderen Steuerorgans auf den Gefällefaktor H und damit auch auf das Produkt $Q \times H$ eingewirkt, das unmittelbar das Maß für die Turbinenleistung darstellt. Vermindert man nämlich durch Gefällevernichtung den Druck H z. B. auf $\frac{H}{2}$, so ändert sich nach hydraulischem Gesetz die verschluckte Wassermenge der Turbine auf ungefähr $\frac{Q}{\sqrt{H}}$, so daß — abgesehen von der Veränderung des Wirkungsgrades η — der Effekt von $Q \times H$ nicht auf $Q \times \frac{H}{2}$, sondern mindestens auf $\frac{Q}{2} \times \frac{H}{\sqrt{2}}$ herabgeht. Ohne Änderung des Zulaufquerschnitts F an der Turbine wird

Abb. 73. Füllung und Walzenbildung.

bei nicht speicherfähigen Anlagen die Regelung durch ein Dreiwegsystem in der Weise bewerkstelligt, daß bei voller Belastung die ganze Wasserführung Q mit dem verfügbaren Gefälle auf die Turbine zur Wirkung gelangt, während bei Belastungswechsel eine entsprechende Teilwassermenge Q^1 unter entsprechender Verminderung des Triebgefälles H auf H^1 zum Abfluß durch einen anschließenden Energievernichter, System Kreuter, gebracht wird. Letzterer zweigt unmittelbar vor der Zuleitung zu den Turbinen ab und die Kreuterbremse arbeitet in der Weise, daß das zu vernichtende Arbeitsvermögen des Wassers zentral zum Ausfluß in ein gefülltes Tosbecken gebracht wird, woselbst die Wasserenergie durch die sich bildenden Deck- und Grundwalzen ohne Schaden für das Bauwerk vernichtet wird. Anläßlich der Ausstellung für Wasserstraßen und Energiewirtschaft in München ist vom Erfinder des Regulierverfahrens Diplom-Ing. O. Poebing eine Modell-Anlage vorgeführt worden, deren Belastungsproben gezeigt haben, wie bei konstantem Druck in der Zuleitung die wirksamen Gefälle zwischen Turbine und Energievernichter, entsprechend der wechselnden Belastung, verteilt werden.

Bei wiederholtem Belastungsversuch und konstanter Turbinenöffnung ergab sich:

	Turbine	Zuleitung	Kreuterbremse
Leerlauf	22,0	29,0	21,0
$^1/_2$ Last	27,0	29,0	10,5
$^3/_4$ Last	29,0	29,0	0

Abb. 74. Fortschreitende Füllung des Beckens und Walzenbildung.

Im städtischen Elektrizitätswerk Kufstein ist die Ausführung und Inbetriebsetzung einer Kreuter-Bremse erstmals am 24. Juli 1921 einem engeren Kreis von Fachleuten mit Erfolg vorgeführt worden.

Durch den Wegfall des Aufstaues der in Bewegung befindlichen Wassermassen in die Verteilung dieser Massenwirkung zwischen Turbine und Energievernichter wird bei nicht speicherfähigen Anlagen ein Wegfall des sonst erforderlichen Leerschusses in Anspruch genommen, ein Ergebnis, das kostspielige und je nach Terrainverhältnissen gefährdete Leerschußbauten bei Hoch- und Mitteldruckanlagen entbehrlich mache. Diese Annahme wäre zum Teil zutreffend, wenn das Wassergesetz nicht wäre, welches Schutz- und Sicherheitseinrichtungen für Wasserkraftanlagen vorschreibt, Freiläufe, um die Röhrenfahrt oder den Zulaufkanal entleeren oder plötzliche Anschwellungen abströmen lassen zu können. Dagegen ist nicht zu verkennen, daß mit dem neuen System an den Turbinenreglern und an der Reguliervorrichtung an den Turbinen gespart werden kann.

Bei Großkraftanlagen sollen nach dem Esibe-Verfahren nur eine Regulierturbine aufgestellt werden mit einem Turbinenregler und zur Regelung der Grundbelastungsturbinen keine Öldruckregler erforderlich sein. Diesen Turbinen werde vielmehr durch eine mit dem Regler der Regulierturbine arbeitende zentrale Steuerung das Gesamtgefälle H entweder voll genommen oder voll gegeben, wobei in der Zone O und zwischen Gefälle H die Regulierturbine den entsprechenden

Abb. 75. Voller Betrieb im regelmäßigen Gange. Das Becken läuft über.

allmählichen Übergang gewährleisten werde. Hierdurch seien Ersparnisse für die maschinelle Ausrüstung des Krafthauses bezüglich Turbinen und Regler, sowie für den elektrischen Teil der Anlage zu erzielen, sowie eine Vereinfachung der Wartung und Instandhaltung gegeben. Außerdem sei durch Anwendung des auf Spannung reagierenden Thoma-Schnellreglers für Einzel-Gleichstrom-Anlagen — der für Kleinwasserkräfte typische Fall — eine konstante Netzspannung unter Umgehung eines eigenen Drehzahlreglers auf einfache und billige Weise unmittelbar durch Steuerung des zentralen Druckverteilungsorganes bei Belastungswechsel zu erreichen. Über das neue Regulierverfahren und besonders über die Anordnung des elektrischen Teils desselben haben sich in genannter Zeitschrift Nr. 1 und Nr. 5, Jahrgang 1922, Obering. C. Reindl und Ing. Pichl eingehend geäußert und es mag für das weitere Studium auf diese Veröffentlichungen hingewiesen sein, jedenfalls ist das Esibe-Regulierverfahren der durchgreifenden Prüfung und Durchbildung seiner Einzelheiten durch Zusammenarbeit zwischen dem Turbinenkonstrukteur und dem Elektro-Betriebsfachmann ebenso wert wie bedürftig und dann ist nicht zu zweifeln, daß sich für gewisse Fälle — und darin ist der Ansicht von Ing. Reindl beizustimmen — eine wertvolle Vereinfachung und Verbilligung für die wirtschaftliche Ausnützung unserer Wasserkräfte daraus ergibt. Bei aller Verbesserung, die möglicherweise erreicht wird, dürfte es sich in Großkraftanlagen empfehlen, schon der Reserve wegen, sich nicht auf eine einzige Regulierturbine mit einem Regler zu stützen, sondern doch deren zwei vorzusehen.

Vierter Abschnitt.

X. Kraftmessung.

Normen zur Anstellung von Leistungsuntersuchungen an Kraftmaschinen.

Zur Bestimmung des Wirkungsgrades und des Nutzeffekts einer Turbine dienen Versuche, durch welche das Arbeitsgefälle, der Wasserverbrauch und die Leistung festgestellt werden, und zwar handelt es sich dabei um die Ermittlung von vier Konstanten:

Kraftmessung,
Gefällemessung,
Wassermessung,
Messung der Umlaufzahl.

Kraftmessung mit dem Prony'schen Zaum.

Zum Messen der Leistung einer Turbine dient das Prony'sche Bremsdynamometer, das aus einer Bremsrolle, die auf die Turbinenwelle oder auf eine Vorgelegwelle aufgekeilt, mit nachstellbaren Bremsbacken und einem Hebel mit oder ohne angehängter Wagschale besteht. Mittelst dieser Vorrichtung, deren Größe- und Stärkeverhältnisse der zu messenden Kraft anzupassen sind, wird der Effekt unmittelbar abgewogen. Kann örtlicher Rücksichten halber die Kraft nicht auf der Turbinenwelle abgebremst werden, so kommt in der Berechnung des Nutzeffekts die Zahn- und Lagerreibung des Zwischenvorgelegs der Turbinenleistung zugut. Unter mittleren Verhältnissen beträgt schätzungsweise die Zahnreibung für ein Räderpaar durchnittlich 2 bis 3 v H, für jedes Gleitlager der Reibungsverlust 0,5 v H. Mit

D = 1 Meter Bremsrollendurchmesser lassen sich so viel PS abbremsen, als die Welle Umdrehungen in der Minute macht

$$D \cdot n = N_e \text{(PS) Bremskraft} \quad \ldots \ldots \quad (47)$$

Bei horizontaler Anordnung kommt das Eigengewicht des Hebels p nicht in Betracht, bei vertikaler Lage ist das Übergewicht auf den geometrischen Hebelsarm L durch unmittelbares Abwiegen zu reduzieren. Drückt der Hebel auf die Brücke einer Dezimalwage, so ist die Tara p vom gehobenen Gewicht P in Abzug zu bringen, der Druck ist also P — p; hängt die Last am Hebelende, so ist sie zum Zug P zu addieren, somit P + p.

Die Entfernung des Angriffpunktes der Last ist immer senkrecht zur Kraftrichtung zu messen.

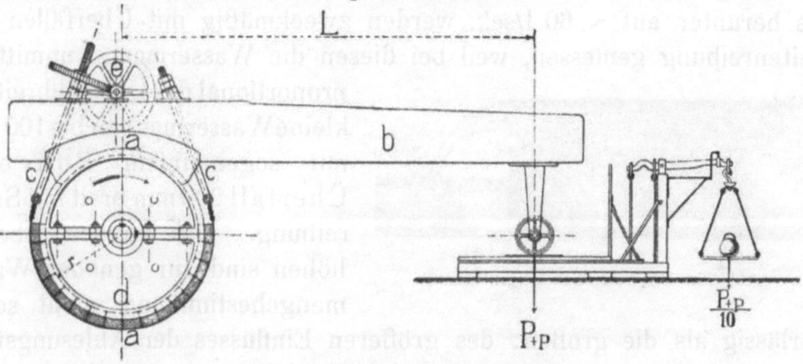

Abb. 76. Bremszaum nach Prony.

Die geleistete Arbeit in Meterkilogramm in der Sekunde ist

$$M = \frac{6{,}28 \cdot L\, n\, P}{60} \text{ mkg} \quad \ldots \ldots \quad (48)$$

Die Anzahl der gebremsten Pferdestärken

$$N_e = \frac{6{,}28 \cdot L\, n\, P}{60 \cdot 75} = \frac{6{,}28 \cdot L\, n\, P}{4\,500} = \frac{L\, n\, P}{716{,}2} \text{ PS} \quad \ldots \quad (49)$$

Die absolute Wasserkraft

$$N_a = \frac{1000\, Q \cdot H}{75} \text{ PS} \quad \ldots \ldots \quad (50)$$

und hieraus der Wirkungsgrad des Motors

$$\eta = \frac{N_e}{N_a} \quad \ldots \ldots \ldots \quad (51)$$

Kräfte bis etwa 500 PS können noch mit der Prony'schen Bremse gemessen werden, darüber hinaus würden die Abmessungen des Apparates zu umfangreich und die Wasserkühlung, die bei den Versuchen gleichmäßig an der Bremse erfolgen muß, sowie die Bedienung beschwerlich. Bei derart großen Anlagen, die allermeist mit Generatordynamos verbunden arbeiten, werden die Effekte mittels Messung der erzeugten elektrischen Energie bestimmt, wozu noch eine genaue Kenntnis des Gütegrades der einzelnen Aggregate notwendig ist.

Gefällemessung: Gleichzeitig mit der Kraftmessung ist das ausgenützte Gefälle H, d. h. der senkrechte Abstand zwischen Ober- und Unterwasserspiegel an der Turbine während des Ganges des Motors zu bestimmen und die sekundlich zufließende und verbrauchte Wassermenge Q zu messen [1]).

Bei Hochdruckanlagen, wobei das Gefälle nicht durch Nivellement festgestellt werden kann, kommt bei der Gefälleaufnahme die Beobachtung des Wasserdrucks mittels Manometer in Betracht.

Wassermengemessung: Diese Operation ist bekanntlich der schwierigste und heikelste Teil bei Turbinenproben. Wassermengen bis herunter auf ~ 60 l/sek. werden zweckmäßig mit Überfällen ohne Seitenreibung gemessen, weil bei diesen die Wassermenge unmittelbar proportional der Überfallbreite ist; kleine Wassermengen bis 100 l/sek. mit sogenanntem Poncelet-Überfall 200 mm breit mit Seitenreibung. Die kleinen Überfallhöhen sind zur genauen Wassermengebestimmung nicht so zuverlässig als die großen, des größeren Einflusses der Ablesungsfehler wegen. Wassermengen bis zu 60 l/sek. bestimmt man in der Regel durch Messen in geeichten Gefäßen. Für Wassermessungen mit Überfällen können die von Bazin, Annales des ponts et chaussées (1888), Keller, Z. d. V. d. I. (1889), Frese (1890), Hansen, Z. d. V. d. I. (1892), Rehbock, Z. d. V. D. Arch. u. Ing.-Vereine (1912), bestimmten Überfallmengen benützt werden.

Abb. 77. Überfall ohne Seitenreibung.

Ist ein Überfall nicht anwendbar, so erfolgt die Wassermessung mittels hydraulischem Flügel oder Schirm. Für Überfälle gilt die Bedingung, daß für Anwendung einer bestimmten Überfallformel sämtliche Verhältnisse des Überfalls genau den Anordnungen entsprechen sollen, mit denen der betreffende Forscher seine Versuche angestellt hat.

Man unterscheidet rechteckige Überfallausschnitte (Poncelet) mit und ohne Seitenreibung, Dreiecke (Notchwehr) und trapezförmige (Cipoletti), letztere werden für kleinere Wassermengen von italienischen Ingenieuren mit Vorliebe angewendet. Bei allen diesen Messungen ist der Ausflußkoeffizient abhängig von der Form des Überfalls, von der Überfallhöhe h und Wassergeschwindigkeit oberhalb des Wehrs. Die

[1]) Dr. Ing. Epper: Die Hydrometrie in der Schweiz, Bern 1907.

überfließende Wassermenge ist proportional dem Wert $h^{\frac{3}{2}}$, so kann z. B. ein Meßfehler um $\pm$ 1 mm bei $h = 50$ mm Überfallhöhe schon um 3% zu große oder zu kleine Wassermenge ergeben. Solche Meßfehler sind aber mit den üblichen Mitteln fast unvermeidlich und es ist deshalb nötig, für derartige Versuche besondere Meßinstrumente zu verwenden. Mit Seitenreibung ist der Koeffizient auch in hohem Maße vom Verhältnis der Überfallbreite zur Kanalbreite $\frac{b}{B}$ abhängig. Beim Cipolettiüberfall ist der Koeffizient $k = 0{,}42$ für beliebige Überfallhöhe h nicht kleiner $< 0{,}08$ m konstant.

Flügelmessung:

Für Werkkanäle muß, wenn ein Meßüberfall oder der Schirm nicht angewendet werden kann, zum hydrometrischen Flügel gegriffen werden. Die Zuverlässigkeit der Konstanten des Instruments vorausgesetzt, die auf Flügelprüfungsanstalten erhoben werden, liefern die Messungen zuverlässige Resultate, wenn mit der nötigen Umsicht und Sorgfalt verfahren wird. Um die Dauer der Flügelmessung zu verringern sind abgekürzte Meßverfahren eingeführt: mechanische Integrationen, Verminderung der Zahl der Meßpunkte, Anwendung mehrerer Flügel auf einer Stange unter Benützung eines Rollwagens für die Fahrtmessung, das Teichmann'sche und das amerikanische Schema der Einteilung der Punkte, in denen die Wassergeschwindigkeit beobachtet wird. Die Anzahl der Lotrechten muß in einem bestimmten Verhältnis zur Breite und Tiefe des Kanals stehen und Rücksicht auf Sohlenbrüche nehmen. Siehe des Verfassers Schrift: Hydrometrie.

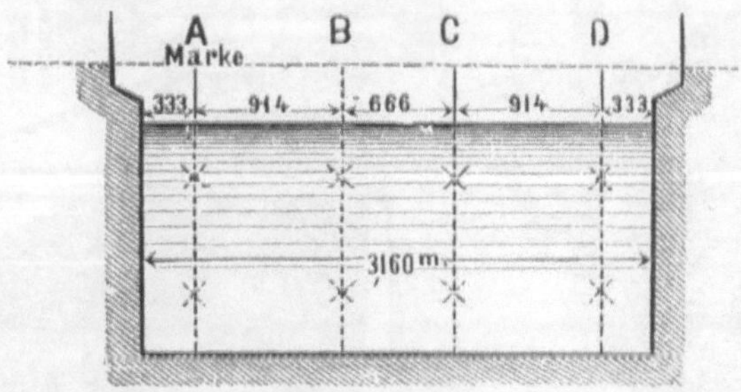

Abb. 78. Einteilung des Meßprofils nach Teichmann für Flügelmessung.

Meßschirm:

Um genaue Messungen zu erzielen ist ein geradgeführter betonierter Kanal von rechteckigem Querschnitt nötig, in den eine fahrbar eingerichtete leichte Wand eingesenkt und dem Wasserlauf überlassen wird. Der Schirm zählt somit zu den Schwimmern zur Ermittlung der Wassergeschwindigkeit. Kanallänge mindestens 15 m ohne Anlaufstrecke, wie sie in industriellen Anlagen gewöhnlich nicht vorkommt. Für jeden einzelnen Fall ist der Schirm neu zu konstruieren. Der Apparat hat mit Zuhilfenahme der Elektrizität und sonstiger konstruktiver Einzelausbildung einen hohen Grad der Genauigkeit erreicht, er ist für hydraulische Versuchsanstalten geradezu unentbehrlich und — weil eine dauernde Einrichtung — dort am besten angewandt.

Titration:

Diese Methode beruht auf der chemischen Maßanalyse, wonach der Gehalt einer Flüssigkeit an gelösten Reagens oder die diesem Gehalt

Abb. 79. Ablaufkanal im Ackersand bei Visp. Schirmapparat.
(Aus einer Druckschrift mit Genehmigung des Eidgen. Amts für Wasserwirtschaft, Bern.)

äquivalente Menge der mittels der Flüssigkeit quantitativ zu ermittelnden Substanz. Führt man in einen Wasserlauf oder eine Turbinenrohrleitung eine ganz konstante Menge einer konzentrierten Salzlösung ein und entnimmt in gewisser Entfernung von der Einführungsstelle Wasserproben aus dem Abfluß aus der Turbine, so läßt der Verdünnungsgrad der Salzlösung einen Schluß auf die sekundliche Abflußmenge zu und zwar kann das gesuchte Wasserquantum D bestimmt werden, aus dem Umstand, daß das Verhältnis der konzentrierten Salzlösung d zum gesalzenen Betriebswasser umgekehrt proportional der Konzentration ist, d. i.

$$\frac{D}{d} = \frac{c}{C}$$

Geben wir z. B. eine konzentrierte Salzlösung von 1 l, enthaltend 300 g Salz in 1 l, d. h. wir führen 30 g Salz in der Sekunde ein, und enthält das gesalzene Betriebswasser nach dem Durchfluß durch die Turbine oder in einem Wildbach nur noch 0,03 in 1 l, so kann man nach der einfachen Proportion schließen, daß die Wassermenge 1000 l/sek. beträgt.

Man hat:

$$D = \frac{c \cdot d}{C} = \frac{300 \cdot 0{,}1}{0{,}03} = 1000 \quad . \; . \; . \; . \; (52)$$

Um genau zu sein, müßte man vom gesalzenen Betriebswasser noch die konzentrierte Lösung abziehen, d. h. in Wirklichkeit erhält man 1000 — 0,1.

Weitere Aufschlüsse über die Wassermengebestimmung auf chemischem Wege finden sich in den in der Fußnote angemerkten Veröffentlichungen[1]).

Dieses Verfahren kommt im Ausland mehr zur Anwendung als bei uns und eignet sich für Hochgefälle besser als für Niedergefälle. Die Meßausrüstung ist umfangreich und kostspielig, das Verfahren umständlich.

Die Wassermeßmethode von Gibson.

Das von Gibson für Leistungsversuche an den Turbinen des neuen Kraftwerkes des Niagara-Falls-Power Co. benutzte Verfahren zur Wassermessung verwendet die beim Schließen eines Absperrorgans in der Druckleitung auftretende Drucksteigerung als Maß für die Wassermenge, wobei auch der normale Wasserdruck bei frei strömendem Wasser und die Schließzeit bestimmt werden muß. Bei rechnerischer Untersuchung dieses Verfahrens, nach der Theorie von Alliévi, ergibt sich, daß aus den unvermeidlichen Fehlern in der Zeitbestimmung des Schließvorganges Fehler in der Wassermessung von 10 bis 3 v H entstehen. Noch unsicherer wird das Ergebnis, wenn die Zusammendrückbarkeit des Wassers und die Elastizität des Druckrohrs bei dem durch das Schließen hervorgerufenen Stoß berücksichtigt wird. (Bei

[1]) M. A. Boucher et Dr. R. Mellet, Jaugeages par titrations. Extrait du Bulletin technique de la Suisse romande, Nr. 11 du 10, Juin 1910. — Dr. Léon W. Collet, Dr. R. Mellet et O. Lütschg (Ingenieur), Jaugeages par titrations et essais comparatifs. Comunications du Service de l'Hydrographie nationale, Nr. 1, Année 1913. — Ingenieur Otto Lütschg, Vergleichsversuche mit Flügel und Schirmapparat zur Bestimmung von Wassermengen, Bern 1913. Mitteilungen der Landeshydrographie, Nr. 2. — W. Zuppinger, Neuere Meßmethoden zur Bestimmung von Wassermengen. Schweiz. Bauztg., Bd. LXII, Nr. 4, Juli 1913. — W. Müller, Über ein neues Wassermeßverfahren. Zeitschr. f. d. ges. Turbinenwesen, XII. Jahrgang, Heft 18, 30. Juni 1915.

dem Niagarawerk kommt zwar die Elastizität der Druckleitung weniger in Frage, da diese aus dem Fels ausgebohrt ist). Da Gibson nicht angegeben hat, wie er seine Drucksteigerungsdiagramme ausgewertet hat, ist das Verfahren nicht als einwandfrei zu betrachten.

Auch bei diesen Versuchen zeigt sich die Notwendigkeit die Wassermessung mittels einer zweiten Methode zu kontrollieren, um die Beobachtungsfehler auszugleichen, um so mehr als es sich im vorliegenden

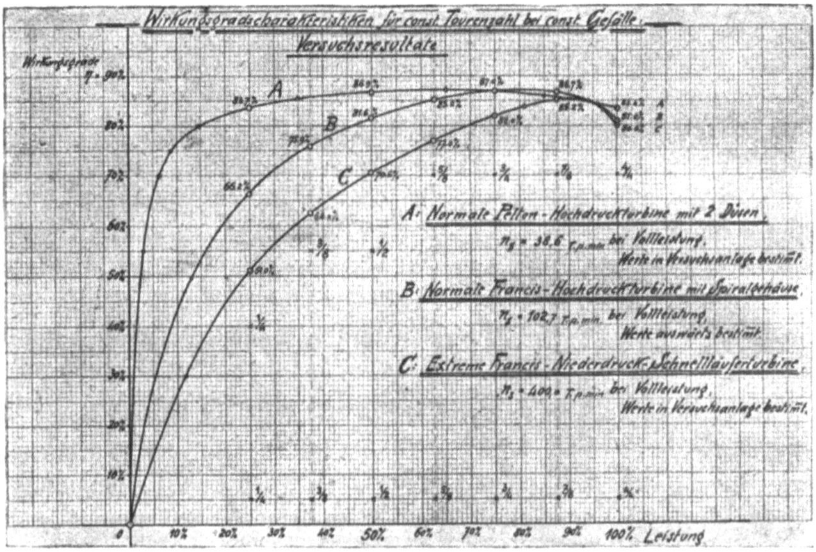

Abb. 80. Bemerkung: Die Kurven B u. C sollen durch bessere Resultate überholt worden sein. (Theodor Bell & Cie, Kriens-Luzern.)

Fall um ganz außergewöhnliche Kraftleistungen und Wassermengen handelt.

Sollten diese Vergleichsversuche nicht gleichzeitig mit den Kraftmessungen angestellt werden können, so wären solche entweder vorher oder nachher unter gleichen Betriebsbedingungen auszuführen.

Der Wasserstand im Meßquerschnitt ist an einem besonderen Pegel ständig zu kontrollieren. Bei Wassermengemessungen muß man auf Meßfehler von 2 bis 4 % gefaßt sein.

Die Auswertung der Ergebnisse:

Die Aufzeichnungen der Beobachtungen an den verschiedenen Stellen (Zeit, Gefälle, Wassermenge, Öffnung der Turbine, Umlaufzahl, Hebelbelastung usw.) sind übersichtlich in einer Zeittafel zusammen-

zuordnen, und eine zeichnerische Darstellung (Diagramme) der Ergebnisse anzufertigen:
Bremsmomente nach Umlaufzahl,
Bremsleistungen nach Umlaufzahl,
Wasserverbrauch nach Umdrehungszahlen,
Wirkungsgradziffern nach Umdrehungszahlen,
Bremsergebnisse nach Leitschaufelweiten,
Bremsergebnisse nach Wassermengen,
Beziehung zur Leistung und Umdrehungszahl bei verschiedenen Gefällen.

Beispiel: Untersuchung der Turbinen des Albulawerkes, H = 147 m, 8 Turbinen à 3000 PS auf Nutzleistung und Wirkungsgrad. Diese Anlage verfügt über einen 6 m breiten Überfall im Ablaufkanal für Dauermessungen. Die Garantieversuche wurden nach folgendem Programm durchgeführt:

Die Untersuchung der Turbine auf Nutzleistung geschieht indirekt durch Leistungsmessung des mit ihr gekuppelten Generators und auf Grund der für den betreffenden Generator gefundenen Versuchsresultate.

Die Bestimmung der in der Turbine eingeführten Leistung geschieht durch Messung der eingeführten Wassermenge und des nutzbaren Gefälles. Die Messung der Wassermenge wird mittelst eingebautem Überlauf im Unterwasserkanal nach der Formel berechnet

$$Q = \frac{2}{3}\,\mu\; b.\, h.\, \sqrt{2\, g\, h}.$$

wo

$$b = 6000$$
$$h = \text{Überfallhöhe}$$
$$\mu = \left(0{,}5651 + \frac{0{,}0170}{h + 0{,}180}\right) E$$
$$E = 1 + \left[\frac{0{,}275 + \dfrac{0{,}03750}{\left(\dfrac{h}{H}\right)^2}}{} + 0{,}02\right]\left(\frac{h}{H}\right)^2$$

Es bedeutet:

H = h + 0,800 = totale Wassertiefe vor dem Überfall.

Als nutzbares Gefälle wird gerechnet die Angabe eines unmittelbar vor dem Absperrschieber der Turbine angebrachten geeichten Manometers, plus Abstand des Manometermittels bis zum jeweiligen Unterwasserspiegel.

Die Turbinen haben das 1,5fache der normalen Tourenzahl während 5 Minuten schadlos auszuhalten.

a) 1. Wirkungsgrad der 3000 PS Drehstrom-Generatoren von

n = 600	bei cos φ = 1	cos φ = 0,85
2300 KW	95 %	94 %
2090 „	95 %	94 %
1550 „	94 %	93 %
1020 „	93 %	92 %

2. Wirkungsgrad der Erregerdynamo von n = 600 und 200 KW Normalleistung bei

220 KW = 90%
200 „ = 90%
150 „ = 88%
100 „ = 85%

Die Generatoren. Die mittels elastischer Kupplung mit den Turbinen gekuppelten, von der Maschinenfabrik Örlikon gelieferten Drehstromgeneratoren sind für folgende Daten gebaut:

Kraftaufnahme	3000 PS
Leistung	2500 KVA
Verkettete Spannung	6900 Volt
Perioden per Sekunde	50
Umdrehungen per Minute	600
Separate Erregung	120 Volt.

Bei der Prüfung war das Gefälle konstant H = 147 m, die Tourenzahl n = 600 in der Minute. N_e = 1600 bis 3500 PS, η = zwischen 0,68 bis 0,80, Q = 1200 bis 2300 Sekundenliter.

Garantiert waren bei

1500 PS	2250 PS	3000 PS	3300 PS
73%	78%	79%	78%

Zwischen 2500 bis 3000 PS wird die Garantie erfüllt. Die Garantie-Charakterstik ist unter 2500 Liter geringer, um 2 bis 3%, über 3000 Liter etwas besser, um etwa 1%. Bei der Bestimmung der Wassermenge ist die Geschwindigkeit im Rohr nicht berücksichtigt. (Vergl. Tafel II.)

Die Umrechnung auf einheitliches Gefälle erfolgt nach

$$n = n_A \sqrt{\frac{H}{H_A}} \quad \ldots\ldots\ldots \quad (53)$$

$$Q = Q_A \sqrt{\frac{H}{H_A}} \quad \ldots\ldots\ldots \quad (54)$$

$$M = M_A \frac{H}{H_A} \quad \ldots\ldots\ldots \quad (55)$$

$$N = N_A \sqrt{\left(\frac{H}{H_A}\right)^3} \quad \ldots\ldots\ldots \quad (56)$$

Zwei Prozent garantierte Mehrleistung auf dem Papier machen nicht das Glück eines gewerblichen Unternehmens aus oder stellen dessen Wirtschaftlichkeit in Frage, aber Abweichungen von 10% und mehr lassen Vorsicht angezeigt erscheinen und in zweifelhaften Fällen genaue Versuche anzustellen. Hier mag nur der Unterschied zwischen Prüfungen in Versuchsanstalten und in Werkanlagen kurz berührt werden. In hydraulischen Laboratorien wird über eine für die Zwecke in allen Teilen vollständige Versuchseinrichtung verfügt, um allfällige oder unbewußte Fehler nach Möglichkeit auszuschließen: geschultes Personal, Präzisions-Instrumente und geprüfte Apparate, ausreichende Zeit für die Durchführung und Kontrollierung der Versuche, geeignetste Meßvorrichtungen, elektrische Uhren und Selbstschreiber. Bei Proben mit eingebauten Turbinen in Wassertriebwerken soll man mit möglichst wenigen und einfachen Hilfsmitteln auszukommen suchen. Keine zu großen Bremsscheiben wegen Transport und Montage. Bei Bremsungen mit über 300 PS müssen unter Umständen 2 Bremsen oder Bremse mit 2 Hebeln angeordnet werden; manchmal spielt die Platzfrage eine ausschlaggebende Rolle für das anzuwendende Verfahren.

Mit den bestanerkannten Meßmethoden ist niemand imstande eine absolute Genauigkeit der Resultate gewährleisten zu können, weshalb bei Abnahmeversuchen von Turbinen eine gewisse Toleranz (etwa $\pm$ 2 %) angezeigt und gerechtfertigt ist.

Der ideelle Wirkungsgrad.

Es mag angezeigt erscheinen hier die Frage nach dem höchstmöglichen mechanischen Wirkungsgrad einer Wasserturbine zu erörtern. Da die absolute Austrittsgeschwindigkeit c_2 aus dem Laufrad der Turbine sich als die Resultierende aus der relativen Abflußgeschwindigkeit entlang der Schaufeln und der Radgeschwindigkeit u_1 ergibt und der Austritt unter einen kleinen Winkel (14 bis 25°) erfolgen muß, da dieselbe niemals = 0 werden kann, die Austrittsgeschwindigkeit also nicht senkrecht auf der Austrittsfläche steht, so muß die Austrittsgeschwindigkeit nutzlos geopfert werden, weil sonst das Wasser nicht aus dem Rade entfernt werden könnte. Wenn nun auch bei der Kleinheit von β_2 dieser Verlust in den meisten Fällen nicht erheblich sein wird, so geht aus der vorstehenden Betrachtung hervor, daß der Austrittsverlust an sich nicht zu vermeiden ist, man also niemals durch irgendwelche Turbine die ganze dem Wasser vermöge seines Gefälles h innewohnende Arbeitsfähigkeit oder Energie nutzbar machen kann, vielmehr könnte der auszunutzende Betrag selbst in dem denkbar günstigsten Falle, d. h. wenn gar keine Nebenhindernisse auftreten würden, für jedes Kilogramm Wasser höchstens den Wert

$$h - \frac{c_2^2}{2g}$$

haben und es ließe sich daher selbst unter dieser Voraussetzung eines idealen, von allen Nebenhindernissen freien Betriebs, wie er tatsächlich der Natur der Sache nach niemals vorkommt, höchstens ein Wirkungsgrad

$$\eta_i = \frac{h - \frac{c_2^2}{2g}}{h}$$

erwarten. Dieser Ausdruck, der nach den gemachten Angaben für gewöhnlich einen zwischen 0,92 und 0,95 liegenden Wert hat, mag als der ideelle Wirkungsgrad der Turbine (η_i) bezeichnet werden. Diesen mit einer Maschine zu erreichen, erweist sich somit als ausgeschlossen. Allerdings ist auch versucht worden, den aus der Geschwindigkeit c_2 des dem Rade entströmenden Wassers hervorgehenden Verlust noch weiter herabzuziehen, ohne dem umlaufenden Rade selbst unförmliche Dimensionen geben zu müssen; in welcher Beziehung z. B. der Boyden'sche Diffuser zu nennen wäre, doch haben derartige Einrichtungen eine nennenswerte Verbreitung in der Praxis wohl kaum gefunden. Auch durch das Saugrohr sucht man den Austrittsverlust besonders bei den neuen Schnelläufern zu verringern.

Faßt man die hydraulischen Widerstände, den Spaltverlust, Austrittsverlust und die Eigenreibung der Maschine zusammen, so erhellt daraus, daß mechanische Wirkungsgrade von $\eta = 0{,}90$ und darüber, wie solche bisweilen — sogar bei Teilbeaufschlagung — bekannt gemacht werden, mit Vorsicht aufzunehmen sind und auf Unsicherheiten in der Gefälle- und Wassermessung oder auf Schwankungen im Wasserzufluß und in der Gefällewirkung oder auf andere Ursachen schließen lassen.

Mit dem Anwachsen der Maschinenstärke und unter günstigen Verhältnissen rückt zwar der Wirkungsgrad, wie am andern Orte bemerkt wurde, weiter nach oben, doch bleibt hierin eine natürliche Grenze gezogen, über die auch mit den besten Konstruktionen nicht hinauszukommen ist.

Bei der Beurteilung von Kraftmessungen ist deshalb darauf zu achten, ob die erhaltenen Werte aus Bremsergebnissen unmittelbar an der Turbinenwelle herstammen, oder ob die Resultate durch errechnete Zuschläge für die Reibungsarbeit von Zwischenorganen oder durch Gefällereduktion erhalten worden sind.

Die Angaben des Prony'schen Zaums können bis 1 v H ungenau, ferner die Umlaufzahlen $^1/_2$ bis 1 v H fehlerhaft sein, bei der Wassermessung muß man sich auf Unsicherheiten bis 5 v H gefaßt machen, die Gefällebestimmung kann bis 1 v H von der Wirklichkeit abweichen. Da die Meßfehler jedoch bald im positiven bald im negativen Sinne auftreten, somit teilweise eine Kompensation stattfindet, so dürfte der Ungenauigkeitsgrad nur in seltenen Fällen geringer als $2 \div 3$ v H anzunehmen sein. Durch länger andauernde Reihenversuche lassen sich zuverlässige Mittelwerte des Wirkungsgrades erzielen.

Die führenden Turbinenbauanstalten sehen die im Lieferungsvertrag eingegangene Gewährleistung für den Wirkungsgrad nach den vom Verein d. Ing. aufgestellten »Normen zur Prüfung von Wasserkraftmaschinen« als erfüllt an, wenn die erhaltenen Nutzeffekte nicht um mehr als 5 v H hinter den zugesicherten Höchstwerten zurückbleiben.

Verhalten der Turbine bei Gefälleabnahme.

Als eine durch Bremsversuche bestätigte Faustregel zur Bestimmung der Turbinenleistung bei vermindertem Gefälle h, aber unter Einhaltung der dem Normalgefälle H entsprechenden Umdrehungen n, kann verhältnismäßig etwa $1^1/_2$ mal so groß als die des Gefälles angenommen werden.

Gefälleabnahme um $^1/_3$ des Normalgefälles H zieht einen Leistungsabfall um etwa

$$1{,}5\,\frac{1}{3} = 0{,}5$$

der Normalleistung N_H nach sich, sofern die Normalumdrehungszahl n eingehalten wird. Rechnungsmäßig läßt sich dies ausdrücken durch

$$\frac{N_H - N_h}{N_H} = 1{,}5\,\frac{H-h}{H} \quad . \quad . \quad . \quad . \quad . \quad (57)$$

und hieraus

$$N_h = N_H\left(1 - 1{,}5\,\frac{H-h}{H}\right) \quad . \quad . \quad . \quad (58)$$

Freilauf etwa 1,8 der Normalumdrehungszahl, normal $n_h = \text{konst.}\,\sqrt{h}$, $1{,}8\,n_h = n$ oder

$$1{,}8\ \text{konst.}\,\sqrt{h} = \text{konst.}\,\sqrt{H}$$

woraus folgt

$$h = \frac{H}{1{,}8^2} = \sim 0{,}3\,H \quad . \quad . \quad . \quad . \quad . \quad . \quad (59)$$

als ungefährer Betrag des verkleinerten Gefälles bei der die Turbine die normale Geschwindigkeit n des Gefälles H zwar noch besitzt, aber nur, wenn sie unbelastet frei ist.

Wollte man aus der Turbine bei starkem Rückstau immer noch die größtmögliche Leistung ziehen, so müßte die Umdrehungszahl jeweils der Wurzel aus dem Gefälle proportional geändert werden, hier auf n_h, was aber nur selten tunlich sein wird. In diesem Fall würde die Turbine bei $h = 0{,}3\,H$ mit

$$n_h = n\sqrt{\frac{h}{H}} = h\,\sqrt{0{,}3} = \sim 0{,}55\,n \quad . \quad . \quad . \quad (60)$$

zu betreiben sein, sie würde dabei aber nur noch leisten

$$N_h = N_H\,\sqrt{(0{,}3)^2} = 0{,}165\,N_H \quad . \quad . \quad . \quad . \quad . \quad (61)$$

d. h. nur dem sechsten Teil der Leistung bei H (m) Gefälle, weil nicht nur das Gefälle, sondern auch die sekundlich verschluckte Wassermenge abnehmen, wenn die Turbine nicht für ein größeres Q berechnet ist.

Ändert sich in einer Anlage das Gefälle, so ändert sich die von der Turbine verschluckte Wassermenge proportional $\sqrt{H}$.

Ist z. B. die Wassermenge bei normalem Gefälle $H = Q$, so wird die Turbine bei einem größeren oder kleineren Gefälle H_1, die Wassermenge

$$Q_1 = \frac{Q}{\sqrt{H}} \cdot \sqrt{H_1} \quad \ldots\ldots\ldots \quad (62)$$

verbrauchen.

XI. Verwendungsbereich der Turbinen.

Der Verwendungsbereich der Turbinen umfaßt grundsätzlich alle Gefälle und Wassermengen, doch kommen dieselben für sehr kleine Gefälle, beispielsweise $H = 0{,}6$ m, nur ausnahmsweise zur Anwendung und werden zweckmäßiger durch Wasserräder ersetzt.

Beispiel: Bei der Ausnützung kleiner Gefälle an großen Flüssen ($H = 0{,}3 - 0{,}6$ m) kann durch Versandung der Betriebskanäle der Fall eintreten, daß eine Turbinenanlage sich nicht bewährt und zur Aufstellung eines Wasserrades geschritten werden muß. Als geeignetste Konstruktion kommt für diese Verhältnisse die Kombination eines unterschlächtigen Rades mit Ponceletverschaufelung in Betracht, das auf einem Pansterzeug gelagert, entsprechend den schwankenden Wasserständen der Höhelage nach verstellbar angeordnet ist. Das Rad erhält eine um 60^0 geneigt stehende Ponceletschütze. Mittels eines zweifachen Zahnrädervorgelegs und eines Riementriebs lassen sich 220 bis 250 Uml/min. auf der Hauptwelle erzielen, auch kann die Einrichtung getroffen werden, daß das Rad sich selbst auszieht.

Auch für sehr kleine Wassermengen und Gefälle unter $H = 15$ m sind Turbinen nur zu empfehlen bei hoher Umlaufzahl der zu betreibenden Arbeitsmaschinen. Für Mühlen mit schweren Läufersteinen eignen sich Wasserräder besser, insbesondere wenn es sich um die Ausnutzung relativ schwacher Kräfte handelt. Zur Erzeugung ungleicher Geschwindigkeit, bei erheblich verunreinigtem Wasser, schwankenden Gefällen, wobei auch die Zuflußmenge wechselt, sind Turbinen weniger zweckmäßig.

Am besten eignen sich für die verschiedenen Betriebe die regulierbaren Preßstrahlturbinen, da sie das ganze Nettogefälle ohne äußeren Verlust durch »Freihängen« wie bei Strahlturbinen, zugutmachen, wobei durch entsprechend geformte Saugrohre der Austrittsverlust verringert und das Wasser in die Abflußrichtung übergeführt wird. An erster Stelle dieser Gattung steht die Francis-Turbine mit Saugrohr, bei Anwendung Fink'scher Drehschaufeln für verschiedene Füllungen und Gefälle bis H = 200 m. Geht die Wassermenge Q für gewöhnlich nicht unter $\frac{1}{2}$ Q herunter, so wird eine Turbine angeordnet; für größere Schwankungen ist die Anzahl der Turbinen entsprechend zu vermehren. Bisher sind Maschinensätze bis 52500 PS Einzelleistung nach diesem System ausgeführt worden.

Für große Gefälle und kleine Wassermengen schon von H = 15 m ab kommen Aktionsturbinen (Strahlturbinen) in Betracht, auch dann, wenn die verlangte Umdrehungszahl dies erfordert. Solche Tangentialräder, **Peltonräder**, nutzen Gefälle bis H = 2000 m aus und sind in Stärken von Bruchteilen einer Pferdekraft bis 30000 PS gebaut worden.

Abb. 81. Innenansicht des Kraftwerks der Ontario Power Co. am Niagarafall mit 12 Voithschen Zwillings-Spiralturbinen von je 16000 PS bei 54,9 m Gefälle.

Bei allen Gefällen ist hochwasserfreie Lage der Getriebe, der Dynamomaschinen usw. einzuhalten. Schon von H = 2,5 m Gefälle ab können Überdruckturbinen mit wagerechter Welle ausgeführt werden. Unter besonderen Verhältnissen erfordern Peltonräder meist senkrechte Wellen.

Die Schwamkrug-Turbine, eine von innen radial teilweise beaufschlagte Freistrahlturbine, wurde früher sehr häufig auch für große Krafteinheiten, heute jedoch nur in seltenen Ausnahmefällen für kleinere Leistungen gebaut.

Wir ersehen, daß der neuzeitliche Turbinenbau sich auf zwei Systeme, die Francis- und die Pelton-Turbine, beschränkt, an die sich in entsprechendem Abstand die noch in der Entwicklung stehenden neuen Bauarten mit hohen Umlaufgeschwindigkeiten: die Kaplan-Turbine, die Saugstrahl-Turbine von Baudisch, die Gefälle-Umformer-Turbine von Lawaczeck, und die Aktions-Rad-Turbine von Banki u. a. anschließen, wobei auch diese — wie alle Wassermotoren — ein beschränktes Anwendungsgebiet haben. Es gibt keine Universal-Turbine, keine Einheitskonstruktion! In jedem einzelnen Falle sind die örtlichen Verhältnisse, die Betriebsanforderungen und die besonderen Rücksichten wirtschaftlicher und technischer Natur miteinander in Einklang zu bringen. Erfahrung und praktischer Blick, sowie meistermäßige Werkstattausführung werden nach reiflicher Erwägung der ausschlaggebenden Faktoren gelungene Anlagen gewährleisten, wobei die richtige Gesamtdisposition des Werks an erster Stelle steht.

XII. Die Aussichten der Wasserkraftmaschinen.

Die hydraulischen Kraftmaschinen sind in ein neues Stadium der Entwicklung eingetreten. Der »Schnellbetrieb« hat sich auf der ganzen Linie durchgesetzt, die Bestrebungen der Konstrukteure haben zur Auffindung neuer Laufradformen hingeführt, welche gesteigerte Geschwindigkeit mit kleinsten Abmessungen und größter Einfachheit verbinden und den Wirkungsgrad auf einer Höhe zu halten suchen, der die bisher gewonnenen Ziffern nicht nur erreicht, sondern noch zu übertreffen bemüht ist. Diese neuen Bauformen greifen mit wenig Ausnahmen auf den axialen Durchfluß zurück, und verlegen den Schwerpunkt der Konstruktion auf die möglichst verlustfreie Zu- und Abführung des Wassers in der Maschine. Ganz im Gegensatz zur älteren Turbinentheorie zeigen die neuen Bauformen eine geringe Anzahl Schaufeln von möglichst einfacher Gestaltung; die Kraft wird vielfach auch auf zwei oder mehr Laufräder verteilt, mit Rücksicht auf die schwankende Wassermenge und auf den Axialschub, und um die höchste Umlaufzahl zu erreichen.

Der Einbau der Kraftmaschine hat eine erhöhte Bedeutung gewonnen, die Aufstellungsweise sucht die Vorteile rationeller Wasserführung mit Ersparnis an Raum und Geld zu verbinden. Die Gefällestufen auf größeren Strecken werden zusammengelegt, um die Wasserkräfte auf das höchsterreichbare Ausbaumaß zu vereinigen und die Einzelverluste zu verringern. Die Leistungseinheit wird um so billiger, je größer die Anlage, ein Grund dafür, daß die Kraftwerke in immer größeren Ausmaßen geplant und gebaut werden müssen. Hand in Hand damit geht die Steigerung der Maschinenstärke und die Schluckfähigkeit des Aggregates.

Sammelbecken und Talsperren dienen zum Abfangen gefährlicher Hochwasser, und zur Speisung von Triebwerken beim Ausgleich von Kraftschwankungen und zur Kraftverteilung. Die Zahl der allgemein angewendeten Turbinensysteme hatte sich in letzter Zeit sehr beschränkt und dadurch die Einzelkonstruktionen auf eine hohe Stufe der Durchbildung und Leistungsfähigkeit gebracht, die eine weitere Steigerung in der Richtung des Gütegrades kaum mehr erwarten läßt; die neuen Bauformen sind inzwischen in Wettbewerb mit den erprobten, bis zur höchsten Ausbaumöglichkeit geförderten Typen getreten.

Leider sind unsere Kenntnisse und Darstellungsformen auf dem Gebiete der Hydromechanik mit der maschinellen Entwicklung nicht in gleichem Maß gewachsen, und noch recht unvollkommen, doch ist zu hoffen, daß auch hierin die vorausschreitende Praxis der Theorie den zu verfolgenden Weg zeigt, weil sie die Grundlage zur Lösung technischer Probleme bildet. Den bedeutendsten Fortschritt in der Entwicklung der Wasserkraftmaschinen haben wir den hydraulischen Prüfungsanstalten zu verdanken, deren großen Nutzen eine Reihe führender Turbinenbaufirmen frühzeitig erkannt hatte, und deren Einrichtungen und Hilfsmittel alle diejenigen Vorkehrungen umfaßt, welche eine einwandfreie Lösung der auftauchenden Fragen gewährleistet.

Der moderne Turbinenbau hat sich auf zwei Systeme konzentriert:

Francis-Turbinen und Pelton-Räder.

Bei Francis-Turbinen hängt die Bemessung der absoluten Größe des Motors von Q ab. Hier hat bei der Wahl des Schluckvermögens eine Rentabilitätsberechnung einzutreten, wobei das Klein- und das Normalwasser, das durchschnittlich 7 bis 9 Monate vorherrscht, wichtig ist. Für kleine Kräfte darf die Turbine nicht zu groß sein. *Mit einer einzelnen Turbine kann nicht allen Verhältnissen — im Rahmen der veränder-*

lichen Wassermengen und Gefälle — vollständig Rechnung getragen werden, gleichviel, ob man sie grösser oder kleiner wählt, als dem Jahresdurchschnitt der Wasserkraft entspricht. Bei einer Einradturbine wird das Schluckvermögen auf das Doppelte des Kleinwassers bemessen; kommen zwei Turbinen zur Aufstellung, so wählt man ihre Abmessungen gleich dem 3 bis 4 fachen des kleinen Mittelwassers. Bei großen Turbinenanlagen sind andere Gesichtspunkte ausschlaggebend, dies ist auch dann der Fall, wenn Sammelbecken vorhanden sind.

Von den beiden zur Berechnung der Turbinen maßgebenden Faktoren Q und H ist das Gefälle in der Regel weniger schwankend als die Wassermenge; aber unter allen Verhältnissen soll die Umdrehungszahl konstant sein. Diese Forderung einzuhalten ist vielfach nicht möglich, doch hat der Bau von Geschwindigkeitsreglern für Wasserturbinen außerordentliche Fortschritte gemacht, die Einfachheit, Genauigkeit und Sicherheit der Anlagen gewährleisten.

Die neuerdings mit allen Mitteln angestrebte Hochtreibung der spezifischen Drehzahlen findet jedoch auch ihre Grenze, weil infolge zu hoher Wassergeschwindigkeit baldige Anfressungen des Laufrades zu befürchten sind. Mit zunehmender Schnelligkeit erfordern die Saugrohre wegen des Anschlußdurchmessers D_s deshalb eine immer sorgfältigere Durchbildung. Eingehende Vergleichsversuche aus Bremsungen in der amerikanischen Versuchsanstalt in Holyoke und in derjenigen von Briegleb, Hansen & Cie., Gotha, mit den verschiedensten Formen führten zu folgenden Ergebnissen: der sog. Hydraucone-Regainer (Abb. 39) ergab die geringsten Verluste. Derselbe besteht aus einem am Austrittsende trompetenförmig erweiterten Saugrohr mit einer senkrecht zur Rohrachse angeordneten Stoßplatte, die das austretende Wasser umlenkt. Diese Ausführung kommt für vertikale und horizontale Wellenanordnung in Betracht. Gekrümmte Saugrohre wirken ungünstiger als gerade; kann ihre Benützung nicht umgangen werden, dann sind solche mit plötzlicher Umlenkung (wie Abb. 36) den älteren Formen mit allmählicher Krümmung vorzuziehen.

Aufgaben, deren Lösung durch die Konstrukteure noch zu erwarten steht, sind: die Verbesserung der Saugwirkung hauptsächlich bei geringen Beaufschlagungen, damit der Nutzeffekt nicht erheblich sinkt. Auf eine verhältnismäßig große Abflußgeschwindigkeit im Saugrohr ist Bedacht zu nehmen, damit die Wassersäule bei kleinen Beaufschlagungen nicht abreißt; es sammeln sich dabei Luftblasen und heben die nachsaugende Wirkung fast vollständig auf. Ferner: die

Eisverhältnisse, auf welche bei der Kanalanlage und Bestimmung der Schaufelzahlen usw. Rücksicht genommen werden muß[1]).

Eine weitere Ausbildung der Turbine für unreines Wasser und für stark veränderliche Niedergefälle wäre die nächste Aufgabe für den Turbinenbau. Dieses Problem ließe sich durch eine einfache Reaktionsturbine mit sehr wenig Laufradschaufeln und ohne Leitapparat lösen, die vollständig unter Wasser aufgestellt werden kann und wodurch sich einem Vereisen im Winter vorbeugen läßt[2]). Hierher zählen auch die Maßnahmen für künstliche Gefällesteigerung bei Hochwasser.

Schließlich bietet die Akkumulierung überschüssiger oder zuzeiten nicht benützter Wassermengen ein auf den nämlichen Endzweck abzielendes Problem dar, welches sowohl bei großen Anlagen mit künstlich erzeugtem Gefälle (d. h. Anlage von Hochbehältern, in die das Wasser mittels Pumpen gefördert wird) bis rund 150 bis 350 m Druckhöhe, als auch bei kleinen Kräften in Form von Sammelweihern mit Vorteil angewendet wird.

Höhenunterschiede im Gelände von 100 bis 150 m eignen sich am besten zur Akkumulierung; zu kleine Höhen sind hiezu weniger geeignet wegen alsdann notwendig werdenden ausgedehntem Hochbehälter und großen Pumpen.

Was die neuen Turbinensysteme betrifft, so eröffnen sich der Kaplan-Turbine wohl die meisten Aussichten auf Erfolg. Durch die Einführung der einfachen Propellerturbine und der drehbaren Laufradschaufeln, ergeben sich neuartige und meistens weitaus einfachere und billigere Ausführungsmöglichkeiten für Turbinen bei kleinem Gefälle, wo Wert auf hohe Umlaufzahl gelegt wird. Ganz wesentlich ist die Weiterentwicklung dieser Turbine von dem Verhalten der drehbaren Laufradschaufeln im Betrieb abhängig. Besonders beim Eingriff eines automatischen Reglers werden an diese Schaufeln ganz beträchtliche Anforderungen gestellt; nach vieljährigem Betrieb dürfen die Drehstücke nicht klappern und müssen doch leicht verdrehbar sein, ohne große Abmessungen zu zeigen, wegen der Reibung und des Arbeitsverbrauchs bei Verstellung durch den Regulator. Für Gefälle bis zu 20 m dürfte die Kaplan-Turbine infolge billigerer Herstellung andere Systeme verdrängen, wo Schnelläufigkeit den Ausschlag bei der Wahl gibt. Immerhin

[1]) Zeitschrift „Die Wasserkraft", Heft 10. Jahrgang 1922. Erforschungen über die radialwirkende Centrifugalbeschleunigung auf die relative Wassergeschwindigkeit in den Laufrädern der Radialturbinen.

[2]) Turbine für unreines Wasser, DRP, Huwyler & Pfiffner, Landquart, Schweiz.

haben die Propellerturbinen noch eine Periode der Entwicklung und Durchbildung zu durchlaufen. Große Saughöhen wird diese Turbine wohl nicht zulassen, weshalb durch tiefere Stellung des Rades gegenüber dem Unterwasser hohe Lage über den Unterwasserspiegel — einer der Hauptvorzüge bei Überdruckturbinen — sehr eingeschränkt wird, und die Francis-Turbine in manchen Beziehungen vorteilhafter sein kann.

Die Lawaczeck-Turbine ist in ihrer Entwicklung noch nicht so weit vorgeschritten, wie die Kaplan-Turbine, so daß sich über die Verwendungsmöglichkeiten des Gefälleumformers noch kein umfassendes Bild gewinnen läßt; ihre Aufstellung wird auf Gefälle unter 25 m beschränkt bleiben. Die Sache befindet sich noch im Versuchsstadium, und die Fachwelt sieht den Resultaten mit Spannung entgegen.

Ähnlich verhält es sich mit der Saugstrahlturbine für die vorerst nur die Theorie aufgestellt ist, und die in ihrem Verwendungsbereich, auch in sonstigen Einzelheiten der Kaplan-Turbine sehr nahe steht.

Das Banki-Rad bleibt nach seinem ganzen Aufbau auf Mittel- und Hochdruckgefälle und auf mäßige Wassermengen beschränkt, trägt somit auch nicht den Charakter allgemeiner Verwendungsfähigkeit — was übrigens ein Wassermotor auch nicht haben kann. — Der Gedanke der diesem Rad zugrunde liegt, ist gewiß original zu nennen. Durch freie Wahl des Durchmessers läßt sich große Schnelläufigkeit, hauptsächlich bei erheblich stärkerem Schluckvermögen, unter solchen Gefällen erzielen, woselbst andere Strahlräder diese Eigenschaft weniger besitzen. Es sollen bereits zahlreiche derartige Räder im Betrieb sein; ob sich im Verlauf der Jahre nicht ernste Übelstände, bezüglich Standhaftigkeit der Schaufeln einstellen, die dieses System in Mißkredit bringen könnten, ist allerdings noch fraglich. Nicht zu übersehen ist ferner, daß die neuen Turbinenkonstruktionen sich im Wettkampf gegenüber zwei durch systematische Verbesserung geförderte Entwicklung und wohldurchdachte angestrengte Arbeit seitens deutscher, schweizerischer, skandinavischer und amerikanischer Fachingenieure bereits vollkommen ausgereiften Maschinen befinden, deren Verwendungsbereich ganz erheblich weiter gesteckt ist, als es für die besprochenen neuen Systeme in Anspruch genommen werden kann.

Die theoretische Maschinenlehre wird sich mit den aufgetauchten Problemen auseinanderzusetzen haben, um vereint mit der Praxis die neuen Gesetze des Turbinenbaues aufzustellen.

Anhang.

Zahlentafeln und hydraulische Formeln.

A. Vergleiche verschiedener Landesmaße für Wasser.

1 Kubikmeter = 1000 Liter,
annähernd = 220 englische Gallonen.
= 35,31 Kubikfuß,
1 Liter = 0,03531 Kubikfuß,
= 61 Kubikzoll.
1 Imperial oder englische Gallone = 4,543 Liter,
= 0,8729 Türkisch Allmude,
= 0,361 Spanisch Arroba,
= 0,3694 Russisch Wedro,
= 1,2 U.S. Gallone.
1 Kubikzoll, englisch = 0,01638 Liter,
= 0,0036 englische Gallone.
1 Russisch Wedro = 2,707 Gallonen.
1 Botchka oder Wotchka = 40 Wedros = 108,28 Gallonen.

B. Umrechnungswerte.

1 PS = 736 Watt = 0,736 KW = 75 mkg/sek.
1 Watt = $\frac{1}{736}$ PS = 0,102 mkg/sek. = 0,001345 PS.
1 KW = 1000 Voltampère = 102 mkg/sek. = 1,36 PS (Großpferd).
1000 mkg = 1 Metertonne (mt).
1 PS/Stunde = 0,736 KW/Stunde = 270 000 mkg = 270 mt
1 KW/Stunde = 1,36 PS/Stunde = 367 200 mkg = 367,2 mt
1 mkg/sek. = 0,0098 KW = 0,0133 PS.

Metrisches und englisches Maß:

	Meter	Zoll	Fuß	Yard	Abgerundet
Millimeter	$\frac{1}{1000}$	0,03937	0,003281	0,001093	$\frac{1}{25}$ Zoll
Zentimeter	$\frac{1}{100}$	0,393708	0,032809	0,010936	$\frac{3}{8}$ Zoll
Dezimeter	$\frac{1}{10}$	3,93708	0,328089	0,1093633	4 Zoll (angenähert)
Meter	1	39,3708	3,280899	1,0936330	3 Fuß 3 $\frac{3}{8}$ Zoll.

	Quadratzoll	Quadratfuß
1 Quadratmillimeter	0,00155	
1 Quadratzentimeter	0,155006	
1 Quadratmeter	1550,06	10,7643

1 Kilometer = angenähert 1100 Yards (1093,633 Yards)
1 Zoll = 25,4 Millimeter
1 Fuß = 0,3048 Meter
100 Fuß = angenähert 30,5 Meter

Quadratzoll	Quadratfuß
1 Yard	= 0,9144 Meter
1 Meile	= 1,6093 Kilometer
1 Quadratzoll	= 0,06451 Quadratdezimeter
1 Quadratfuß	= 144 Quadratzoll = 9,2899 Quadratdezimeter
1 Kubikzentimeter	= 0,061027 Kubikzoll
1 Kubikzoll	= 16,386 Kubikzentimeter
1 lb per Quadratzoll	= 0,0703 Kilogr. per Quadratzentimeter
1 lb per Quadratfuß	= 4,883 Kilogr. per Quadratmeter
1 kg per Quadratzentimeter	= 14,223 lbs per Quadratzoll = 32,8 Fuß Gefälle
1 kg per Quadratmeter	= 0,2048 lb per Quadratfuß.

C. Erfahrungswerte: Wasserkraftanlagen.

Geschwindigkeiten:

In Erdkanälen (je nach Material und Befestigung) $v = 0,3 \div 0,9$ m/sek.
in befestigten Kanälen $v = 1,0 \div 1,50$ m/sek.
in Druckröhren $v = 1 \div 3$ m/sek.
(zu vgl. Wassermengen und Gefälleverluste für Rohrleitungen)
im Rechen $v = 0,3 \div 0,6$ m/sek.
im Wasserschloß $v = 0,2 \div 0,4$ m/sek.
in Schützenquerschnitten $v = 0,5 \div 0,8$ m/sek.

Das Kanalgefälle beträgt im Mittel:
für Wassermengen bis 20 cbm/sek. = 2‰ bis 4‰
" " " 50 " und mehr = 3‰ bis 5‰
nach Hallinger erheblich weniger bei Auskleidung der Kanalwände mit Beton.

Leistungen und Wirkungsgrade.

Rechnet man für die Turbine im Mittel $\eta = 0,76$
für die Primär-Generatoren $= 0,92$
so werden an den Klemmen gewonnen

$$100 \cdot (0,76 \cdot 0,92) = 70\%\ \text{der Rohkraft},$$

desgleichen für die Fernleitung Stromverlust 5%, so gelangen an die Verbrauchsstelle $\eta = 0,665$ der Rohwasserkraft. Kommen für Umformung auf normale Spannung und für die Motoren noch einige Prozent in Abzug, so leisten die Sekundärmotoren rund 55 bis 60% der Rohwasserkraft.

Kleinere Elektromotore haben bei voller Belastung einen Gütegrad von $\eta = 0,85$.

Der Wasserverbrauch einer Turbine beträgt

$$Q = \frac{N}{10 \cdot H}\ \text{m}^3/\text{sek. oder für 1 PS}\ Q_1 = \frac{1}{10 \cdot H}$$

$$\text{und für 1 PS/Stunde}\ Q^1 = \frac{360}{H}\ \text{m}^3.$$

Der Wirkungsgrad älterer Turbinensysteme nach längerer Betriebszeit	$\eta = 0,70$
Oberschlächtiges Wasserrad bei höheren Gefällen	= 0,70 bis 0,75
" " " weniger als 4 m Gefälle	= 0,60 bis 0,70
Rückschlächtige Räder	= 0,65
Zuppinger Wasserrad mit Überfalleinlauf	= 0,70
Schaufelräder mit Spannschütze	= 0,60
Gewöhnliche unterschlächtige Räder	= 0,30 bis 0,40.

D. Theoretische Ausflußgeschwindigkeit unter einem gegebenen Gefälle.

Wo v = Wassergeschwindigkeit in m/sk. unter h Gefälle, g = 9,81 m/sk. Endgeschwindigkeit beim freien Fall, wird

Zahlentafel I

der Fallhöhen für die zugehörigen Endgeschwindigkeiten.

Endgeschw. v Meter	Fallhöhe h Meter	Endgeschw. v Meter	Fallhöhe h Meter	Endgeschw. v Meter	Fallhöhe h Meter	Endgeschw. v Meter	Fallhöhe h Meter
0,00	0,000000	1,45	0,10716	3,3	0,55504	11,0	6,1672
0,05	0,000127	1,50	0,11468	3,4	0,58919	11,5	6,7406
0,10	0,000510	1,55	0,12245	3,5	0,62436	12,0	7,3394
0,15	0,001147	1,60	0,13048	3,6	0,66055	12,5	7,9638
0,20	0,002039	1,65	0,13876	3,7	0,69776	13,0	8,6137
0,25	0,003186	1,70	0,14730	3,8	0,73598	13,5	9,2890
0,30	0,004587	1,75	0,15609	3,9	0,77523	14,0	9,9898
0,35	0,006244	1,80	0,16514	4,0	0,81549	14,5	10,7161
0,40	0,008155	1,85	0,17444	4,1	0,85678	15,0	11,4679
0,45	0,010321	1,90	0,18400	4,2	0,89908	15,5	12,2452
0,50	0,012742	1,95	0,19381	4,3	0,94241	16,0	13,0479
0,55	0,015418	2,00	0,20387	4,4	0,98675	16,5	13,8761
0,60	0,018349	2,05	0,21419	4,5	1,0321	17,0	14,7299
0,65	0,021534	2,10	0,22477	4,6	1,0785	17,5	15,6091
0,70	0,024975	2,15	0,23560	4,7	1,1259	18,0	16,5138
0,75	0,028670	2,20	0,24669	4,8	1,1743	18,5	17,4439
0,80	0,032620	2,25	0,25803	4,9	1,2238	19,0	18,3996
0,85	0,036825	2,30	0,26962	5,0	1,2742	19,5	19,3807
0,90	0,041284	2,35	0,28147	5,5	1,5418	20	20,3874
0,95	0,045999	2,40	0,29358	6,0	1,8349	21	22,4771
1,00	0,050968	2,45	0,30594	6,5	2,1534	22	24,6687
1,05	0,056193	2,50	0,31855	7,0	2,4975	23	26,9623
1,10	0,061672	2,6	0,34455	7,5	2,8670	24	29,3578
1,15	0,067406	2,7	0,37156	8,0	3,2620	25	31,8552
1,20	0,073394	2,8	0,39959	8,5	3,6825	26	34,4546
1,25	0,079638	2,9	0,42864	9,0	4,1284	27	37,1560
1,30	0,086137	3,0	0,45872	9,5	4,5999	28	39,9592
1,35	0,092890	3,1	0,48981	10,0	5,0968	29	42,8644
1,40	0,099898	3,2	0,52192	10,5	5,6193	30	45,8716

$$v = \sqrt{2gh} = 4{,}427\sqrt{h}$$

$$h = \frac{v^2}{2g} = 0{,}5096\, v^2.$$

Für die Ausflußmenge $Q = \mu A \sqrt{2gh}$, worin A den Querschnitt der Ausflußmündung in qm und μ den Ausflußkoeffizienten bezeichnet, ist die Seitenreibung zu berücksichtigen, die der austretende Strahl in der Mündung erfährt.

Liegt die Oberkante der Mündung unterhalb des Flüssigkeitsspiegels wie bei Spannschützen, so ist der Ausflußkoeffizient $\mu = 0{,}57$ bis $0{,}66$. Für Schleusenschützen, bei welchen die Sohle der Öffnung dem Boden sehr nahe liegt, kann man den Ausflußkoeffizienten $\mu = 0{,}625$ annehmen. Steht die Schütze schräg und findet weder am Boden noch an den Seiten Kontraktion statt (Poncelet-Schütze), so ist wenn α ihren Neigungswinkel bezeichnet

$$\mu = 0{,}944 - 0{,}0032\,\alpha^0$$

für $\alpha =$	40^0	45^0	50^0	55^0	60^0
wird $\mu =$	0,816	0,80	0,784	0,768	0,752.

Dabei ist in allen Fällen Rücksicht zu nehmen auf das Verhältnis des Wasserquerschnitts im Kanal zum Ausflußquerschnitt an der Schütze.

Bezeichnet man dieses Verhältnis mit m, die Geschwindigkeit in der Ausflußöffnung mit v, so ist die Zuflußgeschwindigkeit vor der Öffnung $\frac{v}{m}$ und die derselben entsprechende Druckhöhe $\frac{1}{2g}\left(\frac{v}{m}\right)^2$, diese ist zur beobachteten Druckhöhe h zu addieren und ergibt sich dann die Geschwindigkeit in der Öffnung aus der Gleichung

$$v = \sqrt{2g\left\{\frac{1}{2g}\left(\frac{v}{m}\right)^2 + h\right.}$$

$$v = \left(\frac{v}{m}\right)^2 + 2gh = \frac{2gh}{1-\left(\frac{1}{m}\right)^2}$$

$$v = \sqrt{2gh}\sqrt{\frac{m^2}{m^2-1}}$$

und die Wassermenge

$$Q = \mu b h \sqrt{2gh}\sqrt{\frac{m^2}{m^2-1}}.$$

Für die Druckhöhe h ist zu nehmen:

a) Wenn die Ausflußöffnung ins Freie mündet:
Die Entfernung der Mitte der Ausflußöffnung unter dem Flüssigkeitsspiegel.

b) Wenn über dem Wasserspiegel des Gefäßes ein größerer oder kleinerer Druck vorhanden als vor der Ausmündung (untergetauchte Öffnung), so ist der Unterschied dieser Drucke (als Flüssigkeitshöhe ausgedrückt) zuzuziehen bezw. abzuziehen.

Mündet daher die Ausflußmündung unter Wasser, so ist der Höhenabstand der beiden Wasserspiegel als Druckhöhe h zu nehmen.

Für den Ausfluß durch Öffnungen in dünner Wand hat man im Mittel

1. den Geschwindigkeitskoeffizienten $\varrho = 0{,}96$
2. den Kontraktionskoeffizienten oder das Verhältnis des Querschnitts des ausfließenden Strahls zum Querschnitt der Mündung $\alpha = 0{,}64$
3. den Ausflußkoeffizienten $\mu = \alpha\varrho = 0{,}57$ bis $0{,}66$ im Mittel $= 0{,}615$.

Der Ausflußkoeffizient μ ändert sich durch unvollständige oder partielle Kontraktion, d. h. wenn die Kontraktion des Strahls nicht auf allen Seiten stattfindet. Bezeichnet q das Verhältnis des Umfangs der Mündung, an welchem keine Kontraktion stattfindet, zum Umfang der Mündung, so hat man den Ausflußkoeffizienten für unvollständige Kontraktion: $\mu = (1 + 0{,}152\,q)$.

E. Abfluß über Meßwehre.

Für rechteckige Überfälle mit scharfen Kanten, wie sie behufs Wassermessungen hergestellt werden, schwankt der Beiwert μ zwischen 0,40 und 0,50, je nach dem Verhältnis der Breite des Überfalls b zur Breite des Zulaufgerinnes B oder Behälters, in dem der Überfall angeordnet ist.

Die Oberfläche des Unterwassers muß tiefer als die der Überfallkante liegen. Überfälle mit abgerundeten Kanten, wie sie an Wehren und den Überfallschützen der Wasserräder vorkommen, eignen sich nicht zu Wassermessungen, sie lassen $^1/_4$ bis $^1/_3$ mehr durchfließen, als Überfälle mit scharfen Kanten.

Man unterscheidet Überfälle mit und ohne Seitenkontraktion. In letzterem Fall wird der Ausflußkoeffizient etwas größer. Bei gleicher Breite mit dem Kanal muß aber der überfallende Strahl seitlich gelüftet sein, sonst werden unrichtige Werte erhalten.

Zahlentafel II

der Wassermengen in Kubikmeter in der Sekunde bei vollkommenen Überfällen ohne seitliche Einschnürung bei 1 m Überfallbreite und 1 m breitem Zuflußgraben. Höhe des Überfallbrettes T — h = 400 mm.

Bei dieser Messung ist darauf zu achten, daß der Raum unter dem Wasserstrahl durch seitliche Luftzufuhr mit der Atmosphäre genügend in Verbindung steht. (Abb. 77.)

h in mm, Q in cbm i. d. Sekunde.

h	50	60	70	80	90	100	120
Q	0,0220	0,0283	0,0355	0,0435	0,0516	0,0605	0,0788
h	140	160	180	200	220	240	260
Q	0,1005	0,1235	0,1490	0,1745	0,2020	0,2326	0,2640
h	280	300	320	340	360	380	400
Q	0,2970	0,3310	0,3670	0,4040	0,4430	0,4843	0,5260
h	420	440	460	480	500		
Q	0,5695	0,6140	0,6610	0,7060	0,7545		

Zahlentafel III

der Wassermengen in Kubikmeter in der Sekunde bei vollkommenen Überfällen mit seitlicher Einschnürung bei 1 m Überfallbreite, 5 m Breite im Zuflußgraben und 400 mm Überfallbretthöhe.

h	100	120	140	160	180	200	220
Q	0,0574	0,0753	0,0945	0,1152	0,1372	0,1600	0,1840
h	240	260	280	300	320	340	360
Q	0,2090	0,2354	0,2625	0,2904	0,3196	0,3495	0,3805
h	380	400	420	440	460	480	500
Q	0,4120	0,4435	0,4770	0,5115	0,5460	0,5810	0,6180 [1]).

Formel von Rehbock[2]). Das über ein Meßwehr ohne Seitenkontraktion mit Luftzuführung fallende Wasser wird nach der vereinfachten Formel von Prof. Rehbock berechnet zu

[1]) Nach Prof. Frese, Z. d. V. d. I. 1890, Bd. XXXIV, Hefte Nr. 49 bis 52.

[2]) Zeitschrift des Verbandes deutscher Architekten- und Ingenieurvereine, 1912 Nr. 1 und 1913 Nr. 1. — Zeitschrift für d. ges. Turbinenwesen, Aug. 1914, Heft 23.

$$Q\,l = \sqrt{h_0}\left(0{,}003 + 1{,}79\,h_0 + 0{,}23\,\frac{h_0^2}{H}\right)$$

worin:

l die Überfallänge,

h_0 die Überfallhöhe und

H der Abstand der Überfallkante von der Kanalsohle bezeichnet, bei Senkrechtstellung der Seitenwände des Überfalls.

Die Abflußbeiwerte μ für Ausfluß unter Wasser an Schützen und für den unvollkommen Überfall an Stauwehren bei großen Anlagen im Strombett nach der Formel von Fröhlich[1])

$$Q = \mu\, b\, h \sqrt{2g(H+k)}$$

wo $k = v^2 : 2g$, H = Totalgefälle, h = Druckgefälle, sind noch nicht endgültig festgelegt, werden auch infolge örtlicher Verhältnisse immer schwankend bleiben. Das Ergebnis seiner Untersuchungen am Rheinwehr in Augst-Wyhlen ist:

Durchflußhöhe	h:	1	2	3	4	5 m
Gefälle	H:	5,5	4,5	3,5	2,5	1,5 m
Ausflußbeiwert	μ:	0,73	0,75	0,78	0,84	0,90

Tauchtiefe des Schützes im theoretischen Unterwasser

$$= 9\text{ m} - (H + h) = 2{,}5\text{ m}.$$

Seither hatte man für ähnliche Verhältnisse mit $\mu = 0{,}70 \div 0{,}75$ gerechnet.

Die Ermittlung der μ Werte für den unvollkommenen Überfall aus der Gleichung

$$Q = \mu\, b \sqrt{2gh}\left(\frac{2}{3}\left[(H+k)^{\frac{3}{2}} - k^{\frac{3}{2}}\right] + t\,(H+k)^{\frac{1}{2}}\right)$$

wo H das Gefälle und t die Tiefe der Wehrschwelle unter dem Unterwasser bedeuten, ergab folgende μ Werte:

H:	0,30	0,37	0,41	0,52	0,59 m
t:	2,10	2,55	2,99	3,43	3,87 m
μ:	0,831	0,840	0,846	0,856	0,865

Die zugehörigen Wassermengen waren 700 bis 2000 cbm/sek., die Geschwindigkeitshöhen 5 bis 19 cm/sek., errechnet mit $^8/_{10}$ des tatsächlichen Oberwasserquerschnitts.

Allerdings müssen diese Zahlen noch durch weitere Beobachtungsreihen nachgeprüft werden.

F. Rohrleitungen.

Nach Holl kann man für den ersten Entwurf einer Turbinenleitung, wenn L die Länge, H das Gefälle ist annehmen bei

$$\frac{L}{H} = 1 \div 2 \qquad v = 3\text{ m/sk}$$

$$= 2 \div 4 \qquad = 2{,}5\text{ m bis } 2\text{ m/sk}$$

$$= 5\text{ und darüber} \qquad = 1{,}5\text{ bis } 1\text{ m/sk.}$$

Bei kleineren Rohrdurchmessern kann $v = 0{,}5 \div 1$ m für größere Rohrlängen angenommen werden.

Bei größeren Längen für Hochdruckleitungen wählt man aus wirtschaftlichen wie auch aus Zweckmäßigkeitsgründen nicht einen einheitlichen Durchmesser vom Wasserschloß bis zum Krafthaus, sondern läßt die Leitung nach Ermittlung der zulässigen Maximalgeschwindigkeit sich nach oben zonenweise erweitern. Dabei

[1]) Über die Größe der Abflußbeiwerte. Zeitschr. „Die Wasserkraft", Heft 9. 1922. Rich. Pflaum Verlag, München.

werden für Gefälle bis etwa 100 m ein Gefälleverlust von 1 ÷ 2% als zulässig erachtet, der bei größeren Gefällen bis zu 3% und unter Umständen noch weiter hinaufgeht.

Wandstärkenberechnung. Die Rohrwand wird auf den jeweils auftretenden statischen Druck nach der Formel

$$s = \frac{d}{2} \cdot \frac{p}{k_z}$$

berechnet, wobei der innere Rohrdurchmesser d in Zentimeter angegeben ist, der Druck p in kg pro qcm, d. i. in Atm., k_z die zulässige Beanspruchung des geschweißten Materials = 800 kg pro qcm bedeutet; für wassergasgeschweißte Rohre werden Bleche aus Siemens-Martin-Flußeisen von 3400 bis 4000 kg Zerreißfestigkeit pro qcm, bei mindestens 25% Dehnung auf eine Probelänge von 200 m gemessen, verwendet; es wird also mit einer 4½- bis 5fachen Bruchsicherheit gerechnet. Die Festigkeit der Schweißnaht beträgt mindestens 85% derjenigen des vollen Bleches. Bei nahtlosen Röhren ist k_z = 1200 kg pro qcm bei einer Materialfestigkeit von im Mittel 6000 kg pro qcm und 15% Mindestdehnung; die Bruchsicherheit ist hier eine 5fache[1]). Es spielen indes auch noch Faktoren eine Rolle, welche eine zusätzliche Beanspruchung herbeiführen und zwar sind das dynamische Drucksteigerungen, hervorgerufen durch schnellen Abschluß der Regelorgane an den Turbinen, Regulatorschlußzeit und Temperatureinflüsse.

G. Wassermengen und Gefäll-Verluste für Wasserleitungsröhren.

(Siehe auch die folgende Tafel).

Bezeichnet: L die Länge der Rohrleitung in m, h den Gefälle-Verlust in m, d den lichten Rohrdurchmesser in m, so ist

$$h = \lambda \frac{L}{d} \frac{v^2}{2g} \text{ und } \lambda = 0{,}01989 + \frac{0{,}0005078}{d}$$

Zu den angegebenen Druckhöhen- oder Gefälle-Verlusten ist noch diejenige Druckhöhe zu addieren, welche nötig ist, um das Wasser mit der Geschwindigkeit v in die Rohrleitung einzuführen.

Dieselbe ist für gewöhnlich: $1{,}5 \frac{v^2}{2g}$.

Bei sehr guter Abrundung der Einmündung: $1{,}1 \frac{v^2}{2g}$.

Um für eine gegebene Druckhöhe bei gegebener Wassermenge die erforderliche Rohrweite zu bestimmen, nehme man zunächst eine Rohrweite nach Gutdünken an und bestimme mit Hilfe der Tafel die Geschwindigkeit v und den Gefälle-Verlust, zu dem man die erforderliche Druckhöhe $1{,}5 \frac{v^2}{2g}$ sowie den Verlust an Druckhöhe durch etwa vorhandene Krümmungen (siehe unten) addiert. Ist das Ergebnis größer oder kleiner als die gegebene Druckhöhe, so hat man die Weite der Rohrleitung bzw. größer oder kleiner anzunehmen und die Rechnung zu wiederholen, bis das Ergebnis eine genügende Übereinstimmung hat.

Um für eine gegebene Rohrleitung bei gegebener Druckhöhe die Wassermenge zu finden, nehme man einen Näherungswert für die Wassermenge an und

[1]) Turbinen-Rohrleitungen, Mannesmannröhren-Werke Düsseldorf, von Oberingenieur Heck, Düsseldorf 1922.

bestimme mit Hilfe der Tafel die Geschwindigkeit v und den Gefälle-Verlust, zu dem man den Wert $1{,}5 \frac{v^2}{2g}$ sowie den Druckhöhen-Verlust durch Krümmungen addiert. Je nachdem das Ergebnis größer oder kleiner als die gegebene Druckhöhe ausfällt, hat man die Wassermenge kleiner oder größer anzunehmen und dann die Rechnung zu wiederholen, bis eine genügende Übereinstimmung erfolgt ist.

Für Krümmungen hat man noch den dadurch erzeugten Verlust an Gefälle bzw. Druckhöhe in Rechnung zu ziehen, derselbe beträgt:

$$h = m \frac{\beta}{180} \frac{v^2}{2g},$$

wenn β den Zentrumwinkel der Krümmung in Graden bezeichnet.

Für: $\frac{\text{halben Rohrdurchmesser}}{\text{Halbmesser der Krümmung}}$	=	0,1	0,3	0,5	0,7	0,9	1
hat man:	m =	0,13	0,16	0,29	0,66	1,41	1,98

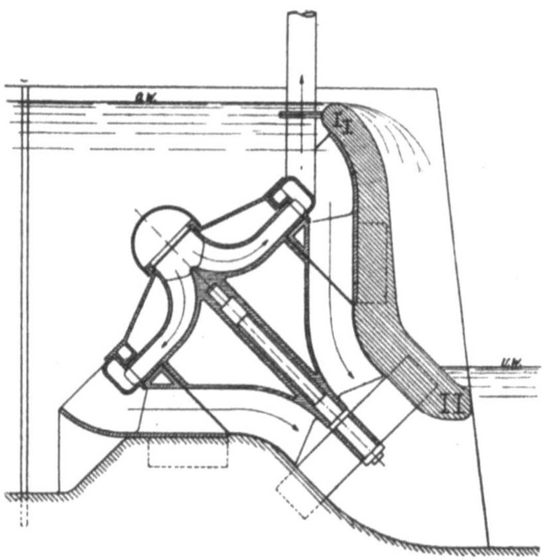

Abb. 49. Lawaczeck-Turbine (siehe Seite 113.

Zahlentafel IV.

Tafel der Wassermengen und Gefällverluste für Wasserleitungsröhren.

Die Wassermengen Q in cbm für die Minute, die Gefällverluste h in m auf 100 m Länge, die Geschwindigkeit v in m in der Sekunde, der lichte Rohrdurchmesser d in mm.

v in m	λ =	0,0326	0,0301	0,0284	0,0271	0,0262	0,0255	0,0250	0,0240	0,0233
	d = mm	**40**	**50**	**60**	**70**	**80**	**90**	**100**	**125**	**150**
0,10	Q =	0,0075	0,0118	0,0170	0,0231	0,0302	0,0382	0,0471	0,0736	0,1060
	h =	0,0415	0,0307	0,0241	0,0197	0,0167	0,0144	0,0127	0,0098	0,0079
0,15	Q =	0,0113	0,0177	0,0254	0,0346	0,0452	0,0573	0,0707	0,1104	0,1590
	h =	0,0934	0,0690	0,0542	0,0444	0,0376	0,0325	0,0287	0,0220	0,0178
0,20	Q =	0,0151	0,0236	0,0339	0,0462	0,0603	0,0763	0,0942	0,1470	0,2121
	h =	0,1661	0,1227	0,0965	0,0789	0,0668	0,0578	0,0510	0,0391	0,0317
0,25	Q =	0,0189	0,0294	0,0424	0,0577	0,0754	0,0954	0,1178	0,1841	0,2651
	h =	0,2596	0,1918	0,1509	0,1233	0,1043	0,0903	0,0796	0,0611	0,0495
0,30	Q =	0,0226	0,0353	0,0509	0,0693	0,0905	0,1145	0,1414	0,2209	0,3181
	h =	0,3738	0,2761	0,2171	0,1776	0,1502	0,1300	0,1147	0,0880	0,0712
0,40	Q =	0,0302	0,0471	0,0678	0,0924	0,1206	0,1527	0,1885	0,2945	0,4241
	h =	0,6646	0,4909	0,3860	0,3157	0,2671	0,2311	0,2039	0,1564	0,1266
0,50	Q =	0,0377	0,0589	0,0848	0,1155	0,1508	0,1909	0,2356	0,3681	0,5301
	h =	1,0385	0,7671	0,6031	0,4933	0,4173	0,3610	0,3185	0,2444	0,1979
0,60	Q =	0,0452	0,0707	0,1018	0,1386	0,1810	0,2290	0,2827	0,4418	0,6362
	h =	1,4954	1,1046	0,8685	0,7103	0,6009	0,5199	0,4587	0,3519	0,2850
0,70	Q =	0,0528	0,0825	0,1187	0,1616	0,2111	0,2672	0,3299	0,5154	0,7422
	h =	2,0354	1,5035	1,1821	0,9668	0,8179	0,7076	0,6244	0,4790	0,3879
0,80	Q =	0,0603	0,0942	0,1357	0,1847	0,2413	0,3054	0,3770	0,5890	0,8442
	h =	2,6585	1,9637	1,5440	1,2627	1,0683	0,9242	0,8155	0,6256	0,5066
0,85	Q =	0,0641	0,1001	0,1442	0,1963	0,2564	0,3245	0,4006	0,6258	0,9013
	h =	3,0012	2,2168	1,7430	1,4255	1,2060	1,0434	0,9206	0,7063	0,5719
0,90	Q =	0,0679	0,1060	0,1527	0,2078	0,2714	0,3435	0,4241	0,6627	0,9543
	h =	3,3647	2,4853	1,9541	1,5982	1,3520	1,1697	1,0321	0,7918	0,6412
0,95	Q =	0,0716	0,1119	0,1616	0,2194	0,2865	0,3626	0,4477	0,6995	1,0073
	h =	3,7489	2,7691	2,1773	1,7806	1,5065	1,3032	1,1499	0,8823	0,7144
1,00	Q =	0,0754	0,1178	0,1697	0,2309	0,3016	0,3817	0,4712	0,7363	1,0603
	h =	4,1539	3,0683	2,4125	1,9731	1,6692	1,4441	1,2742	0,9776	0,7916
1,05	Q =	0,0792	0,1237	0,1781	0,2425	0,3167	0,4008	0,4948	0,7731	1,1133
	h =	4,5797	3,3828	2,6598	2,1753	1,8403	1,5921	1,4048	1,0778	0,8725
1,10	Q =	0,0829	0,1295	0,1860	0,2540	0,3317	0,4199	0,5184	0,8099	1,1663
	h =	5,0262	3,7126	2,9191	2,3874	2,0197	1,7494	1,5418	1,1829	0,9578
1,15	Q =	0,0867	0,1355	0,1951	0,2655	0,3468	0,4390	0,5420	0,8467	1,2194
	h =	5,4936	4,0578	3,1905	2,6093	2,2075	1,9098	1,6851	1,2929	1,0469
1,20	Q =	0,0905	0,1414	0,2036	0,2771	0,3619	0,4581	0,5655	0,8835	1,2723
	h =	5,9816	4,4183	3,4740	2,8412	2,4037	2,0795	1,8349	1,4077	1,1399
1,25	Q =	0,0942	0,1473	0,2121	0,2886	0,3770	0,4772	0,5891	0,9204	1,3254
	h =	6,4904	4,7942	3,7695	3,0829	2,6081	2,2564	1,9906	1,5275	1,2369
1,50	Q =	0,1131	0,1767	0,2545	0,3463	0,4524	0,5726	0,7069	1,1045	1,5904
	h =	9,3463	6,9036	5,4281	4,4394	3,7557	3,2492	2,8670	2,1996	1,7811
1,75	Q =	0,1319	0,2062	0,2969	0,4041	0,5278	0,6680	0,8247	1,2885	1,8555
	h =	12,7213	9,3967	7,3883	6,0425	5,1120	4,4226	3,9023	2,9938	2,4243
2,00	Q =	0,1508	0,2356	0,3393	0,4618	0,6032	0,7634	0,9425	1,4726	2,1206
	h =	16,6157	12,2732	9,6500	7,8922	6,6769	5,7764	5,0968	3,9104	3,1664
2,50	Q =	0,1885	0,2945	0,4241	0,5773	0,7540	0,9543	1,1781	1,8407	2,6507
	h =	25,9253	19,1769	15,0781	12,3316	10,4326	9,0256	7,9638	6,1100	4,9475
3,00	Q =	0,2262	0,3534	0,5089	0,6927	0,9048	1,1452	1,4137	2,2089	3,1809
	h =	37,3324	27,6147	21,7125	17,7575	15,0229	12,9969	11,4679	8,7983	7,1244

Zahlentafel IV.

Tafel der Wassermengen und Gefällverluste für Wasserleitungsröhren.

Die Wassermengen Q in cbm für die Minute, die Gefällverluste h in m auf 100 m Länge, die Geschwindigkeit v in m in der Sekunde, der lichte Rohrdurchmesser d in mm.

v in m	λ =	0,0228	0,0224	0,0221	0,0219	0.0217	0,0216	0,0213	0,0212	0,0210
	d = mm	**175**	**200**	**225**	**250**	**275**	**300**	**350**	**400**	**450**
0,10	Q =	0,1443	0,1885	0,2386	0,2945	0,3564	0,4241	0,5773	0,7540	0,9543
	h =	0,0066	0,0057	0,0050	0,0045	0,0040	0,0037	0,0031	0,0027	0,0024
0,15	Q =	0,2165	0,2827	0,3578	0,4418	0,5346	0,6362	0,8659	1,1310	1,4314
	h =	0,0149	0,0128	0,0113	0,0100	0,0090	0,0082	0,0070	0,0061	0,0054
0,20	Q =	0,2886	0,3770	0,4771	0,5890	0,7128	0,8482	1,1545	1,5084	1,9085
	h =	0,0366	0,0228	0,0200	0,0179	0,0161	0,0147	0,0124	0,0108	0,0095
0,25	Q =	0,3608	0,4712	0,5964	0,7363	0,8909	1,0603	1,4432	1,8850	2,3856
	h =	0,0415	0,0357	0,0313	0,0279	0,0251	0,0229	0,0194	0,0169	0,0149
0,30	Q =	0,4330	0,5655	0,7157	0,8836	1,0691	1,2723	1,7318	2,2619	2,8628
	h =	0,0598	0,0514	0,0451	0,0402	0,0362	0,0330	0,0279	0,0243	0,0214
0,40	Q =	0,5773	0,7540	0,9543	1,1781	1,4255	1,6965	2,3091	3,0159	3,8170
	h =	0,1062	0,0913	0,0801	0,0714	0,0643	0,0587	0,0496	0,0432	0,0381
0,50	Q =	0,7216	0,9425	1,1928	1,4726	1,7819	2,1206	2,8863	3,7699	4,7733
	h =	0,1660	0,1427	0,1251	0,1116	0,1005	0,0917	0,0775	0,0675	0,0595
0,60	Q =	0,8659	1,1310	1,4314	1,7671	2,1383	2,5447	3,4636	4,5239	5,7255
	h =	0,2390	0,2055	0,1802	0,1607	0,1448	0,1321	0,1117	0,0972	0 0856
0,70	Q =	1,0102	1,3195	1,6700	2,0617	2,4946	2,9688	4,0409	5,2779	6,6798
	h =	0,3254	0,2797	0,2453	0,2188	0,1970	0,1798	0,1520	0,1324	0,1166
0,80	Q =	1,1545	1,5080	1,9085	2,3562	2,8510	3,3929	4,6181	6,0319	7,6341
	h =	0,4250	0,3653	0,3204	0,2857	0,2573	0,2349	0,1985	0,1729	0,1522
0,85	Q =	1,2267	1,6022	2,0278	2,5034	3,0292	3,6051	4,9068	6,4087	8,1112
	h =	0,4798	0,4124	0,3617	0,3226	0,2905	0,2651	0,2241	0,1952	0,1718
0,90	Q =	1,2989	1,6965	2,1471	2,6507	3,2074	3,8170	5,1954	6,7854	8,5883
	h =	0,5379	0,4624	0,4055	0,3616	0,3257	0,2972	0,2512	0,2188	0,1927
0,95	Q =	1,3710	1,7906	2,2664	2,7980	3,3856	4,0290	5,4840	7,1623	9,0655
	h =	0,5993	0,5152	0,4518	0,4029	0,3629	0,3311	0,2799	0,2438	0,2147
1,00	Q =	1,4432	1,8850	2,3857	2,9452	3,5638	4,2412	5,7727	7,5398	9,5426
	h =	0,6640	0,5708	0,5006	0,4465	0,4021	0,3670	0,3102	0,2701	0,2379
1,05	Q =	1,5153	1,9792	2,5049	3,0925	3,7419	4,4533	6,0613	7,9168	10,020
	h =	0,7321	0,6293	0,5519	0,4927	0,4433	0,4046	0,3420	0,2978	0,2622
1,10	Q =	1,5875	2,0733	2,6242	3,2398	3,9201	4,6653	6,3499	8,2938	10,497
	h =	0,8035	0,6907	0,6057	0,5402	0,4866	0,4440	0,3753	0,3269	0,2878
1,15	Q =	1,6597	2,1677	2,7435	3,3869	4,0983	4,8775	6,6386	8,6708	10,974
	h =	0,8782	0,7549	0,6621	0,5901	0,5318	0,4853	0,4102	0,3572	0,3146
1,20	Q =	1,7318	2,2620	2,8628	3,5343	4,2765	5,0892	6,9272	9.0480	11,451
	h =	0,9562	0,8220	0,7209	0,6429	0,5791	0,5284	0,4466	0,3890	0,3425
1,25	Q =	1,8040	2,3562	2,9821	3,6816	4,4547	5,3015	7,2158	9,4248	11,928
	h =	1,0375	0,8919	0,7822	0,6976	0,6283	0,5734	0,4846	0,4221	0,3716
1,50	Q =	2,1648	2,8274	3,5785	4,4179	5,3456	6,3617	8,6590	11,310	14,314
	h =	1,4941	1,2844	1,1264	1,0046	0,9048	0,8257	0,6979	0,6078	0,5352
1,75	Q =	2,5256	3,2987	4,1749	5,1542	6,2366	7,4220	10,102	13,195	16,700
	h =	2,0336	1,7482	1,5331	1,3673	1,2315	1,1238	0,9499	0,8273	0,7284
2,00	Q =	2,8864	3,7699	4,7713	5,8905	7,1275	8,4823	11,545	15,080	19,085
	h =	2,6562	2,2834	2,0025	1,7859	1,6085	1,4679	1,2407	1,0805	0,9511
2,50	Q =	3,6080	4.7124	5,9642	7,3631	8,9094	10,603	14,432	18,850	23,856
	h =	4,1503	3,5678	3,1289	2,7905	2,5132	2,2937	1,9386	1,6888	1,4866
3,00	Q =	4,3295	5,6549	7,1570	8,8357	10,691	12,723	17,318	22,620	28,628
	h =	5,9764	5,1376	4,5056	4,0183	3,6191	3,3027	2,7916	2,4312	2,1407

Zahlentafel IV.

Tafel der Wassermengen und Gefällverluste für Wasserleitungsröhren.

Die Wassermengen Q in cbm für die Minute, die Gefällverluste h in m auf 100 m Länge, die Geschwindigkeit v in m in der Sekunde, der lichte Rohrdurchmesser d in mm.

v in m	$\lambda =$	0,0209	0,0208	0,0207	0,02067	0,0206	0,02056	0,02052	0,02045	0,0204
	d = mm	**500**	**550**	**600**	**650**	**700**	**750**	**800**	**900**	**1000**
0,10	Q =	1,1781	1,4255	1,6965	1,9910	2,3091	2,6507	3,0159	3,8170	4,7124
	h =	0,0021	0,0019	0,0018	0,0016	0,0015	0,0014	0,0013	0,0012	0,0010
0,15	Q =	1,7672	2,1382	2,5447	2,9865	3,4636	3,9761	4,5239	5,7255	7,0686
	h =	0,0048	0,0043	0,0040	0,0036	0,0034	0,0031	0,0029	0,0026	0,0023
0,20	Q =	2,3562	2,8510	3,3929	3,9820	4,6181	5,3014	6,0319	7,6341	9,4248
	h =	0,0085	0,0077	0,0070	0,0065	0,0060	0,0056	0,0052	0,0046	0,0042
0,25	Q =	2,9452	3,5637	4,2412	4,9775	5,7727	6,6268	7,5396	9,5426	11,781
	h =	0,0133	0,0120	0,0110	0,0101	0,0094	0,0087	0,0082	0,0072	0,0065
0,30	Q =	3,5343	4,2765	5,0894	5,9730	6,9272	7,9521	9,0478	11,451	14,137
	h =	0,0192	0,0173	0,0158	0,0146	0,0135	0,0126	0,0118	0,0104	0,0094
0,40	Q =	4,7124	5,7020	6,7858	7,9639	9,2364	10,603	12,064	14,268	18,850
	h =	0,0341	0,0308	0,0281	0,0259	0,0240	0,0224	0,0209	0,0185	0,0166
0,50	Q =	5,8905	7,1275	8.4823	9,9549	11,546	13,254	15,080	19,085	23,562
	h =	0,0533	0,0482	0,0440	0,0405	0,0375	0,0349	0,0327	0,0289	0,0260
0,60	Q =	7,0686	8,5530	10,179	11,946	13,855	15,904	18,096	22,902	28,274
	h =	0,0767	0,0694	0,0633	0,0583	0,0540	0,0503	0,0471	0,0417	0,0374
0,70	Q =	8,2467	9,9785	11,875	13,937	16,164	18.555	21,111	26,719	32,987
	h =	0,1044	0,0944	0,0863	0,0794	0,0735	0,0685	0,0641	0,0567	0,0509
0,80	Q =	9,4248	11,404	13,572	15,928	18,473	21,206	24,127	30,536	37,699
	h =	0,1364	0,1234	0,1126	0,1037	0,0961	0,0894	0,0837	0,0741	0,0665
0,85	Q =	10,014	12,117	14,420	16,923	19,627	22,531	25,635	32,445	40,055
	h =	0,1539	0,1393	0,1270	0,1171	0,1084	0,1009	0,0945	0,0837	0,0751
0,90	Q =	10,603	12,829	15.268	17,919	20,782	23,856	27,143	34,353	42,411
	h =	0,1726	0,1561	0,1424	0,1313	0,1216	0,1132	0,1059	0,0938	0,0842
0,95	Q =	11,192	13,542	16,116	18,914	21,936	25,182	28,651	36,262	44,767
	h =	0,1923	0,1740	0,1587	0,1463	0,1355	0,1261	0,1180	0,1045	0,0938
1,00	Q =	11,781	14,255	16.965	19,910	23,091	26,507	30,159	38,170	47,124
	h =	0,2130	0,1928	0,1758	0,1621	0,1501	0,1397	0,1307	0,1158	0,1040
1,05	Q =	12,370	14,968	17,814	20,905	24,245	27,833	31.667	40,079	49,079
	h =	0,2349	0,2125	0,1939	0,1787	0,1655	0,1540	0,1441	0,1277	0,1146
1,10	Q =	12,959	15,680	18,661	21,901	25,400	29,158	33,175	41,987	51,836
	h =	0,2578	0,2332	0,2128	0,1961	0,1816	0,1691	0,1582	0,1401	0,1258
1,15	Q =	13,548	16,393	19,510	22,896	26,554	30,483	34,683	43.896	54,202
	h =	0,2818	0,2549	0,2325	0,2143	0,1985	0,1848	0,1729	0,1531	0,1375
1,20	Q =	14,137	17,106	20,357	23,892	27,709	31,809	36,191	45,804	56,548
	h =	0,3068	0,2726	0,2532	0,2334	0,2161	0,2012	0,1883	0,1668	0,1497
1,25	Q =	14,726	17,819	21,206	24,887	28,864	33,134	37,698	47,713	58,905
	h =	0,3329	0,3012	0,2748	0,2532	0,2345	0,2183	0,2043	0,1809	0,1634
1,50	Q =	17,671	21,382	25,447	29,865	34,636	39,761	45,239	57,255	70,686
	h =	0,4794	0,4387	0,3956	0,3647	0,3377	0,3144	0,2942	0,2606	0,2339
1,75	Q =	20,617	24,946	29,688	34,842	40,410	46,388	52,779	66,798	82,467
	h =	0,6525	0,5903	0,5385	0,4964	0,4597	0,4279	0,4004	0,3546	0,3184
2,00	Q =	23,562	28,510	33,929	39,820	46,182	53,014	60,319	76,341	94,248
	h =	0,8522	0,7710	0,7034	0,6483	0,6004	0,5589	0,5229	0,4632	0,4159
2,50	Q =	29,452	35,637	42,411	49,775	57,728	66,268	75,396	95.426	117,81
	h =	1,3316	1,2047	1,0990	1,0130	0,9381	0,8733	0,8171	0,7238	0,6498
3,00	Q =	35,343	42,765	50,894	59,730	69,272	79,521	90,478	114,51	141,37
	h =	1,9174	1,7348	1,5826	1,4587	1,3508	1,2575	1,1766	1,0423	0,9357

Erläuterung zu den Tafeln.

Tafel I.

Turbinen des Untra-Werkes in Schweden (Mitteldruckanlage.)

Ausgeführt von A.-B. Karlstads Mek. Verkstads Filial Kristinehamn.

Das Untrawerk, Stockholms Kraftstation in Dalälven, nützt die Gefällestufen zwischen Untrafjärden und Marmaforsen am Soederforsfall aus und verfügt über einen mittleren Wasserzufluß von 250 m³/sk bei einer normalen Fallhöhe von 13,8 m, somit über 40 000 PS bei einem Wirkungsgrad von 87 v H der Turbinen[1]. Dieser Effekt ist auf 4 Maschinensätze verteilt, ferner sind noch 3 Stück Erreger-Spiral-Turbinen mit je 110 PS aufgestellt. Jedes Aggregat verschluckt ca. 75 m³/sk. Die Zwillingsturbinen mit wagerechter Achse im offenen Schacht nach dem Vorbild der modernen Anlagen der Keokukstation in Amerika sind Schnelläufer und leisten unter 12,35 m Gefälle bei 100 bis 125 uml/min 10 500 PS garantierten Effekt; ihre spezifische Drehzahl ist

$$n_s = \frac{125\sqrt{5250}}{12,35\sqrt[4]{12,35}} \cong 391,$$

bei 100 uml/min ist $n_s = 312$ und unter 13,8 m Fallhöhe wird $n_s = 365$. Bei 13,8 m Gefälle garantierten die Kristinehamn Verkstaden

überlastet	12 000 PS	$\eta = 80$ v H H = 13,8 m
voll. .	10 500 PS	$\eta = 86$ v H H = 12,35 m
3/4 . .	7 850 PS	$\eta = 82$ v H
1/2 . .	5 250 „	„ = 74 „ „
1/4 . .	2 650 „	„ = 55 „ „

Abb. 82. Wagen mit hydrometr. Flügel.

Der Austrittsdurchmesser der Laufräder beträgt 3 m, der Eintrittsdurchmesser 1,90 m, die Schaufelzahl 14. Die Prüfung der Turbinen fand durch Prof. Hjalmar O. Dahl statt. Die Wassergeschwindigkeit wurde in einem Meßprofil von 9,52 m Breite und 6,88 m Tiefe, somit in einem Querschnitt von 65,55 m² mittels hydrometr. Flügel, der auf einem eisernen Wagen befestigt war (Textabbildung) beobachtet. Der zur Wassermessung verwendete Flügelwagen lief auf dem sehr steilen, fast senkrechtstehenden Schutzrechen und wurde mit der für die Eisrechen vorgesehenen Winde manövriert. Der Abstand zwischen Flügel und Rechen betrug

[1] Untraverkets Turbiner och deras Provning. Av Professor Hjalmar O. Dahl. Särtryck ur Technisk Tidskrift Mekanik, 1919. Häft 12.

etwas weniger als 1 m und die Flügelwelle war mit der Sohle und den Kanalwänden genau parallel. Um den Flügel vor einschwimmenden Holzstücken und dergleichen zu schützen, wurde derselbe mit einem Schutzrahmen versehen und es sind verschiedene Vorversuche angestellt worden, um auszufinden, ob dieser Rahmen die Messungsergebnisse beeinflußt. Der Schutzrahmen, wie auch der Wagen waren übrigens so angeordnet, daß möglichst geringe Einwirkung auf die Wasserströmung stattfinden sollte. Es waren 8 Lotrechte ausgesteckt und in jeder 6 Meßpunkte angenommen, somit ist die Wassergeschwindigkeit in 48 Punkten gemessen worden. Die Messungen ergaben für 1/4 und 1/2 Beaufschlagung den garantierten Nutzeffekt; bei 3/4 ist das Resultat 3 v H höher, bei voller Belastung 2 v H höher als die Gewährleistung.

Die Regulierproben zeigen nach dem Diagramm eine Tourenschwankung

bei Abschaltung von	1900 KW	+ 2,5 %	
„ „ „	3500 „	+ 4,8 %	
„ „ „	7200 „	+ 12 % und 12,5 %	
„ Zuschaltung „	2250 „	— 3,5 %	
„ „ „	4000 „	— 7 %.	

Die Garantie hiefür war 3, 6 und 13 % für alle Grenzwerte zwischen 1/4, 1/2 und Belastungen bis 10 500 PS bei 160 kgm Kraftverbrauch des Regulierapparates, dabei war ein Ungleichförmigkeitsgrad von 2 % eingestellt.

Die Anlage hat 10 000 000 Kronen gekostet.

Vorstehende Angaben sind dem bezeichneten Sonderdruck entnommen und die Druckstöcke zu den Abbildungen von der Direktion der A.-B. Verkstaden Kristinehamn, die das Kraftwerk gebaut hat, gütigst zur Verfügung gestellt worden.

Tafel II.

Albulawerk der Stadt Zürich (Hochdruckanlage).

Ausgeführt von Escher Wyß & Co., Ravensburg und Zürich.

(Zu vgl. Text S. 99.)

Das Krafthaus enthält 8 Maschinengruppen zu 3000 PS, die Turbinen haben eine Saughöhe von rund 6 m. Das ausgeführte Stollenprofil von 7,25 m² liefert bei der zulässigen Wassergeschwindigkeit von 2 m pro Sekunde eine Wassermenge von 14,5 m³ pro Sekunde, was bei dem vorhandenen Nettogefälle von 142,2 m eine Turbinenleistung von 20 600 PS bei 75 % Wirkungsgrad der Turbinen ergibt. Dieser Leistung der hydraulischen Anlage entsprechend ist die Größe der Maschinenanlage unter Einschluß der notwendigen Maschinenreserve zu 24 000 PS angenommen worden.

Die Druckleitungsstraße ist eingeteilt in 3 Gefällestrecken mit 54,9 %, 59,3 %, 1,6 %. Der Rohrweg ist begehbar durch eine zwischen den Rohrleitungen erstellte Treppe von 1,0 m Breite. Das obere Stück der zwei Druckleitungen bis Fixpunkt 2 wurde mit 2000 mm Durchmesser ausgeführt, während das untere Stück von Fixpunkt 2 bis zum Maschinenhaus 1800 mm Lichtweite erhielt. Die Blechstärke (Material weiches Siemens-Martin-Flußeisen) wechselt zwischen 8 und 22,5 mm, der Druckverlust beträgt bei 14,4 m³ total 1,63 m. Das Maschinenhaus hat bei 65 m Länge und 22,5 m Breite eine Giebelhöhe des Mittelbaues von 27,5 m. Im Unterwasserkanal von 6 m Breite ist ein Meßüberfall eingebaut; bei einem Wasserverbrauch von 16 m³ beträgt die Wassergeschwindigkeit 1 m/sk; das Sohlengefälle ist 6 ‰ bei der Einmündung in die Albula.

Hinter der Wehranlage wurde ein künstlicher Stausee von 420 000 m³ nutzbarem Inhalt gebildet, der für eine Ausgleichung von über einer Woche ausreicht.

Benutzte Literatur.

Bánki, Eine neue Wasserturbine, Z. f. d. ges. Turbw., Berlin 1918.

Baudisch, Die Saugstrahlturbine, Leipzig und Wien 1922.

Budau, Hydraulische Turbinenregulatoren, Wien 1906/10.

Dankwerts, Grundlagen der Turbinenberechnung, 1904.

Herrmann, Die graphische Berechnung der Turbinen und Kreiselpumpen, Berlin 1900.

Lawaczeck, Wasserkraftausnutzung und Wasserkraftmaschinen, Leipzig 1920.

Peter u. Wagner, Bericht über die Erstellung des Albulawerkes, Zürich 1911.

Pfarr, Die Turbinen für Wasserkraftbetrieb, Berlin 1912.

Stühlen, Ingenieurkalender, Baedeker Essen (Zahlentafeln).

Thomann, Die Wasserturbinen und Turbinenpumpen, Stuttgart 1921.

„Die Wasserkraft“, Zeitschrift für d. ges. Wasserwirtschaft, München.

Die Wasserwirtschaft in der Schweiz, Bern 1914.

Zeitschrift für das ges. Turbinenwesen, Berlin.

Zeuner, Theorie der Turbinen, 1899.

Zuppinger, Versuche und Erfahrungen aus dem Wasserturbinenbau, Zürich 1911.

Veröffentlichungen der Turbinenbauanstalten:

Amme, Giesecke und Konegen, Braunschweig.

Th. Bell & Co. A.G., Kriens-Luzern (Schweiz).

Abner Doble Company, San Francisco, U.S.A.

Escher, Wyß & Co. A.G., Ravensburg und Zürich.

Ganz & Co. A.-G., Budapest und Ratibor.

„Hansenwerk“, Briegleb, Hansen & Co, Gotha.

Jahns-Regulatoren-Gesellschaft, Offenbach a. M.

A.-B. Karlstads Mekaniska Verkstads Kristinehamn (Schweden).

Mannesmann-Röhrenwerke A.G., Düsseldorf.

Fritz Neumeyer A.-G., Werk München-Freimann.

Pelton Water Wheel Company, San Francisco, U.S.A.

F. Schichau, Elbing.

Ign. Storek, Stahlhütte, Brünn (Tschecho-Slow.).

A. Thierauf und Kießling, Hof i. B.

J. M. Voith, Heidenheim a. Br. und St. Pölten (N.-Östr.).

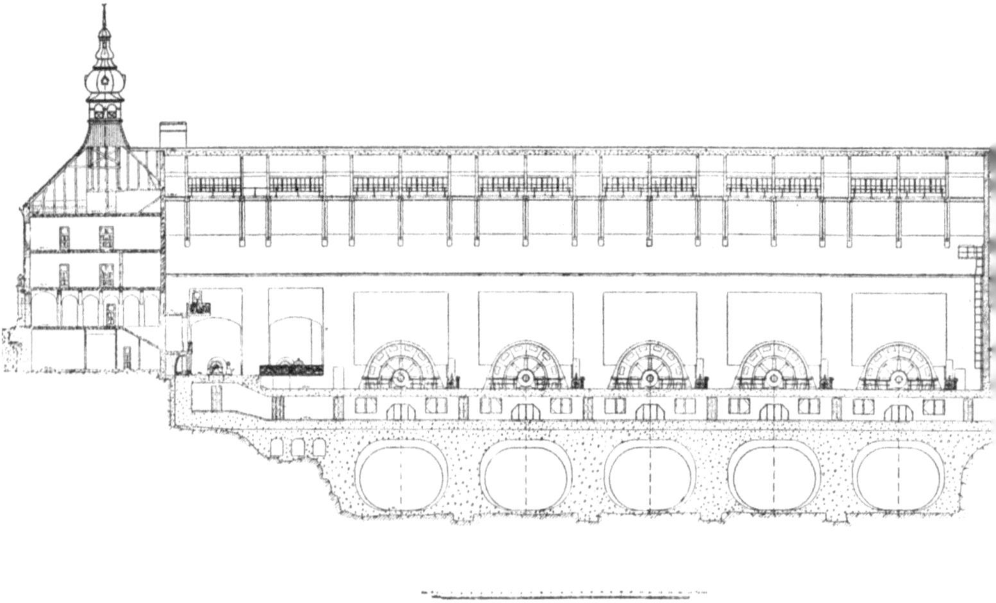

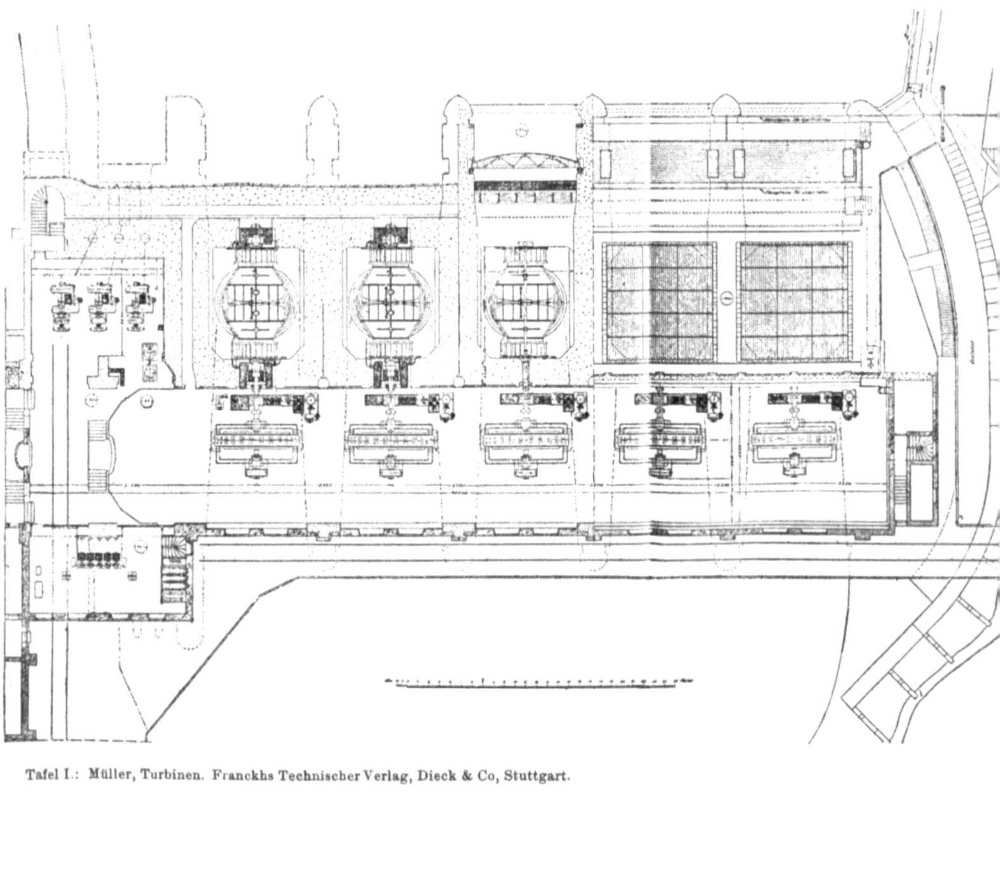

Tafel I.: Müller, Turbinen. Franckhs Technischer Verlag, Dieck & Co, Stuttgart.

Untra-Werk (Schweden).

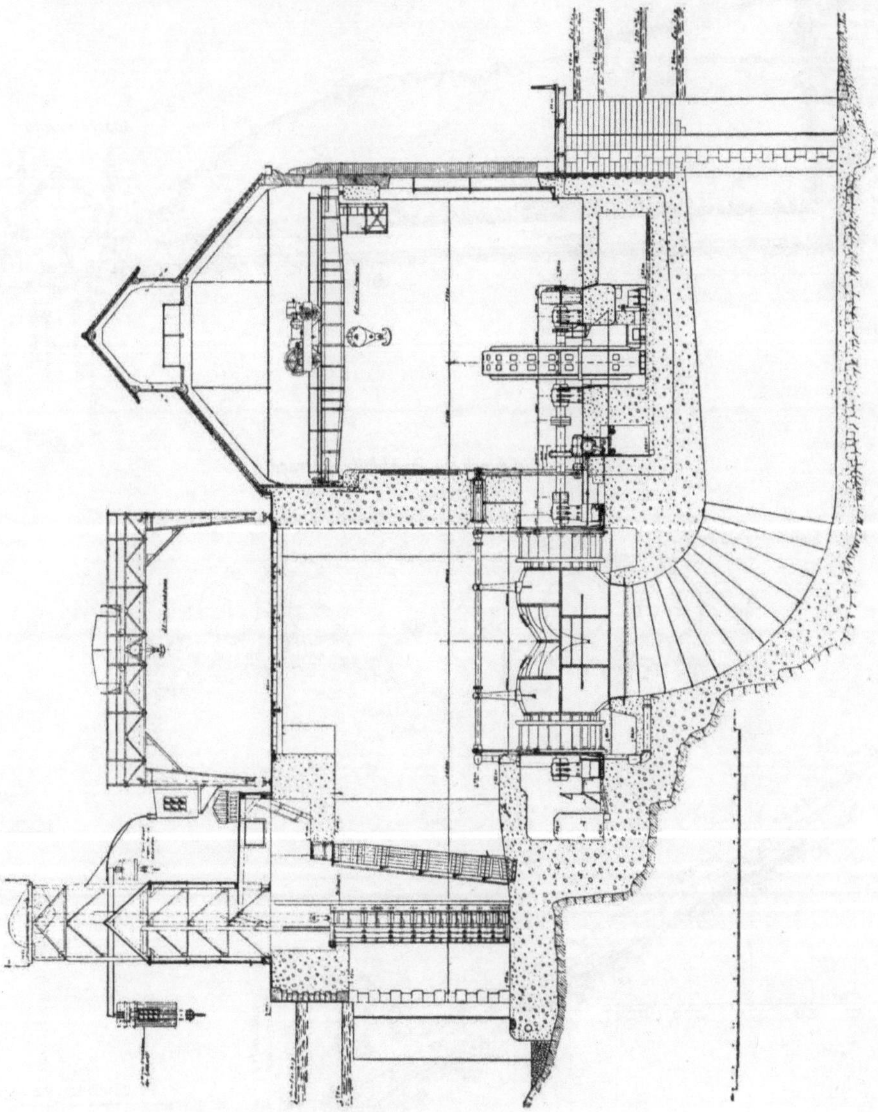

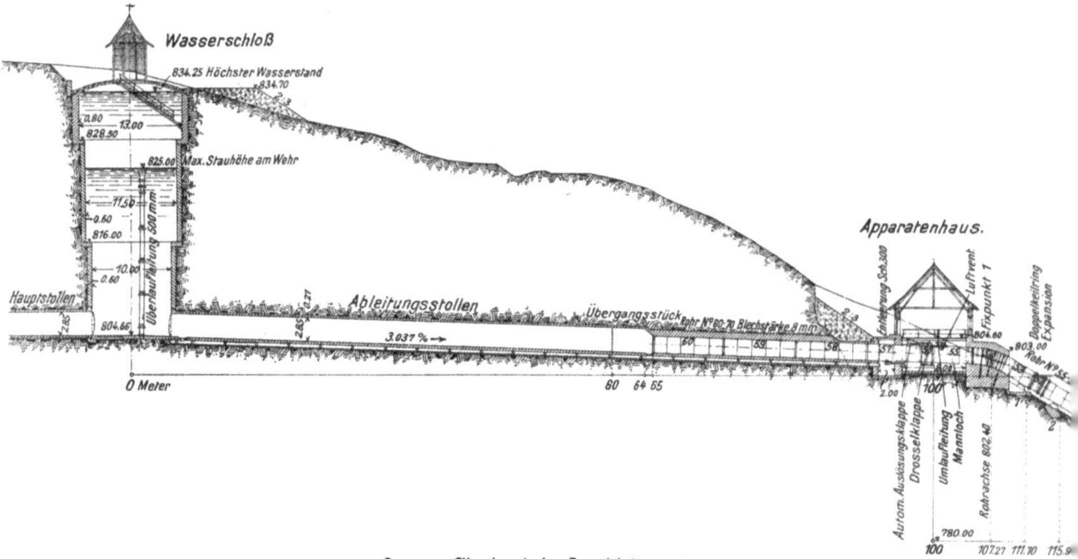

Querprofile durch das Druckleitungstraçe

1:150.

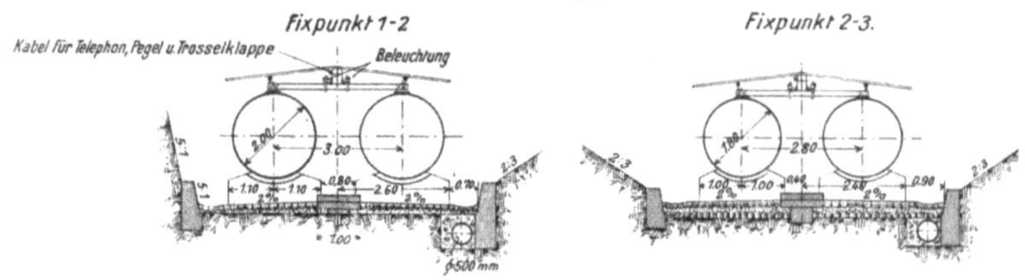

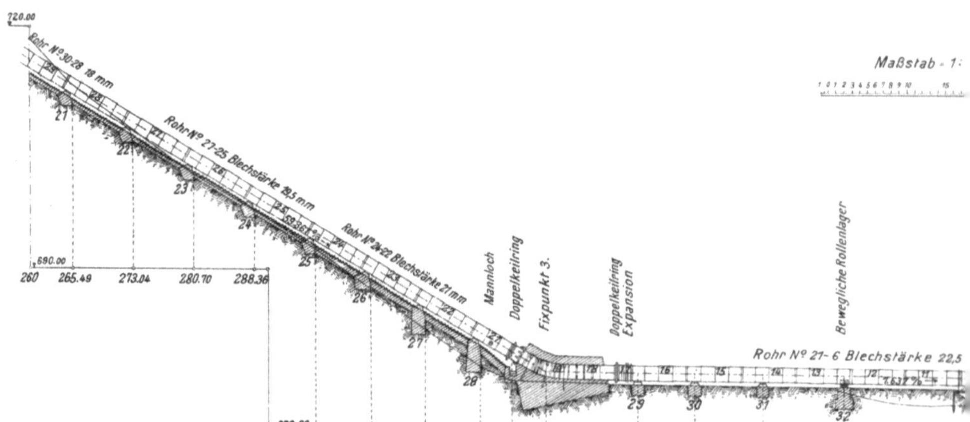

Albulawerk.
Längenprofil der Druckleitungen.
Maßstab 1:600.

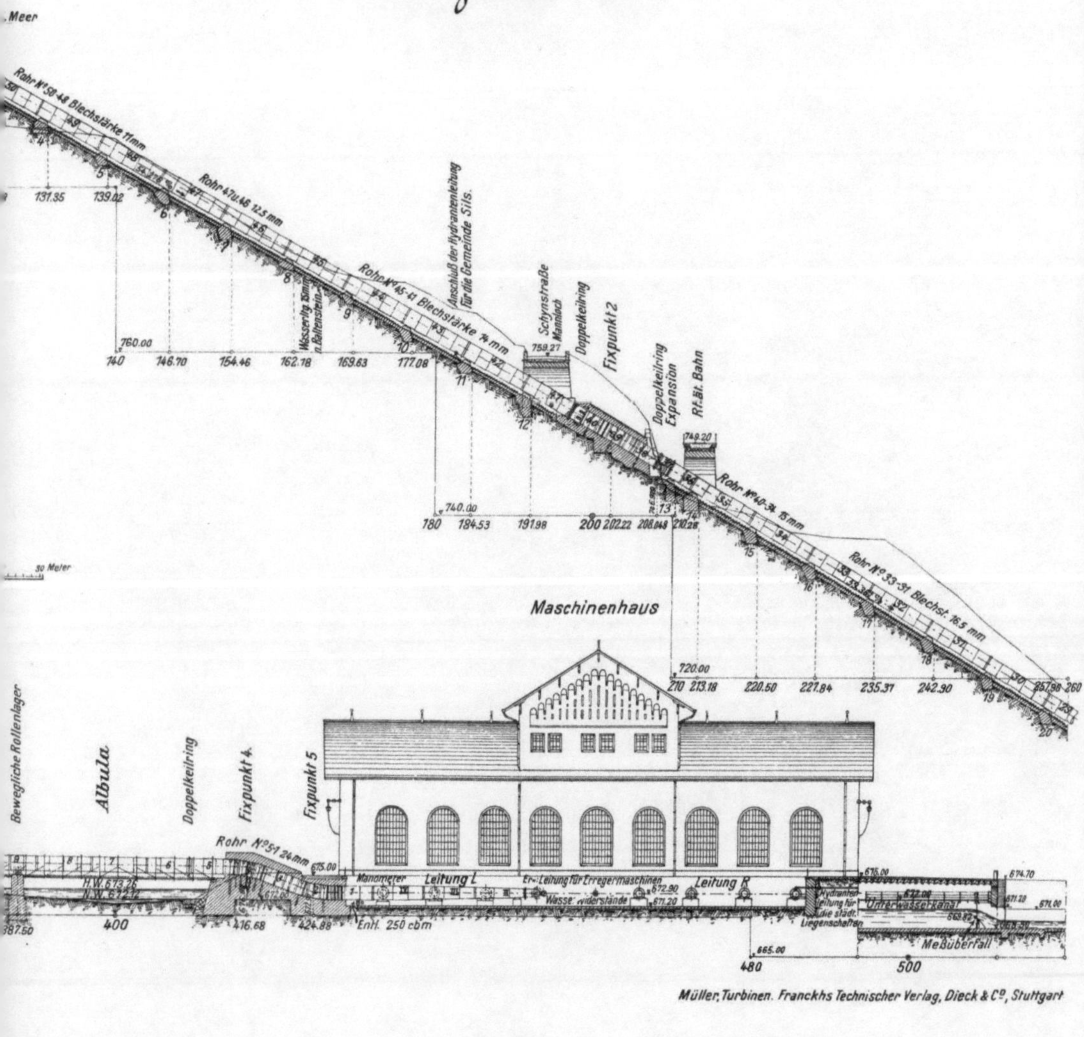

Müller, Turbinen. Franckhs Technischer Verlag, Dieck & Co., Stuttgart

Bei Fragen zur Produktsicherheit wenden Sie sich bitte an:
If you have any questions regarding product safety,
please contact:

Walter de Gruyter GmbH
Genthiner Straße 13
10785 Berlin
productsafety@degruyterbrill.com